国网冀北电力有限公司输变电工程通用设计

110kV 智能变电站模块化建设

（2023 年版）

国网冀北电力有限公司经济技术研究院　组编

中国水利水电出版社
www.waterpub.com.cn
·北京·

内 容 提 要

编者基于国网公司35～110kV智能变电站模块化建设通用设计方案（110kV－A3－2和110kV－A3－3），对冀北地区智能变电站2个110kV（110kV－A3－2、110kV－A3－3）通用设计方案编制施工图全专业设计及相关施工说明、材料清册、工程量清单、计算书和技术规范书的典型设计研究，以固化工程建设关键节点的关联业务内容。

本书分为总的部分、技术导则——110kV等级、冀北地区通用设计实施方案、工程量清单四篇。其中第一篇包括概述、编制过程、设计依据、通用设计使用说明、技术方案适用条件及技术特点，第二篇包括110kV智能变电站模块化建设通用设计技术导则。第三篇包括JB－110－A3－2、JB－110－A3－3通用设计实施方案，分别介绍了方案设计说明、卷册目录、主要图纸、主要设备材料表。第四篇包括JB－110－A3－2、JB－110－A3－3智能变电站工程量清单。

本书可提供冀北地区及其他相关地区从事电力工程规划、设计、施工、安装、生产运行等专业技术人员和管理人员使用，也可供大专院校有关专业的师生参考。

图书在版编目（CIP）数据

国网冀北电力有限公司输变电工程通用设计. 110kV智能变电站模块化建设 : 2023年版 / 国网冀北电力有限公司经济技术研究院组编. -- 北京 : 中国水利水电出版社, 2024. 10. -- ISBN 978-7-5226-2816-5

Ⅰ. TM63

中国国家版本馆CIP数据核字第20245LQ129号

书 名	**国网冀北电力有限公司输变电工程通用设计 110kV 智能变电站模块化建设（2023年版）** GUOWANG JIBEI DIANLI YOUXIAN GONGSI SHUBIANDIAN GONGCHENG TONGYONG SHEJI 110kV ZHINENG BIANDIANZHAN MOKUAIHUA JIANSHE（2023 NIAN BAN）
作 者	国网冀北电力有限公司经济技术研究院 组编
出版发行	中国水利水电出版社 （北京市海淀区玉渊潭南路1号D座 100038） 网址：www.waterpub.com.cn E－mail：sales@mwr.gov.cn 电话：（010）68545888（营销中心）
经 售	北京科水图书销售有限公司 电话：（010）68545874、63202643 全国各地新华书店和相关出版物销售网点
排 版	中国水利水电出版社微机排版中心
印 刷	清淞永业（天津）印刷有限公司
规 格	297mm×210mm 横16开 17.25印张 565千字
版 次	2024年10月第1版 2024年10月第1次印刷
印 数	0001—1000册
定 价	**198.00**元

凡购买我社图书，如有缺页、倒页、脱页的，本社营销中心负责调换

版权所有·侵权必究

《国网冀北电力有限公司输变电工程通用设计 110kV 智能变电站模块化建设（2023 年版）》编制人员

总论

编 写 人 员	石振江　姜　宇　付玉红　张立斌　兰立雄　王　晨　仝冰冰　张金伟　李栋梁 刘沁哲　赵旷怡　王永永　张宏军　冯景欢　朴俊吉　武　丹　王景婷　庞　旭 冯宏恩　刘旭光　黄金鑫　邱湘可　宋晓静　张雅静　李婷婷　韩　锐　李嘉彬 徐　畅　高　杨　许　颖
编 写 单 位	国网冀北电力有限公司经济技术研究院 国网冀北电力有限公司张家口供电公司经济技术研究所 国网冀北电力有限公司承德供电公司经济技术研究所

通用设计方案编号 JB－110－A3－2

设 计 单 位	国网冀北电力有限公司经济技术研究院 国网冀北电力有限公司张家口供电公司经济技术研究所
审　　　核	姜　宇
设计总工程师	张立斌
校　　　核	付玉红　刘沁哲　仝冰冰　张金伟　李栋梁　赵旷怡　李嘉彬　高　杨　徐　畅
编　　　写	兰立雄　张宏军　武　丹　庞　旭　王永永　宋晓静　张雅静　刘旭光　李婷婷

通用设计方案编号 JB－110－A3－3

设 计 单 位　国网冀北电力有限公司经济技术研究院
国网冀北电力有限公司承德供电公司经济技术研究所
国网冀北电力有限公司唐山电力勘察设计院有限公司

审　　　核　姜　宇

设计总工程师　张立斌

校　　　核　付玉红　仝冰冰　张金伟　李栋梁　刘沁哲　赵旷怡　李嘉彬　高　杨　徐　畅

编　　　写　王　晨　冯景欢　朴俊吉　王景婷　郭　建　庞　琳　冯宏恩　黄金鑫　邱湘可

前　言

为全面贯彻国网基建部110kV变电站模块化建设方针，适应新型电力系统下变电站设计要求，2023年，国网冀北电力有限公司组织冀北电力有限公司经济技术研究院及相关设计单位，在《国家电网公司输变电工程通用设计35～110kV智能变电站模块化建设施工图设计（2016年版）》基础上，总结冀北地区110kV变电站模块化建设经验的基础上，总结、吸收变电站模块化建设技术创新和实践成果，结合冀北地区自身地域、环境等特点，编制完成《国网冀北电力有限公司输变电工程通用设计110kV智能变电站模块化建设（2023年版）》，实施方案深度达到施工图深度。

《国网冀北电力有限公司输变电工程通用设计110kV变电站模块化建设（2023年版）》主要包括变电站模块化建设通用设计技术导则、冀北地区通用设计实施方案、工程量清单等，用于指导变电站设计。

本书分为总的部分、技术导则——110kV等级、冀北地区通用设计实施方案、工程量清单四篇。其中第一篇包括概述、编制过程、设计依据、通用设计使用说明、技术方案适用条件及技术特点，第二篇包括110kV智能变电站模块化建设通用设计技术导则。第三篇包括JB-110-A3-2、JB-110-A3-3通用设计实施方案，分别介绍了方案设计说明、卷册目录、主要图纸、主要设备材料表。第四篇包括JB-110-A3-2、JB-110-A3-3智能变电站工程量清单。

其中主要设备材料表中补充了物料清单，便于设计人员参考。110kV变电站模块化建设施工图深度标准化套用图，包括电气一次、二次、土建等各专业套用图纸目录及图纸，工程量清单，均以电子出版物形式附于书后。

由于编者水平有限，不妥之处在所难免，敬请读者批评指正。

目录

第三篇 冀北地区通用设计实施方案

第四篇 工程量清单

第一篇

总 的 部 分

第1章　概　　述

1.1　目的和意义

2009年，国家电网公司（现称国家电网有限公司，简称“国网公司”）发布了标准化建设成果目录，首次提出通用设计、通用设备（以下简称“两通”）应用要求。期间又多次发文更新“两通”应用目录，深化标准化建设成果应用。2016年，《国家电网公司基建部关于印发2016年推进智能变电站模块化建设工作要点的通知》（基建技术〔2016〕18号）明确110kV及以下智能变电站全面实施模块化建设，模块化建设是智能变电站基建技术的又一次重要变革与升级。如何通过深化应用“两通”，研究完善“模块化”家族的建设技术标准体系，实现“设计与设备统一、设备通用互换”，是持续推动标准化建设水平提升的必要条件。

近年来，随着电网飞速发展，国网冀北电力有限公司（以下简称“冀北公司”）110kV智能变电站建设规模急剧攀升，建设规模大幅提升，规模化建设对智能变电站工程建设管理水平和建设标准体系应用提出了更高要求。由于各业务部门对“两通”等设计、设备类标准及技术原则的应用形式、范围、深度要求不一，造成建设管理全过程各关键环节的输入输出信息、重要工作文档、工作表单等内容及颗粒度差异性较大，制约了标准化建设水平的持续提升。由此，构建基于“两通”的智能变电站模块化建设技术标准体系，实现“两通”标准与模块化建设技术的统一融合，加快培养提升公司智能变电站模块化建设的能力和效率，是适应智能电网规模化建设的客观需要。

冀北地区担负着给京津地区供电的重任，电网建设不仅要考虑建设效率问题，还要考虑建设环境、社会环境、政治环境等因素，为贯彻落实国网公司“集团化运作、集约化发展、精益化管理、标准化建设”的管理要求，冀北公司建设部明确以标准化建设为主线，通过分析模块化建设全过程关键环节管控目标的潜在问题，应用国际通用的QQTC模型建立模块化建设技术标准体系，统一融合“两通”标准与模块化建设技术。体系突出包含规模、质量、进度、效益四个维度的项目建设全过程应用目标，重点着眼于提升项目可研设计、初步设计、物资采购、设计联络、施工图设计、施工作业流程管理等建设全过程关键环节的标准化管控水平。同时，通过全面开展模块化建设技术标准体系的常态化评价与改进机制，以建立该体系在项目建设全过程中的“公转”轨道。基于“两通”的智能变电站模块化建设技术标准体系在国网模块化建设示范工程中试点实践后，在工程建设效率与效益方面呈现了良好应用效果，实现了智能变电站工程建设管理模式的转型升级，因此，开展冀北地区110kV A3－2和110kV A3－3变电站模块化施工图通用设计具有重大的意义。

1.2　主要工作内容

基于国网公司2016年修订完成的35～110kV智能变电站模块化建设通用设计方案，完成智能变电站两个（110kV A3－2和110kV A3－3）通用设计方案施工图深度的全套设计及相关施工说明、材料清册、工程量清单、计算书的典型设计研究，固化工程建设关键节点的关联业务内容，最大程度合理统一设计、设备、采购、施工，充分发挥规模效应和协同效应。该标准化设计形成的技术成果能适用于冀北地区110kV智能变电站设计、施工、调试和运维习惯，并可对实际工程的设计起到借鉴和参考作用。

施工图深度的全套设计资料包括符合35～110kV智能变电站模块化建设通用设计方案（110kV-A3-2和110kV-A3-3）、通用设备要求、符合施工图深度规定的电气一次、电气二次、土建专业施工图，各专业间统一模式，统一标准，资源共享，规范制图。

同时针对两个（110kV-A3-2和110kV-A3-3）通用设计方案施工图开展设备通用互换性深化研究工作，对GIS等7类电气一次主设备和监控系统等25类二次设备开展研究，固化设备通用接口相关要求，落实“标准化设计、工业化生产、装配式建设”理念，同时确保方案涉及的物资符合申报要求，实现施工图设计方案在工程实施中的落地。

此外，开展模块化变电站钢结构建筑物通用性深化研究工作，进一步优化提升标准钢结构设计方案整体性能及通用性。

1.3 编制原则

智能变电站模块化建设通用设计编制坚持“安全可靠、技术先进、投资合理、标准统一、运行高效”的设计原则。努力做到技术方案可靠性、先进性、经济性、适用性、统一性和灵活性的协调统一。

（1）可靠性。各个基本方案安全可靠，通过模块拼接得到的技术方案安全可靠。

（2）先进性。推广应用电网新技术，鼓励设计创新，设备选型先进合理，占地面积小，注重环保，各项技术经济指标先进合理。

（3）经济性。综合考虑工程初期投资、改（扩）建与运行费用，追求工程寿命期内最佳的企业经济效益。

（4）适用性。综合考虑各地区实际情况，基本方案涵盖唐山、张家口、秦皇岛、承德、廊坊五市，通过基本模块拼接满足各类型变电站应用需求，使得通用设计在冀北电网公司内具备广泛的适用性。

（5）统一性。统一建设标准、设计原则、设计深度、设备规范（以下简称“四统一”），保证工程建设统一性。

（6）灵活性。通用设计模块划分合理，接口灵活，方便方案拼接灵活使用。深化通用设计，达到施工图深度。梳理各省公司通用设计应用需求，严格执行通用设备“四统一”要求，整合应用标准工艺，编制110kV智能变电站模块化建设施工图通用设计，提高通用性。

第2章 编 制 过 程

2.1 编制方式

项目成立电气一次、电气二次、土建三个专业课题组，针对项目的研究内容和考核目标制定分阶段实施方案，并定期召开项目研究进展会，协调项目推进的力度，对项目全过程进行控制，按时、按质量完成课题研究任务。

（1）广泛调研，征求意见。在现行智能变电站通用设计基础上，广泛调研应用需求，优化确定技术方案组合，并征求各市公司意见。

（2）统一组织，分工负责。国网冀北电力有限公司经济技术研究院统一组织经研体系力量编制。

（3）严格把关，保证质量。成立电气一次、电气二次、土建三个专业课题组，确保工作质量，保证按期完成。相关单位专家共同把关，保证设计成果质量。

（4）工程验证，全面推广。依托工程设计建设，应用模块化建设通用设计成果，修改完善并全面推广应用。

2.2 编制过程

110kV 模块化建设通用设计工作分为收资调研、关键技术研究、典型施工图编制、审查统稿及形成设计成果四个阶段。

1. 收资调研阶段

调研智能变电站施工图标准化技术的实际需求，确定具体研究方向和细节；联系冀北地区建设、运维、调试、施工及设备制造单位，摸清符合冀北要求的智能变电站施工图标准化的关键技术、相关设备的研究现状，包括其存在的技术瓶颈，寻找研究突破点；联系部分开展相关冀北地区施工图设计研究的兄弟设计院，针对智能变电站标准化技术与施工图典型设计的研究思路进行交流，掌握冀北地区典型设计研究的最新进展，吸收好的思路；通过网络、文献、现场考察等途径收集国外智能变电站建设方面的最新成果和经验，为深化设计提供支撑。

2. 关键技术研究阶段

基于项目调研，明确两个（110kV－A3－2 和 110kV－A3－3）通用设计方案建设标准及技术原则的应用范围与颗粒度，根据建设流程向下分解并固化建设全过程各关键环节的输入输出信息，重要工作文档、工作表单等关联性标准化成果，确保各类建设标准统一、有效地执行与落地。

经与各部门充分沟通，各专业明确通用接口方案、总平面布置、电气设备选型、二次设备布置及组网形式、钢结构建筑物实施方案、施工图目录及图纸内容等关键研究技术，最终形成三个通用设计方案，经广泛征求意见、深化讨论、细化设计后，经专家组评审后成稿。

3. 典型施工图编制阶段

根据《智能变电站施工图典型设计方案实施导则》，统一各专业设计深度、计算项目、图纸表达方式，固化工程设计标准，施工图设计深度出图。形成符合冀北特色的标准化施工图。根据标准化设计成果，统一电气一次主设备和二次系统通用接口标准，形成标准化工程量清单。根据“钢结构＋装配式”模块化建设要求，统一建构筑物配件清册和建筑钢构件标准化加工图册，有效提升智能变电站施工图设计效率，优化技术细节，提高运行维护便利性，降低全寿命周期成本。经编制单位内部校核、交叉互查、专家评审后，修改、完善后形成通用设计。

4. 审查统稿及形成设计成果阶段

召开统稿会，统一图纸表达、套用图应用等，形成通用设计成果。

第3章 设 计 依 据

3.1 设计依据文件

《国家电网有限公司关于印发十八项电网重大反事故措施（修订版）的通知》（国家电网设备〔2018〕979号）；

《国网基建部关于发布输变电工程通用设计通用设备应用目录（2022年版）的通知》（基建技术〔2022〕3号）；

《国网基建部关于发布输变电工程通用设计通用设备应用目录（2023年版）的通知》（基建技术〔2023〕5号）；

《输变电工程建设标准强制性条文实施管理规程　第1部分：通则》（Q/GDW 10248.1—2016）；

《国网基建部关于印发新型数字智能电网建设试点工程技术导则的通知》（基建技术〔2022〕38号）；

《国网基建部关于发布基建技术应用目录的通知》（基建技术〔2022〕14号）；

《国网基建部关于印发750kV及以下新建变电站治安反恐防范设计规定的通知》（基建技术〔2021〕48号）；

《国网基建部关于进一步加强输变电工程设计质量管理的通知》（基建技术〔2020〕4号）；

《国网基建部关于发布35～750kV变电站通用设计通信、消防部分修订成果的通知》（基建技术〔2019〕51号）；

《国网基建部关于进一步加强输变电工程设计质量管理的通知》（基建技术〔2020〕4号）；

《国家电网公司关于明确输变电工程“两型三新一化”建设技术要求的通知》（国家电网基建〔2014〕1131号）；

《变电站装配式钢结构厂房施工工艺》（2019年版）；

《国网基建部关于印发2016年推进智能变电站模块化建设工作要点的通知》（基建技术〔2016〕18号）；

《变电站模块化建设2.0版技术导则（修订稿）》（2021年）；

《国家电网有限公司输变电工程质量通病防治手册》（2020年版）；

《国家电网有限公司关于印发电网设备技术标准差异条款统一意见的通知》（国家电网科〔2023〕78号）；

《关于进一步加强变电站电缆防火设计和建设工作的通知》（国家电网基建〔2018〕964号）；

《关于印发国网公司输变电工程抗震设计要点的通知》（国家电网基建〔2008〕603号）；

《电力二次系统安全防护规定》（国家电力监管委员会令第5号令）；

《电力二次系统安全防护总体方案》；

《变电站二次系统安全防护方案》（电监安全〔2006〕34号）；

《国家电网有限公司关于全面推进输变电工程绿色建造的指导意见》（国家电网基建〔2021〕367号）。

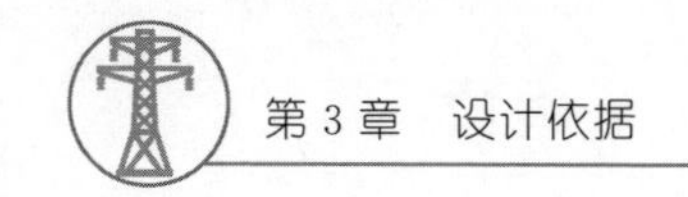

3.2　主要设计标准、规程规范

下列设计标准、规程规范中凡是注日期的引用文件，其随后所有的修改单或修订版均不适用于本通用设计，但鼓励根据本标准达成协议的各方研究是否可使用这些文件的最新版本。凡是不注日期的引用文件，其最新版本适用于本通用设计。

GB 38755—2019《电力系统安全稳定导则》；

GB/T 38969—2020《电力系统技术导则》；

DL/T 5429—2009《电力系统设计技术规程》；

DL/T 5444—2010《电力系统设计内容深度规定》；

DL/T 1773—2017《电力系统电压和无功电力技术导则》；

DL/T 5554—2019《电力系统无功补偿及调压设计技术导则》；

DL/T 1234—2013《电力系统安全稳定计算技术规范》；

DL/T 5553—2019《电力系统电气计算设计规程》；

DL/T 686—2018《电力网电能损耗计算导则》；

DL/T 5056—2007《变电站总布置设计技术规程》；

DL/T 5352—2018《高压配电装置设计技术规程》；

GB/T 50064—2014《交流电气装置的过电压保护和绝缘配合》；

GB/T 50063—2017《电力装置电测量仪表装置设计规范》；

GB/T 50065—2011《交流电气装置的接地设计规范》；

GB 55036—2023《消防设施通用规范》；

DL/T 5222—2021《导体和电器选择设计规程》；

DL/T 5390—2014《火力发电厂和变电站照明设计技术规定》；

DL/T 5044—2014《电力工程直流电源系统设计技术规程》；

GB 50217—2018《电力工程电缆设计标准》；

GB 50229—2019《火力发电厂与变电站设计防火标准》；

DL/T 5136—2012《火力发电厂、变电所二次接线设计技术规程》；

DL/T 795—2001《电力系统数字调度交换机规范》；

DL/T 5137—2001《电测量及电能计量装置设计技术规程》；

DL/T 5003—2017《电力系统调度自动化设计技术规程》；

DL/T 860《变电站通信网络和系统》；

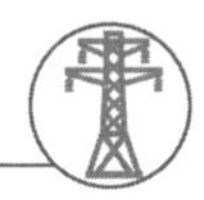

GB 50016—2014《建筑设计防火规范》(2018 修订版)；
GB/T 7261—2016《继电保护和安全自动装置基本试验方法》；
GB/T 7421《信息技术系统间远程通信和信息交换高级数据链路控制（HDLC）规程》；
GB/T 14598.24—2017《量度继电器和保护装置　第 24 部分：电力系统暂态数据交换（COMTRADE）通用格式》；
GB/T 14598.26—2015《量度继电器和保护装置　第 26 部分：电磁兼容要求》；
GB/T 20840.8《互感器　第 8 部分：电子式电流互感器》；
GB/T 26399—2011《电力系统安全稳定控制技术导则》；
GB/T 36572—2018《电力监控系统网络安全防护导则》；
GB/T 40773—2021《变电站辅助设施监控系统技术规范》；
GB/T 51072—2014《110(66)kV～220kV 智能变电站设计规范》；
DL/T 478—2013《继电保护和安全自动装置通用技术条件》；
GB/T 30155《智能变电站技术导则》；
Q/GDW 10131《电力系统实时动态监测系统技术规范》；
DL/T 5149—2020《变电站监控系统设计规程》；
Q/GDW 11486—2022《继电保护和安全自动装置验收规范》；
Q/GDW 10347—2016《电能计量装置通用设计规范》；
Q/GDW 10393—2016《110(66)kV～220kV 智能变电站设计规范》；
Q/GDW 10678—2018《智能变电站一体化监控系统技术规范》；
Q/GDW 1175—2013《变压器、高压并联电抗器和母线保护及辅助装置标准化设计规范》；
Q/GDW 10766—2015《10kV～110（66）kV 线路保护及辅助装置标准化设计规范》；
Q/GDW 11152—2014《智能变电站模块化建设技术导则》；
Q/GDW 11154—2014《智能变电站预制电缆技术规范》；
Q/GDW 11155—2014《智能变电站预制光缆技术规范》；
GB 55001—2021《工程结构通用规范》；
GB 55002—2021《建筑与市政工程抗震通用规范》；
GB 55003—2021《建筑与市政工程基础通用规范》；
GB 55006—2021《钢结构通用规范》；
GB 55007—2021《砌体结构通用规范》；
GB 55008—2021《混凝土结构通用规范》；
DL/T 5457—2012《变电站建筑结构设计技术规程》；

GB 50223—2008《建筑工程抗震设防分类标准》；
GB 50009—2012《建筑结构荷载规范》；
GB 50260—2013《电力设施抗震设计规范》；
GB/T 50011—2010《建筑抗震设计规范》(2016 年版)；
GB/T 50010—2010《混凝土结构设计规范》(2015 年版)；
GB 50017—2017《钢结构设计标准》；
GB 50003—2011《砌体结构设计规范》；
GB 50007—2011《建筑地基基础设计规范》；
DL/T 5024—2005《电力工程地基处理技术规范》；
GB 50025—2018《湿陷性黄土地区建筑标准》；
GB 55037—2022《建筑防火通用规范》；
GB 55016—2021《建筑环境通用规范》；
GB/T 50378—2019《绿色建筑评价标准》；
GB 55015—2021《建筑节能与可再生能源利用通用规范》；
GB 51245—2017《工业建筑节能设计统一标准》；
JGJ 26—2018《严寒和寒冷地区居住建筑节能设计标准》；
GB/T 51366—2019《建筑碳排放计算标准》；
DL 5027—2015《电力设备典型消防规程》；
GB 50016—2013《火灾自动报警系统设计规程》；
GB 50140—2005《建筑灭火器配置设计规范》；
GB 50019—2015《工业建筑供暖通风与空气调节设计规范》；
DL/T 5035—2004《火力发电厂采暖通风与空气调节设计技术规定》；
GB 55020—2021《建筑给水排水与节水通用规范》；
GB 51245—2017《工业建筑节能设计统一标准》；
GB 50013—2018《室外给水设计标准》；
GB 50014—2006《室外排水设计规范》(2016 年版)；
GB 50015—2019《建筑给水排水设计标准》；
GB 50219—2014《水喷雾灭火系统技术规范》；
GB 50974—2014《消防给水及消火栓系统技术规范》；
GB 55030—2022《建筑与市政工程防水通用规范》；
Q/GWD 152—2006《电力系统污区分级与外绝缘选择标准》。

第4章　通用设计使用说明

4.1　设计范围

本次智能变电站模块化施工图通用设计适用于冀北地区交流110kV变电站新建工程的施工图设计。

通用设计范围是变电站围墙以内，设计标高零米以上，未包括受外部条件影响的项目，如系统通信、保护通道、进站道路、竖向布置、站外给排水、地基处理等。

4.2　方案分类和编号

4.2.1　方案分类

110kV变电站模块化建设通用设计以《国家电网公司输变电工程通用设计110kV变电站模块化建设》(2016版）为基础，按照深度规定要求开展设计，包含若干基本方案。通用设计采用模块化设计思路，每个基本方案均由若干基本模块组成，基本模块可划分为若干子模块，具体工程可根据本期规模使用子模块进行调整。

基本方案：综合考虑电压等级、建设规模、电气主接线型式、配电装置型式等，按照户内GIS不同型式划分为三种基本方案。

基本模块：按照布置或功能分区将每个方案划分若干基本模块。

4.2.2　方案编号

通用设计方案编号。方案编号由三个字段组成：变电站电压等级-分类号-方案序列号。

第一字段“变电站电压等级”：110，代表110kV变电站模块化建设通用设计方案。

第二字段“分类号”：代表高压侧开关设备类型。A代表GIS方案；1代表户外站，2代表全户内站，3代表半户内站。

第三字段“方案序列号”：用1、2、3、…表示。字段后（35)、(10）表示低压侧电压等级。

通用设计模块编号示意如图4-1所示。

冀北公司实施方案编号在方案编号前冠以省公司代号JB。

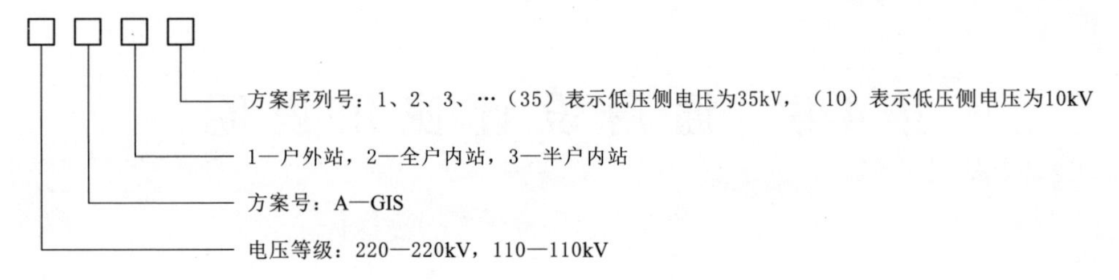

图 4-1　通用设计模块编号示意图

4.3　图纸编号

4.3.1　通用设计图纸编号

通用设计图纸编号由六个字段组成：变电站电压等级-分类号-方案序列号-卷册编号-流水号。

第一字段～第四字段：含义同通用设计方案编号。

第五字段："卷册编号"，由 D0101、D0201、T0101、N0101、S0101 等组成，其中：D01 代表电气一次线专业，D02 代表电气二次线专业，T 代表土建建筑、结构专业，N 代表暖通，S 代表水工。

第六字段："流水号"，用 01、02、…表示。

通用设计图纸编号示意如图 4-2 所示。

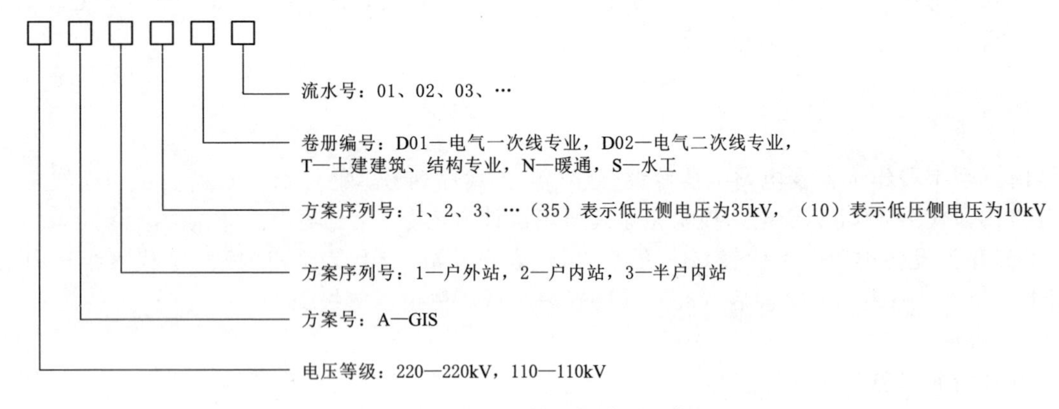

图 4-2　通用设计图纸编号示意图

4.3.2 标准化套用图编号

标准化套用图编号由五个字段组成：TY-专业代号-图纸主要内容-序号-小序号。

第一字段：TY，代表“套用”。

第二字段：“专业代号”，由D1、D2、T组成，其中：D1代表电气一次线专业，D2代表电气二次线专业，T代表土建建筑、结构专业。

第三字段：“图纸主要内容”，由通用设备代号、主要建构筑物简称等组成，其中通用设备代号与通用设备一致。

第四、第五字段：“流水号”，用01-1、02-1、…表示。第五字段可为空。

标准化套用图编号示意如图4-3所示。

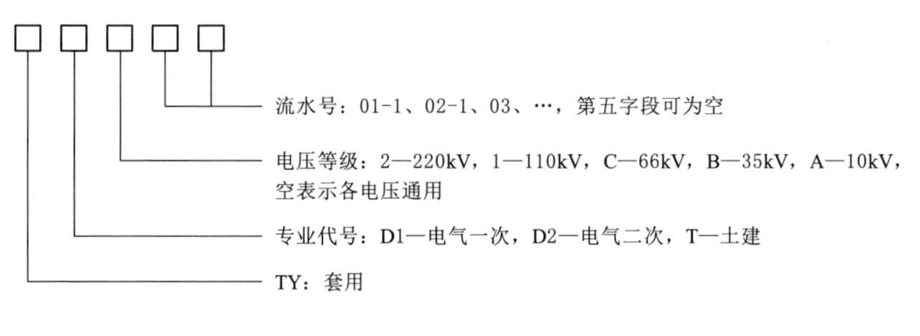

图4-3 标准化套用图编号示意图

4.4 初步设计

4.4.1 方案选用

工程设计选用时，首先应根据工程条件在基本方案中直接选择适用的方案，工程初期规模与通用设计不一致时，可通过调整子模块的方式选取。

当无可直接适用的基本方案时，应因地制宜，分析基本方案后，从中找出适用的基本模块，按照通用设计同类型基本方案的设计原则，合理通过基本模块和子模块的拼接和调整，形成所需要的设计方案。

4.4.2 基本模块的拼接

模块的拼接中，道路中心线是模块拼接衔接线，应注意不同模块道路宽度，如有不同应按总布置要求进行调整。模块的拼接中，当以围墙为对接基准时，应注意对道路、主变引线、电缆沟位置的调整。拼接时可先对道路、围墙，然后调整主变引线的挂点位置。如主变引线偏角过大而影响相间风偏安全距离；或影响导线对构架安全距离时，可将模块整体位移，然后调整主变压器引线的挂点位置，以获得最佳拼接效果。

4.4.3 初步设计的形成

确定变电站设计方案后，应再加入外围部分完成整体设计。实际工程初步设计阶段，对方案选择建议依据如下文件：

(1) 国家相关的政策、法规和规章。

(2) 工程设计有关的规程、规范。

(3) 政府和上级有关部门批准、核准的文件。

(4) 可行性研究报告及评审文件。

(5) 设计合同或设计委托文件。

(6) 城乡规划、建设用地、防震减灾、地质灾害、压覆矿产、文物保护、消防和劳动安全卫生等相关依据。

受外部条件影响的内容，如系统通信、保护通道、进站道路、竖向布置、站外给排水、地基处理，根据工程具体情况进行补充。

4.5 施工图设计

智能变电站施工图设计方案是特定输入条件下形成的设计方案，实际工程在参照智能变电站施工图方案设计思路的同时应严格遵守工程强制性条文及相关规程规范，各类电气、结构力学等计算应根据工程实际确保完整、准确，导线、电（光）缆根据实际工程情况选型应合理，技术方案安全可靠。建议可通过以下三方面内容（但不限于此）核对方案的适用性。

(1) 核对工程系统条件、系统容量、出线规模是否与智能变电站施工图一致。如系统阻抗、变压器容量变化时，重新计算热稳定电流，并应按选定的导线重新验算导线受力，同时按照出线规模变化，调整构架及围墙尺寸等。

(2) 核对厂家资料是否满足通用设备技术及接口要求。如变压器基础尺寸是否与通用设备一致，GIS、开关柜基础尺寸是否与通用设备一致，二次设备接线是否与通用设备一致，如不一致，应相应调整。

(3) 核对工程环境条件是否与智能变电站施工图一致，如海拔、地震、风速、荷载等。

4.5.1 核实详细资料

根据初步设计评审及批复意见，核对工程系统参数，核实详勘资料，开展电气、力学等计算，落实通用设计方案。

4.5.2 编制施工图

按照《国家电网公司输变电工程施工图设计内容深度规定》要求，根据工程具体条件，以本公司实施方案施工图为基础，合理选用相关标准化套用图，编制完成全部施工图。

4.5.3 核实厂家资料

设备中标后，应及时核对厂家资料是否满足通用设备技术及接口要求，不符合规范的应要求厂家修改后重新提供。

第5章 技术方案适用条件及技术特点

5.1 技术方案组合

序号	模块化建设通用设计方案编号	建设规模	接线型式	总布置及配电装置	围墙内占地面积(hm^2)/总建筑面积(m^2)
1	110-A3-2	主变：2/3×50MVA； 出线：110kV 2/3(4)回，35kV 4/6回，10kV 16/24回； 10kV并联电容器：本期4组6Mvar，远期6组6Mvar； 10kV接地变及消弧线圈成套装置：本期2组，远期3组	110kV：本期内桥/单母线分段，扩大内桥/单母线分段； 35kV：本期单母线分段，远期单母线分段； 10kV：本期单母线分段，远期单母线三分段	半户内一栋楼布置。根据变电站各级电压的进出线方向，站内自北向南依次均为主变压器、配电装置室。110kV采用户内GIS布置于110kV配电装置室内，架空电缆混合出线，架空向西出线。35kV、10kV开关柜布置35kV、10kV配电装置室内，电缆出线。无功补偿装置布置于电容器室内。变压器户外布置于配电装置室北侧	0.4371/1242
2	110-A3-3	主变：2/3×50MVA； 出线：110kV 2/3(4)回，10kV 24/36回； 10kV并联电容器：本期4组6Mvar，远期6组6Mvar； 10kV接地变及消弧线圈成套装置：本期2组，远期3组	110kV：110kV本期采用内桥接线/单母线分段，远景采用扩大内桥接线/单母线分段； 10kV：本期单母线分段，远期单母线四分段	半户内一栋楼布置。根据变电站各级电压的进出线方向，站内自北向南依次均为主变压器、生产综合室。110kV采用户内GIS布置于110kV配电装置室内，电缆进出线，10kV开关柜布置在10kV配电装置室内，电缆出线。无功补偿装置布置于电容器室内。变压器户外布置于配电装置室北侧	0.3524/829

5.2　技术方案适用条件及技术特点

序号	模块化建设通用设计方案类型	适用条件	技术方案
1	A3（半户内 GIS）	（1）人口密度高、土地昂贵地区； （2）受外界条件限制，站址选择困难地区； （3）复杂地质条件、高差较大的地区； （4）特殊环境条件地区：如高地震烈度、高海拔、严重污染和大气腐蚀性严重、严寒和日温差大等地区	（1）电压等级 110kV/35(10)kV；主变压器户外布置； 110kV：本期及远期双母线；GIS 户内布置；架空电缆混合出线； 10kV：本期单母线分段或四分段，远期“单母线分段＋单元接线”或单母线六分段；户内开关柜双列布置； 35kV：本期单母线分段，远期单母线三分段，户内开关柜双列布置。 （2）模块化二次设备、预制式智能控制柜、预制光电缆。 （3）装配式建筑物，外墙采用纤维水泥复合板，内隔墙采用纤维水泥饰面板，屋面采用钢筋桁架楼承板

第二篇

技术导则——110kV等级

第6章　110kV智能变电站模块化建设通用设计技术导则

6.1　概述

6.1.1　设计对象

110kV智能变电站模块化建设通用设计对象为国网公司系统内的110kV户外变电站和户内、半户内变电站，不包括地下、半地下等特殊变电站。

6.1.2　设计范围

变电站围墙以内，设计标高零米以上的生产及辅助生产设施。受外部条件影响的项目，如系统通信、保护通道、进站道路、站外给排水、地基处理、土方工程等不列入设计范围。

6.1.3　运行管理方式

原则上按无人值班设计。

6.1.4　模块化建设原则

电气一、二次集成设备最大程度实现工厂内规模生产、调试、模块化配送，减少现场安装、接线、调试工作，提高建设质量、效率。

监控、保护、通信等站内公用二次设备宜按功能设置一体化监控模块、电源模块、通信模块等；间隔层设备宜按电压等级或按电气间隔设置模块。户内变电站宜采用模块化二次设备和预制式智能控制柜。对边远地区负荷终端或抢险应急保障等特殊用途的110kV及以下户外变电站可考虑应用预制舱方案，其余不考虑使用。

过程层智能终端、合并单元宜下放布置于智能控制柜，智能控制柜与GIS控制柜一体化设计。

宜采用预制电缆和预制光缆实现一次设备与二次设备、二次设备间的光缆、电缆即插即用标准化连接。

变电站高级应用应满足电网大运行、大检修的运行管理需求，采用模块化设计、分阶段实施。

建（构）筑物采用工厂化预制、机械化装配，减少现场“湿作业”，减少劳动力投入，实现环保施工，提高施工效率。

建筑物宜采用装配式建筑，采用钢结构全栓接，选用一体化墙板，减少现场拼装、焊接与涂刷。应按工业建筑标准设计，统一标准、统一模数，满足结构设计安全年限要求。

建筑、结构专业应与建材供应商、施工安装单位等开展一体化协同设计，提高建筑设计精度。

宜采用预制装配式围墙、防火墙、构支架。小型基础、水工构件、构筑物构件宜采用统一材质、结构形式及外形尺寸的标准预制件。

6.2　电力系统

6.2.1　主变压器

单台主变压器容量按 31.5MVA、50MVA、63MVA、80MVA 配置。主变压器可采用三绕组、双绕组或自耦，无载调压或有载调压变压器。变压器调压方式应根据系统情况确定。

一般地区主变压器远景规模宜按 3 台配置，对于负荷密度特别高的城市中心、站址选择困难地区主变压器远景规模可按 4 台配置，对于负荷密度较低的地区主变压器远景规模可按 2 台配置。

6.2.2　出线回路数

110kV 出线：一般情况下按 2～4 回配置，有电网特殊要求时可按 6～8 回配置。

35kV 出线：每台主变压器按 2～3 回配置。

10kV 出线：一般情况下每台主变压器按 8～12 回配置，有电网特殊要求时可按 14～24 回配置。

实际工程可根据具体情况对各电压等级回路数进行适当调整。

6.2.3　无功补偿

容性无功补偿容量按 10％～30％配置，具体方案以系统计算为准进行配置。

对于架空、电缆混合的 110kV 变电站，应根据系统条件经过具体计算后确定感性和容性无功补偿配置。

在不引起高次谐波谐振、有危害的谐波放大和电压变动过大的前提下，无功补偿装置宜加大分组容量和减少分组组数。

通用设计每台变压器低压侧无功补偿组数为 2 组。

具体工程需经过调相调压计算来确定无功容量及分组的配置。

6.2.4　系统接地方式

110kV 系统采用有效接地系统，可通过主变中性点实现通过隔离开关直接接地或经间隙接地两种运行方式；主变 35kV 或 10kV 侧采用非有效接地系统，宜结合线路负荷性质、供电可靠性等因素，采用不接地、经消弧线圈或小电阻接地方式。

6.3　电气部分

6.3.1　电气主接线

电气主接线应根据变电站的规划容量，线路、变压器连接元件总数，设备特点等条件确定。结合“两型三新一化”要求，电气主接线应结合考虑供电可靠性、运行灵活、操作检修方便、节省投资、便于过渡或扩建等要求。对于终端变电站，当满足运行可靠性要求时，应简化接线型式，采用线变组或桥型接线。对于 GIS、HGIS 等设备，宜简化接线型式，减少元件数量。

1. 110kV 电气接线

110kV 最终规模 2 线 2 变采用内桥接线；2 线 3 变时采用扩大内桥接线；3 线 3 变时采用扩大内桥、内桥＋线变组接线、单母线分段接线；4 回出线以上时采用单母线分段接线或环入环出接线。

实际工程中应根据出线规模、变电站在电网中的地位及负荷性质，确定电气接线，当满足运行要求时，宜简化接线。

2. 35kV 电气接线

35kV 出线 4 回及以上时采用单母线分段接线。

3. 10kV 电气接线

2 台主变压器时宜采用单母线分段接线；3 台主变压器出线回路数在 36 回以下时采用单母线三分段接线，36 回及以上时采用单母线三分段、四分段接线；当每台主变压器带 16 回及以上出线时，每台主变压器采用双分支单母线分段接线。

4. 主变中性点接地方式

110kV 主变压器经隔离开关接地，依据出线线路总长度及出线线路性质确定 35kV、10kV 系统采用不接地、经消弧线圈或小电阻接地方式。

6.3.2 短路电流

110kV 电压等级：短路电流控制水平 40kA，设备短路电流水平 40kA。

35kV 电压等级：短路电流控制水平 25kA，设备短路电流水平 31.5kA。

10kV 电压等级：短路电流控制水平 25kA，设备短路电流水平 31.5kA。

6.3.3 主要设备选择

（1）电气设备选型应从《国家电网有限公司 35～750kV 输变电工程通用设计、通用设备应用目录》（现行版本 2023 年版，实际应用需按最新版）中选择，并且须按照《国家电网公司输变电工程通用设备》（现行版本 2023 年版，实际应用需按最新版）要求统一技术参数、电气接口、二次接口、土建接口。

（2）变电站内一次设备应综合考虑测量数字化、状态可视化、功能一体化和信息互动化；一次设备应采用“一次设备本体＋智能组件”形式；与一次设备本体有安装配合的互感器、智能组件，应与一次设备本体采用一体化设计，优化安装结构，保证一次设备运行的可靠性及安全性。

（3）主变压器采用三相三绕组/双绕组，或三相自耦低损耗变压器，能耗等级为不低于二级能效等级，冷却方式为 ONAN。位于城镇区域的变电站宜采用低噪声变压器。当低压侧为 10kV 时，户内变电站宜采用高阻抗变压器。主变压器可通过集成于设备本体的传感器，配置相关的智能组件实现冷却装置、有载分接开关的智能控制。

（4）110kV 开关设备可采用瓷柱式断路器、罐式断路器或 GIS、HGIS 设备；对于高寒地区，当经过专题论证瓷柱式断路器不能满足低温液化要求时，可选用罐式断路器，对 110kV 配电装置进行优化调。开关设备可通过集成于设备本体上的传感器，配置相关的智能组件实现智能控制，并需一体化设计，一体化安装，模块化建设。位于城市中心的变电站可采用小型化配电装置设备。

(5) 互感器选择宜采用电磁式电流互感器、电容式电压互感器（瓷柱式）或电磁式互感器（GIS），并配置合并单元。具体工程经过专题论证也可选择电子式互感器。

(6) 35（10）kV 户外开关设备可采用瓷柱式 SF_6 断路器、隔离开关。35（10）kV 户内开关设备采用户内空气绝缘、SF_6（SF_6/N_2 混合气体）绝缘开关柜。并联电容器回路宜选用真空断路器。

位于城市中心的变电站可采用小型化配电装置设备。

(7) 状态监测。变电站一次设备在线监测子系统实现包含油温及油位监测、铁芯夹件接地电流监测、避雷器泄漏电流监测、绝缘气体密度监测、开关触头测温等功能，配置前端监测设备。前端设备实时采集各一次设备状态信息，点对点传输至就地配置的一次设备在线监测终端，终端采用《DL/T 860 实施技术规范》(DL/T 1146—2009) 将数据整合上送至综合应用服务器，并发送给智能巡视主机。

1) 主变压器在线监测装置。变压器监测终端根据变电站内主变压器数量进行配置，每台主变压器宜配置 1 台变压器监测终端；变压器应配置铁芯/夹件接地电流在线监测装置，宜按每台变压器进行配置；变压器应配置油温、油位数字化远传表计；变压器应配置中性点成套设备避雷器泄漏电流数字化远传表计。

2) GIS 设备在线监测装置。GIS 监测终端宜按照电压等级配置；GIS 应配置绝缘气体密度远传表计；GIS 内置避雷器应配置泄漏电流数字化远传表计。

3) 空气绝缘开关柜（仅用于进线柜、分段柜等大电流开关柜)。触头测温监测终端宜按开关柜室配置，本期工程 10kV 进线柜、分段柜配置触头测温。

4) 气体绝缘开关柜。表计采集终端宜按开关柜室配置；气体绝缘开关柜应配置绝缘气体密度远传表计。

5) 独立避雷器。表计采集终端宜按电压等级配置或接入设备间隔采集终端；避雷器应配置泄漏电流数字化远传表计。

避雷器泄漏电流、放电次数传感器以避雷器为单位进行配置，每台避雷器配置 1 只传感器。

一次设备状态监测的传感器，其设计寿命应不少于被监测设备的使用寿命。

6.3.4　导体选择

母线载流量按最大系统穿越功率外加可能同时流过的最大下载负荷考虑，按发热条件校验。

出线回路的导体按照长期允许载流量不小于送电线路考虑。

110kV 导线截面应进行电晕校验及对无线电干扰校验。

主变压器高、中压侧回路导体载流量按不小于主变压器额定容量的 1.05 倍计算，实际工程可根据需要考虑承担另一台主变压器事故或检修时转移的负荷。主变低压侧回路导体载流量按实际最大可能输送的负荷或无功容量考虑；110kV 母联导线载流量须按不小于接于母线上的最大元件的回路额定电流考虑，110kV 分段载流量须按系统规划要求的最大通流容量考虑。

6.3.5　避雷器设置

本通用设计按以下原则设置避雷器，实际工程避雷器设置根据雷电侵入波过电压计算确定。

（1）户外 GIS 配电装置架空进出线均装设避雷器，GIS 母线不设避雷器。

（2）户内 GIS 配电装置架空出线间隔装设避雷器，GIS 母线可设置避雷器。主变压器高压侧进线不设避雷器。

（3）户内 GIS 配电装置全部出线间隔均采用电缆连接时，仅设置母线避雷器。电缆与 GIS 连接处不设避雷器，电缆与架空线连接处设置避雷器。

（4）HGIS 配电装置架空出线均装设避雷器。主变压器高压侧进线不设避雷器。HGIS 母线是否装设避雷器需根据计算确定。

（5）柱式或罐式断路器配电装置出线一般不装设避雷器，母线装设避雷器。主变压器高压侧进线不设避雷器。

（6）GIS、HGIS 配电装置架空出线时出线侧避雷器宜外置。

6.3.6 电气总平面布置

电气总平面应根据电气主接线和线路出线方向，合理布置各电压等级配电装置的位置，确保各电压等级线路出线顺畅，避免同电压等级的线路交叉，同时避免或减少不同电压等级的线路交叉。必要时，需对电气主接线做进一步调整和优化。电气总平面布置还应考虑本、远期结合，以减少扩建工程量和停电时间。

各电压等级配电装置的布置位置应合理，并因地制宜地采取必要措施，以减少变电站占地面积。配电装置应尽量不堵死扩建的可能。

结合站址地质条件，可适当调整电气总平面的布置方位，以减少土石方工程量。

电气总平面的布置应考虑机械化施工的要求，满足电气设备的安装、试验、检修起吊、运行巡视以及气体回收装置所需的空间和通道。

6.3.7 配电装置

1. 配电装置总体布局原则

（1）配电装置布局应紧凑合理，主要电气设备、装配式建（构）筑物以及预制舱式二次组合设备的布置应便于安装、扩建、运维、检修及试验工作，并且需满足消防要求。

（2）配电装置可结合装配式建筑以及预制舱式二次组合设备的应用进一步合理优化，但电气设备与建（构）筑物之间电气尺寸应满足《高压配电装置设计技术规程》（DL/T 5352—2018）的要求，且布置场地不应限制主流生产厂家。

（3）户外配电装置的布置应能适应预制舱式二次组合设备的下放布置，缩短一次设备与二次系统之间的距离。

（4）户内配电装置布置在装配式建筑内时，应考虑其安装、试验、检修、起吊、运行巡视以及气体回收装置所需的空间和通道。

（5）GIS 出线侧电压互感器三相配置时宜内置。

2. 配电装置的选择

应根据站址环境条件和地质条件选择配电装置。对于人口密度高、土地昂贵的地区，或受外界条件限制、站址选择困难的地区，或复杂地质条件、高差较大的地区，或高地震烈度、高海拔、高寒和严重污染等特殊环境条件的地区宜采用 GIS、HGIS 配电装置。位于城市中心的变电站宜采用户内 GIS 配电装置。对人口密度不高、土地资源相对丰富、站址环境条件较好的地区，宜采用户外敞开式配电装置。

3. 各级电压等级配电装置的布置参数及原则

110kV 配电装置采用户内 GIS、户外 GIS、柱式断路器、罐式断路器配电装置；35（10）kV 配电装置采用户内开关柜配电装置。各级电压等级配电装置具体布置参数及原则如下。

（1）110kV 配电装置。110kV 户外柱式断路器配电装置宜采用支持管型母线或软母线分相中型布置；110kV 罐式断路器配电装置宜采用支持管型母线或悬吊管型母线分相中型布置；110kV 户外 HGIS 配电装置宜采用支持管型母线或悬吊管型母线分相中型布置。110kV 户外配电装置布置尺寸一览表（海拔 1000m）见表 6-1。

表 6-1　110kV 户外配电装置布置尺寸一览表（海拔 1000m）　单位：m

构架尺寸 \ 配电装置	户外 GIS	柱　式	罐　式	构架尺寸 \ 配电装置	户外 GIS	柱　式	罐　式
间隔宽度	8/15（单回/双回出线）	8	8	相-构架柱中心距离	1.8/1.6（单回/双回出线）	1.8	1.8
出线挂点高度	10	10	12（悬吊式管型母线）	母线相间距离	—	1.6/2.2（软母线）	1.6
出线相间距离	2.2	2.2	2.2	母线高度	—		

110kV 户内 GIS 间隔宽度宜选用 1m。厂房高度按吊装元件考虑，最大起吊重量不大于 3t，室内净高不小于 6.5m。户外 GIS 配电装置架空进、出线间隔宽度按两间隔共一跨，取 15m。

（2）35（10）kV 配电装置。35kV 配电装置宜采用户内开关柜。根据布置形式（单列或双列）一览表（海拔 1000m）以及开关柜所在建筑的不同形制（独立单层建筑或多层联合建筑），35（10）kV 户内开关柜配电装置布置尺寸见表 6-2。

表 6-2　35（10）kV 户内开关柜配电装置布置尺寸一览表（海拔 1000m）　单位：m

构架尺寸 \ 配电装置	35kV 开关柜	10kV 开关柜	构架尺寸 \ 配电装置	35kV 开关柜	10kV 开关柜
间隔宽度	1.4/1.2	1.0/0.8	柜后②	≥1.0	≥1.0
柜前（单列/双列）①	≥2.4/≥3.2	≥2.0/≥2.5	建筑净高	≥4.0	≥3.6

① 多层建筑受相关楼层约束时根据具体方案确定。

② 当柜后设高压电缆沟时，柜后空间距离按实际确定。

6.3.8 站用电

全站配置 2 台站用变压器，每台站用变压器容量按全站计算负荷选择；当全站只有一台主变压器时，变压器的电源宜从站外非本站供电线路引接。站用变压器容量根据主变压器容量和台数、配电装置形式和规模、建筑通风采暖方式等不同情况计算确定，寒冷地区需考虑户外设备或建筑室内电热负荷。通用设计较为典型的容量为 200kVA，实际工程需具体核算。

站用电低压系统应采用 TN 系统。系统标称电压 380/220V。站用电母线采用按工作变压器划分的单母线接线，相邻两段工作母线同时供电分列运行。

站用电源采用交直流一体化电源系统。

6.3.9 电缆

电缆选择及敷设按照《电力工程电缆设计标准》(GB 50217—2018) 进行，并需符合《火力发电厂与变电站设计防火标准》(GB 50229—2019)、《电力设备典型消防规程》(DL 5027—2015) 有关防火要求。

高压电气设备本体与汇控柜或智控柜之间宜采用标准预制电缆连接。变电站线缆选择宜视条件采用单端或双端预制型式。变电站火灾自动报警系统的供电线路、消防联动控制线路应采用燃烧性能不低于 B2 级的耐火铜芯电线电缆。其余线缆采用阻燃电缆，阻燃等级不低于 C 级。

宜优化线缆敷设通道设计，户外配电装置区不宜设置间隔内小支沟。在满足线缆敷设容量要求的前提下，户外配电装置场地线缆敷设主通道可采用电缆沟或地面槽盒；GIS 室内电缆通道宜采用浅槽或槽盒。高压配电装置需合理设置电缆出线间隔位置，使之尽可能与站外线路接引位置良好匹配，减少电缆迂回或交叉。同一变电站应尽量减少电缆沟宽度型号种类。结合电缆沟敷设断面设计规范要求，较为推荐的电缆沟宽度为 800mm、1100mm、1400mm 等。电缆沟内宜采用复合材料支架或镀锌钢支架。

不同站用变压器低压侧至站用电源屏的电缆，应尽量避免同沟敷设；对无法避免的，则应取防火隔离措施。不同段蓄电池组应分别敷设在各自独立的通道内，在穿越电缆竖井时，两组蓄电池电缆应分别加穿金属套管。

当电力电缆与控制电缆或通信电缆敷设在同一电缆沟或电缆隧道内时，宜采用防火隔板或防火槽盒进行分隔。下列场所（包括：①消防、报警、应急照明、断路器操作直流电源等重要回路；②计算机监控、双重化继电保护、应急电源等双回路合用同一通道未相互隔离时的其中一个回路）明敷的电缆应采用防火隔板或防火槽盒进行分隔。

6.3.10 接地

主接地网采用水平接地体为主，垂直接地体为辅的复合接地网，接地网工频接地电阻设计值应满足《交流电气装置的接地设计规范》(GB/T 50065—2011) 要求。

户外站主接地网宜选用热镀锌扁钢，对于土壤碱性腐蚀较严重的地区宜选用铜质接地材料。户内变主接地网设计考虑后期开挖困难，宜采用铜质接地材料；对于土壤酸性腐蚀较严重的地区，需经济技术比较后确定设计方案。

6.3.11 照明

变电站内设置正常工作照明、备用照明和疏散应急照明。正常工作照明由站用电交流馈线屏供电；备用照明由事故照明屏或事故照明模块供电；疏散应急照明可根据实际需求采用集中电源供电或自带蓄电池供电。

110kV GIS 室、配电装置室、电容器室、蓄电池室、二次设备室、低压配电室内、综合泵房设置备用照明，其中综合泵房照明采用 100%备用照明。

户外配电装置场地宜采用节能型投光灯；户内 GIS 配电装置室采用节能型泛光灯；其他室内照明光源宜采用 LED 灯。

6.4　二次系统

6.4.1　系统继电保护及安全自动装置

6.4.1.1　110kV线路保护

（1）本方案110kV线路不配置线路保护。单侧电源多级串联线路、环网线（含平行双回线）、长度小于10km的短线路、电缆线路、电缆与架空混合线路（电缆长度超过30%）、电厂并网线时可配置1套纵联保护（线路保护为纵联保护时，保护通道型式根据实际工程系统通信方案确定）。

（2）线路保护直接采样、直接跳闸。

（3）110kV主网（环网）线路的保护和测控，应配置独立的保护装置和测控装置；一般线路及终端负荷站线路应配置保护测控一体化装置。

6.4.1.2　110kV内桥保护/分段保护

（1）110kV内桥/分段应按断路器配置专用的、具备瞬时和延时跳闸功能的过电流保护装置，1套备自投装置。

（2）内桥/分段保护直接采样、直接跳闸。

（3）内桥/分段保护采用保护测控集成装置，安装于110kV桥智能控制柜。

6.4.1.3　110kV母线

本方案不配置母线保护装置。

6.4.1.4　故障录波装置

本方案配置1台故障录波装置，组屏1面。

6.4.2　调度自动化

6.4.2.1　调度管理关系及远动信息传输原则

调度管理关系宜根据电力系统概况、调度管理范围划分原则和调度自动化系统现状确定。远动信息的传输原则宜根据调度管理关系确定。

6.4.2.2　远动设备配置

（1）站内划分安全Ⅰ、Ⅱ区及Ⅳ区，安全Ⅰ区设备与安全Ⅱ区设备之间设置防火墙，Ⅱ区与Ⅳ区之间配置正、反向隔离。Ⅰ区数据通信网关机以直采直送方式向调度端传送站内实时信息；Ⅱ区数据通信网关机通过以直采直送方式向调度端传送站内保护、录波等非实时信息，为调度端提供告警直传、远程浏览和调阅服务等。辅助设备智能监控系统布置于安全Ⅱ区和Ⅳ区，一次设备在线监测、火灾消防、安全防卫、动环、智能锁控子系统部署于安全Ⅱ区，无线传感器接入及智能巡视子系统部署于安全Ⅳ区。Ⅱ区和Ⅳ区网关机设备可以完成辅控系统数据采集、数据处理、状态监视、设备控制、智能应用及综合展示等功能。

（2）Ⅰ区数据通信网关机双套配置，Ⅱ区数据通信网关机单套配置，Ⅳ区网关机单套配置。

（3）远动通信设备实现与相关调度中心等主站端的数据通信，并满足相关规约要求。

6.4.2.3 远动信息采集

（1）本站远动信息采集根据《电力系统调度自动化设计技术规程》进行本期工程的调度自动化信息设计。

（2）遥测量包括主变压器、110kV等的电流、电压、有功功率、无功功率、功率因数、有功电度等参量。

（3）遥信量包括主变压器、110kV等的断路器/刀闸位置、保护动作、装置自检等信号。

（4）遥控量包括变电站内所有断路器/刀闸分、合闸遥控，主变压器有载调压开关档位等。

6.4.2.4 远动信息传送

（1）远动信息采取“直采直送”原则，直接从测控单元获取远动信息并向调度端传送。远动系统与变电站其他自动化系统共享信息，不重复采集。

（2）远动通信设备应能实现与相关调控中心的数据通信，宜采用双平面电力调度数据网络方式的方式。网络通信采用《远动设备及系统　第5-104部分：传输规约　采用标准传输协议集的IEC 60870-5-101网络访问》（DL/T 634.5104—2009）规约。

（3）远动信息内容应满足《电力系统调度自动化设计技术规程》（DL/T 5003—2017）、《智能变电站一体化监控系统技术规范》（Q/GDW 10678—2018）、《变电站设备监控信息规范》（Q/GDW 11398—2020）和相关调度端、无人值班远方监控中心对变电站的监控要求。

6.4.2.5 电能量计量系统

（1）站内设置1套电能量计量系统，包括电能计量装置和电能量采集终端等。

（2）站内35（10）kV线路出线为关口计费点/考核点，应配置独立电能表。

（3）主变压器各侧考核计量点配置独立电能表，主变电能表单独组屏。110kV线路配置独立电能表，安装在110kV线路智能控制柜上。35（10）kV线路、无功补偿、接地变配置独立的常规智能电能表，安装于开关柜中。

（4）电能量采集终端采用串口及网络方式采集电能量信息。

（5）电能量采集终端宜通过电力调度数据网与电能量计量主站系统通信，电能量采集终端应支持DL/T 860规约。

6.4.2.6 调度数据网络及安全防护装置

（1）调度数据网应配置双平面调度数据网络设备，含相应的调度数据网络交换机及路由器。配置2套调度数据网络设备，共包含2台路由器和4台交换机。

（2）接入业务包括远动信息、电能量信息、保护及故障录波信息等。针对不同的业务类型，在交换机上划分不同的VPN。

（3）安全Ⅰ区设备与安全Ⅱ区设备之间通信应设置防火墙；监控系统通过正反向隔离装置向Ⅲ/Ⅳ区数据通信网关机传送数据，实现与其他主站的信息传输；监控系统与远方调度（调控）中心进行数据通信应设置纵向加密认证装置。

（4）站内配置2台Ⅱ型网络安全监测装置，Ⅰ区1台，Ⅱ区1台。站内相应设备包括电能量采集终端、故录等需接入相应网络安全监测装置。

6.4.3 系统及站内通信

6.4.3.1 光纤系统通信

光纤通信系统的设计应结合通信网现状、工程实际业务需求以及各网省公司通信网规划进行。

（1）光缆类型以OPGW为主，光缆纤芯类型宜采用G.652光纤。110kV线路光缆纤芯数宜不低于48芯。

（2）宜随新建 110kV 电力线路建设光缆，满足 110kV 变电站至相关调度单位至少具备 2 条独立光缆通道的要求。

（3）110kV 变电站应按调度关系及地区通信网络规划要求建设相应的光传输系统。

（4）110kV 变电站应至少配置 2 套光传输设备，接入相应的光传输网。

6.4.3.2 站内通信

（1）110kV 变电站可不设置程控调度交换机。变电站调度及行政电话由采用 IAD 方式解决，可根据实际情况安装 1 路行政电话。

（2）110kV 变电站宜根据需求配置 1 套数据通信网设备。数据通信网设备宜采用两条独立的上联链路与网络中就近的两个汇聚节点互联。

（3）110kV 变电站通信电源宜由站内一体化电源系统实现，单套配置，容量宜不低于 130A/－48V(DC)。

（4）110kV 变电站通信设备宜与二次设备统一布置。

6.4.4 变电站自动化系统

6.4.4.1 主要设计原则

（1）变电站自动化系统的配置及功能按无人值班模式设计。

（2）采用开放式分层分布式树形网络结构，由站控层、间隔层、过程层以及网络设备构成。站控层设备按变电站远景规模配置，间隔层、过程层设备按工程实际规模配置。

（3）站内监控保护统一建模，统一组网，信息共享，通信规约统一采用 DL/T 860，实现站控层、间隔层、过程层二次设备互操作。

（4）站内信息具有共享性和唯一性，变电站自动化系统监控主机与远动数据传输设备信息资源共享。

（5）站内具备时间同步系统管理功能。

6.4.4.2 监控范围及功能

变电站自动化系统设备配置和功能要求按无人值班设计，采用开放式分层分布式网络结构，通信规约统一采用《变电站通信网络和系统》（DL/T 860）。监控范围及功能满足《智能变电站一体化监控系统技术规范》（Q/GDW 10678—2018）的要求。

监控系统主机应采用自主可控操作系统。

自动化系统实现对变电站可靠、合理、完善的监视、测量、控制、断路器合闸同期等功能，并具备遥测、遥信、遥调、遥控全部的远动功能和时钟同步功能，具有与调度通信中心交换信息的能力，具体功能宜包括信号采集、“五防”闭锁、顺序控制、远端维护、顺序控制、一键顺控、智能告警等功能。

6.4.4.3 系统网络

1. 站控层网络

站控层设备与间隔层设备之间组建双以太网络，配置站控层交换机，按设备室或按电压等级配置间隔层交换机。

2. 过程层网络

（1）110kV 间隔内设备过程层 GOOSE、SV 报文采用点对点方式传输。

（2）集中设置 3 台过程层中心交换机，用于传输故障录波、网络分析所需 SV 和 GOOSE 报文。

（3）35kV、10kV 不设置过程层网络，GOOSE 报文通过站控层网络传输。

3. 数据传输要求

（1）站控层交换机采用百兆电口，站控层交换机之间的级联端口采用千兆光口。

（2）对于采样值传输，每个交换机端口与装置、交换机级联端口之间的流量不大于端口速率的 40%。

6.4.4.4 接口要求

微机保护装置、一体化电源系统、智能辅助控制系统等与计算机监控系统之间采用 DL/T 860 通信标准通信。

6.4.4.5 设备配置

1. 站控层设备配置

（1）监控主机兼操作员、工程师工作站、数据服务器 2 台。

（2）综合应用服务器 1 台。

（3）数据通信网关机：Ⅰ区数据通信网关机（集成图形网关功能）2 台，Ⅱ区数据通信网关机 1 台，Ⅳ区数据通信网关机 1 台。

（4）智能防误主机 1 台。

（5）设置 1 台网络打印机。

2. 间隔层设备配置

间隔层包括继电保护、安全自动装置、测控装置、故障录波系统、网络记录分析系统、计量装置等设备。

（1）主变压器各侧及本体测控装置单套配置；110kV 线路测控装置单套配置，110kV 内桥/分段采用保护测控集成装置，单套配置。

（2）35kV、10kV 间隔采用保护测控集成装置。

（3）配置 1 套网络记录分析装置。网络记录分析装置记录所有过程层 GOOSE、SV 网络报文、站控层 MMS 报文。

3. 过程层设备配置

110kV 线路、内桥智能终端合并单元集成装置双套配置（当为单母线分段接线时线路及分段间隔能终端合并单元集成装置单套配置）；主变 110kV、（35）10kV 侧进线智能终端合并单元集成装置双套配置。110kV 母线设备采用智能终端与合并单元分开配置方案，110kV 母线合并单元、智能终端单套配置，主变压器本体智能终端单套配置（具备非电量功能）。

4. 网络通信设备

网络通信设备包括网络交换机、接口设备和网络连接线、电缆、光缆及网络安全设备等。

（1）站控层交换机。站控层网络宜按二次设备室和按电压等级配置站控层交换机，站控层交换机电口、光口数量根据实际要求配置。

（2）过程层交换机。

1）110kV 系统本期及远景配置 3 台过程层中心交换机和 2 台过程层交换机，不少于 16 光口。

2）每台交换机的光纤接入数量不宜超过 24 对，每个虚拟网均应预留至少 2 个备用端口。任意两台智能电子设备之间的数据传输路由不应超过 4 台交换机。

6.4.5　元件保护

6.4.5.1　110kV 主变压器保护

（1）每台主变压器电量保护双套配置，每套保护含完整的主、后备保护功能，两套保护组 1 面柜；本期 2 台主变压器共 2 面主变保护柜。

（2）每台主变压器非电量保护单套配置，与本体智能终端装置集成。

（3）变压器电量保护直接采样，直接跳各侧断路器；变压器保护跳分段断路器及闭锁备自投等采用 GOOSE 网络传输。

（4）变压器非电量保护采用就地直接电缆跳闸，信息通过本体智能终端上送。

（5）接地变不经断路器直接接于 110kV 变压器低压侧时，应配置独立的接地变保护装置。

6.4.5.2　35(10)kV 线路、站用变压器、电容器、电抗器保护

宜按间隔单套配置，采用保护测控集成装置。

6.4.6　直流系统及不间断电源

6.4.6.1　系统组成

站用交直流一体化电源系统由站用交流电源、并联直流电源系统、交流不间断电源（uninterrupted power supply，UPS）、事故照明系统组成，并统一监视控制。

6.4.6.2　并联直流电源

110kV 变电站每组并联型直流电源系统宜单套配置，重要的 110kV 变电站可双套配置。

110kV 变电站二次负荷和通信负荷宜分组设置并联型直流电源系统。二次用并联型直流电源系统宜按远景规模配置，通信用并联型直流电源系统按远景规模实际负荷配置，并预留扩建规划负荷的安装位置。

全站设三组并联直流电源，第一组供二次直流负荷（不含 UPS 和事故照明），第二组供 UPS 和事故照明负荷，第三组供通信直流负荷，每组均单套配置且按该组内全部直流负荷考虑。

1. 直流系统电压

站内操作电源额定电压采用 220V，通信电源额定电压－48V。

2. 蓄电池型式、容量

并联型直流电源系统二次及消防负荷事故停电时间宜按 2h 计算，通信负荷宜按 4h 计算。

并联电源组件配套的阀控式密封铅酸蓄电池，单个蓄电池端电压 12V、容量不应大于 200Ah。电池性能应符合《固定型阀控式铅酸蓄电池　第 1 部分：技术条件》（GB/T 19638.1—2014）的要求。

3. 并联直流电源模块数量

第一组并联直流电源，为二次直流负荷（除 UPS 和事故照明外）供电，共配置 2A 的并联直流电源模块 17 个。

第二组并联直流电源，为 UPS 及事故照明等直流负荷供电，配置 2A 的并联直流电源模块 21 个。

第三组并联直流电源，为通信直流负荷供电，终期配置10A的并联直流电源模块12个，本期配置6个。

4. 直流系统接线方式

220V直流电源系统采用单母线接线，－48V直流电源系统采用单母线接线。

模块的输入和输出均应配置断路器，输出侧直流断路器短路保护脱扣电流不小于8倍的模块输出额定电流；过载续流回路及模块回路蓄电池采用熔断器；其他回路保护和隔离电器满足《电力工程直流电源系统设计技术规程》(DL/T 5044—2014) 的要求配置。

5. 直流系统供电方式

直流系统宜采用集中辐射形供电方式，暂不设置直流分电屏。单套智能组件配置的智能控制柜每柜从直流馈线柜引一路直流电源，柜内各回路经各自直流空开供电；双套智能组件配置的智能控制柜每柜从直流馈线柜引两路直流电源，柜内第一套回路从第一路直流电源经各自直流空开供电，第二套回路从第二路直流电源经各自直流空开供电。10kV开关柜按母线段采用小母线形式辐射供电方式。

6. 直流系统设备布置

第一组并联直流电源组，3面并联直流电源柜和2面直流馈电柜安装于二次设备室。

第二组并联直流电源组，3面并联直流电源柜安装于二次设备室或独立电源室（原蓄电池室），不设馈线柜。

第三组并联直流电源组，2面柜（其中本期1面，远期预留1面）安装于二次设备室；设1面通信直流馈线柜安装于二次设备室。

直流变换装置及蓄电池推荐采用屏柜式布置方案。并联电源模块屏一般上层布置电源变换模块，下层布置蓄电池组，由于不同厂家使用的蓄电池组大小及结构设计不同，推荐使用2260mm（高）×800mm（宽）×600mm（深）的标准屏柜。

7. 其他设备配置

变电站并联型直流电源系统应配置1套微机总监控装置，每套并联型直流电源系统宜配置1套微机分监控装置，微机分监控装置采用RS485通信口接入微机总监控装置。每套二次并联型直流电源宜配置1套绝缘监测装置（－48V通信直流电源不设），绝缘监测装置采用RS485通信口接入相应微机分监控装置。

6.4.6.3 交流不间断电源

站内配置1套交流不间断电源（UPS)，主机采用单套配置方式，参考容量为10kVA。

UPS为静态整流、逆变装置，单相输出，配电柜馈线采用辐射状供电方式。

6.4.6.4 事故照明电源系统

站内配置1套事故照明电源系统，主机采用单套配置方式，参考容量为3kVA。

6.4.6.5 一体化电源系统总监控装置

一体化电源系统总监控装置作为集中监控管理单元，同时监控站用交流电源、并联直流电源、交流不间断电源（UPS）和事故照明电源等设备。对上通过DL/T 860与变电站站控层设备连接，实现对一体化电源系统的远程监控维护管理。对下通过总线或DL/T 860标准与各子电源监控单元通信，各子电源监控单元与成套装置中各监控模块通信。

6.4.7 时间同步系统

(1) 站内配置1套时间同步系统，由主时钟和时钟扩展装置组成。主时钟双重化配置，支持北斗导航系统（BD)、全球定位系统（GPS）和地面授时信号，优先采用北斗导航系统。站控层设备采用 SNTP 对时方式，间隔层设备采用 IRIG－B、脉冲等对时方式，过程层设备采用光 B 码对时方式。精度满足全站二次设备对时要求。

（2）时间同步系统对时或同步范围包括监控系统站控层设备、保护装置、测控装置、故障录波装置、故障测距、相量测量装置、合并单元及站内其他智能设备等。

（3）站控层设备宜采用 SNTP 对时方式。间隔层、过程层设备宜采用 IRIG－B 对时方式，条件具备时也可采用 IEC 61588 网络对时。

6.4.8　辅助控制系统

辅助控制系统包含一次设备在线监测子系统、火灾消防子系统、安全防卫子系统、动环子系统、智能锁控子系统、智能巡视子系统等。

6.4.8.1　一次设备在线监测子系统

系统应具备对主变压器油中溶解气体、铁芯/夹件接地电流的在线监测功能；系统应具备对进线柜、分段柜等大电流空气绝缘开关柜触头测温功能；主变压器油面温度、油位，断路器绝缘气体密度等表计数据应具备远传至辅控系统的功能，避雷器泄漏电流等表计数据应具备数字化传输到辅控系统的功能。

1. 主变压器在线监测装置

（1）变压器监测终端根据变电站内主变压器数量进行配置，每台主变压器宜配置 1 台。

（2）变压器应配置铁芯/夹件接地电流在线监测装置，每台变压器宜配置 1 台。

（3）变压器应配置油温、油位数字化远传表计。

（4）变压器应配置中性点成套设备避雷器泄漏电流数字化远传表计。

2. GIS 在线监测装置

（1）110kV GIS 配置监测终端。

（2）110kV GIS 应配置绝缘气体密度远传表计。

（3）110kV GIS 内置避雷器应配置泄漏电流数字化远传表计。

3. 空气绝缘开关柜（仅用于进线柜、分段柜等大电流开关柜）

（1）触头测温监测终端宜按开关柜室配置。

（2）10kV 进线柜、分段柜等空气绝缘开关柜应配置触头测温监测。

4. 气体绝缘开关柜

（1）表计采集终端宜按开关柜室配置。

（2）35kV、10kV 气体绝缘开关柜应配置绝缘气体密度远传表计。

5. 独立避雷器

（1）表计采集终端宜按电压等级配置或接入设备间隔采集终端。

（2）110kV 避雷器应配置泄漏电流数字化远传表计。

6.4.8.2 火灾消防子系统

系统应具备接入火灾自动报警系统及模拟量变送器等设备的功能，火灾报警控制器配合消防信息传输控制单元，实现站内火灾报警信息的采集、传输。火灾自动报警系统应具备声光报警功能与消防联动控制功能，火灾发生时，及时发出声光报警信号，自动停止送、排风系统和空调系统的运行。

（1）根据探测区域及区域内电气设备特点，变电站应配置不同原理和类型的火灾探测器。

（2）各房间及预制舱应配置点型感温感烟火灾探测器或吸气式感烟探测器。

（3）蓄电池室应配置防爆感烟火灾探测器。有设备运行温度要求的区域，如室外主变区域，应配置缆式线型定温火灾探测器。

6.4.8.3 安全防卫子系统

系统应具备接入红外双鉴探测器、红外对射探测器、门禁控制器以及电子围栏等设备的功能，实现站内周界入侵告警信息的采集和传输。系统应具备布防和撤防功能，满足现场多种运行方式。系统应具备对读卡器、开门按钮等门禁设备的控制和管理功能，实现站内人员出入信息的采集、存储和上送。应具备多种开门方式，满足刷卡开门、密码开门、卡和密码开门、多卡开门、远程控制开门等多种需求，可选配人脸识别开门、指纹识别开门等功能。系统应具备紧急情况下的一键报警功能。

（1）变电站应配置1套安防监控终端。

（2）变电站围墙应配置电子围栏，大门入口宜配置红外对射探测器用于周界安防。

（3）各设备室对外门窗处可配置红外双鉴探测器用于非法入侵监测。

（4）大门入口及非常开门的主要设备室应配置门禁。

（5）变电站大门入口应设置门铃。

（6）对于需要远传报警信息至报警中心的变电站，可在变电站门卫室配置1台防盗报警控制器。

6.4.8.4 动环子系统

系统应具有对微气象、温湿度、水位、SF_6/O_2 含量、水浸、漏水、水位等传感器接入功能，实现站内环境数据的实时采集、处理和上送。系统应具有对空调、除湿机、采暖、风机、水泵以及照明等设备的控制功能。应能对环境异常及时告警，可对各种环境信息告警值进行设定。环境监测传感器应具有正常工作指示功能及异常告警功能。可根据变电站实际情况选择支持无线传感器接入功能。

（1）变电站应配置1套动环监控终端，布置于二次设备室。

（2）主要一次设备室、二次设备室应配置温湿度传感器。

（3）存在绝缘气体泄漏隐患的设备室应配置绝缘气体泄漏监测传感器。

（4）室外电缆沟等电缆集中区域宜配置水浸传感器，集水井应配置水位传感器。

（5）变电站主控楼楼顶宜配置1套一体化微气象传感器，采集室外温度、湿度、风速、风向、气压、雨量等数据。

（6）有灯光补充需求的站内场地应配置辅助灯光。

6.4.8.5 智能锁控子系统

系统应具备对变电站内各类锁具（不含防止电气误操作的锁具）和电子钥匙的控制和管理功能，实现开锁权限、开锁记录和开锁流程的智能化管控。系统应具备身份认证功能，包括刷卡、密码等多种认证方式。应具备上送开锁任务、人员及锁具配置信息，下发开锁任务到电子钥匙等功能。应具备在网络故障情况下通过锁控监控终端直接对钥匙进行授权操作功能，并对授权信息和开锁信息进行记录。

（1）变电站应配置 1 台锁控控制器、2 把电子钥匙集中部署，并配置 1 把备用机械紧急解锁钥匙。

（2）锁具部署在全站屏柜门锁、箱门锁、爬梯门锁、围栏门锁（不含防止电气误操作的锁具），消防小室门、水泵房门等需要常开的场合，无须部署锁具。

6.4.8.6　智能巡视子系统

变电站智能巡视子系统由智能巡视主机、机器人、视频设备等组成，实现数据采集、自动巡视、智能分析、实时监控、智能联动、远程操作等功能。机器人暂不配置，预留接口。

（1）摄像机布置应满足变电站安全防范、设备运行状态监视及设备智能巡视的要求。

（2）站区大门、站内场地、户外设备区、各房间均应安装球形摄像机，户外设备区可安装云台摄像机，对变电站进行常规监视，兼顾环境状态、人员行为及设备状态分析。

（3）变压器等重要一次设备区域宜配置高清固定摄像机、红外热成像摄像机、声纹监测装置等，满足远程在线巡视的布点需求。

（4）建筑楼顶或设备区最高点构架应安装全景摄像机进行设备区全景监视及盲区覆盖。

（5）站区大门正对入口处应安装枪型摄像机，识别记录进入人员及车辆车牌。

（6）变电站周界等户外场地摄像机附近可按需装设防水射灯，满足周界防入侵监控等监视要求。

6.4.8.7　联动功能

（1）智能联动含主辅联动、子系统间联动及子系统内部联动功能。

（2）应支持监控主机、综合应用服务器及智能巡视主机之间联动控制，在智能巡视主机进行巡视期间，应支持向监控主机、综合应用服务器发送联动任务功能。

（3）当智能巡视主机接到联动信号时，应支持根据配置的联动信号和巡视点位的对应关系，自动生成巡视任务，对需要复核的点位进行巡视。

（4）应能实现用户自定义的设备联动，包括照明、暖通、火灾、消防、环境监测等相关设备的联动。

（5）在夜间或照明不良情况下需要启动摄像机摄像时，联动辅助灯光。

（6）发生火灾时，联动报警设备所在区域的摄像机跟踪拍摄火灾情况、自动解锁房间门禁，自动切断风机、电暖气、空调及除湿机电源。

（7）发生非法入侵时，打开报警防区的灯光照明、联动报警设备所在区域的摄像机，并启动报警功能。

（8）当配电装置室 SF_6 气体浓度超标时，自动启动相应的风机并启动报警功能，必要时可联动相应区域的摄像机。

（9）通过对室内环境温度、湿度的实时采集，自动启动或关闭风机、空调、电暖气和除湿机系统。

（10）发生水浸及水位越限时，自动启动相应的水泵排水并启动报警功能。

（11）发生强对流天气时，实时记录环境信息，实现告警上传并联动相应设备。

6.4.8.8　无线接入功能

（1）系统应设置安全接入区，配置相应的无线接入设备实现无线传感器的接入功能。

（2）无线传感器宜采用微功率无线接口与汇聚节点通信，数据传输应满足无线组网协议及无线网通信协议要求。

6.4.9 二次设备模块化设计

6.4.9.1 二次设备的模块

二次设备设置如下模块：

（1）站控层设备模块：包含监控系统站控层设备、调度数据网络设备、二次系统安全防护设备等。

（2）公用设备模块：包含公用测控装置、时钟同步系统、网络记录分析装置、故障录波装置、辅助控制系统等。

（3）通信设备模块：包含光纤系统通信设备、站内通信设备等。

（4）直流电源系统模块：包含并联型直流电源（含并联型蓄电池）、逆变电源（INV，可选）、UPS 等。

（5）主变间隔层设备模块：包含主变压器保护装置、主变测控装置、电度表等。

6.4.9.2 二次设备模块化设置原则

全站设置 1 个二次设备室，布置所有二次设备，含 1 个公用设备模块、1 个通信设备模块、1 个间隔层设备模块、直流电源系统模块等。

6.4.9.3 二次设备组柜原则

1. 站控层设备组柜方案

（1）2 台监控主机（兼操作员、工程师工作站、数据服务器功能）组 1 面柜。

（2）Ⅰ区数据通信网关机（兼图形网关机）组 1 面柜。

（3）Ⅱ区、Ⅳ区数据通信网关机组 1 面柜。

（4）调度数据网设备、二次系统安全防护设备组 2 面柜。

（5）综合应用服务器、硬件防火墙组 1 面柜。

（6）智能防误主机组 1 面柜。

2. 间隔层设备组柜方案

（1）公用设备。

1）公用测控装置与 110kV 母线测控装置、110kV 间隔层交换机合组 1 面柜。

2）网络记录单元和分析单元与过程层中心交换机合组 1 面柜。

3）时钟同步系统主时钟及扩展时钟装置组 1 面柜。

4）智能辅助控制系统及Ⅳ区巡检主机组 1～2 面柜。

5）故障录波器 1 台组 1 面柜。

（2）110kV 线路。110kV 线路测控装置布置于智能控制柜内。

（3）110kV 内桥/分段。110kV 内桥/分段保护测控装置、110kV 备自投装置布置于智能控制柜内。

（4）主变压器。

1）主变压器保护及测控。

电量保护：主变保护 1 和主变保护 2 合组 1 面柜。

主变测控：主变压器各侧测控装置合组 1 面柜。

非电量保护与本体智能终端集成，下放布置于主变压器本体智能控制柜内。

2）电度表柜。

2 回 110kV 线路电度表共 2 块，安装在 110kV 线路智能控制柜。

主变压器各侧电度表组 1 面柜，电能数据采集终端组 1 面柜。

（5）35kV（10kV）保护测控集成装置。装置分散就地布置于开关柜。

3. 过程层设备组柜方案

（1）110kV 侧合并单元智能终端集成装置布置于智能控制柜内。

（2）主变 35kV、10kV 侧合并单元智能终端集成装置布置于开关柜内。

4. 网络设备组柜方案

（1）站控层不单独设置网络交换机柜，站控层Ⅰ区、Ⅱ区交换机与数据网关机共同组柜。

（2）过程层中心交换机与网络分析记录装置共同组柜。

（3）35kV、10kV 站控层交换机分散布置在各母线设备开关柜上。

5. 其他二次系统组柜方案

（1）通信设备组 9 面柜。

（2）交、直流一体化电源设备组 14 面柜，包括交流屏 3 面、直流屏 11 面。

（3）智能辅助控制系统巡检主机组 1～2 面柜。

（4）二次设备室内预留 2～3 面屏柜。

6.4.9.4　柜体统一要求

1. 二次设备室内二次设备柜体要求

（1）间隔层二次设备、通信设备及直流设备等二次设备屏柜采用 2260mm×600mm×600mm（高×宽×深）屏柜；站控层主机及服务器柜采用 2260mm×600mm×900mm（高×宽×深）屏柜。并联型直流电池柜及交流柜采用 2260mm×800mm×600mm（高×宽×深）屏柜。

（2）二次设备柜体颜色统一。

（3）二次设备柜采用前显示、后接线式装置，二次设备柜采用不靠墙布置，屏正面开门，屏后面开门。

2. 预制式智能控制柜要求

（1）智能控制柜尺寸为 800mm×800mm（宽×深），柜体颜色统一。

（2）智能控制柜与 GIS 设备统一布置在槽钢上，净距满足 800～1200mm 的要求。

（3）智能控制柜采用双层不锈钢结构，内层密闭，夹层通风，柜体的防护等级达到 IP55。

（4）智能控制柜设置散热和加热除湿装置，在温湿度传感器达到预设条件时启动。

(5) 智能控制柜内部的环境满足智能终端等二次元件的长年正常工作温度、电磁干扰、防水防尘条件，不影响其运行寿命。

6.4.10 一键顺控设计

6.4.10.1 基本要求

1. 操作内容

变电站一键顺控包括对母线、线路、变压器等设备的倒闸操作，实现运行、热备用、冷备用三种状态间的转换操作。开关柜采用手动手车时，实现运行、热备用两种状态间的转换操作。

一键顺控范围包含操作涉及的一次设备和二次设备，一次设备包括10～110kV断路器和电动隔离开关（含电动手车），二次设备包括继电保护装置、安全自动装置等可远程投退的软压板和可远程切换的定值区。

2. 功能要求

变电站一键顺控应实现操作项目软件预制、操作任务模块式搭建、设备状态自动识别、防误联锁智能校核、操作步骤一键启动、操作过程视频联动等功能。

由监控系统按照预设程序与防误策略，选择相应的操作任务，自动导出变电站操作票并按步骤顺序执行操作；依据遥测、遥信、状态传感器信息等多重判据，判别确认设备实时状态信息，直至所有步骤全部完成；采用防误双校核和设备状态双确认机制，确保操作控制安全可靠。

6.4.10.2 总体方案

变电站一键顺控功能在站端实现，部署于安全Ⅰ区，由站控层设备（监控主机、智能防误主机、Ⅰ区数据通信网关机）、间隔层设备（测控装置）及一次设备传感器共同实施。具体由监控主机实现相关功能，与智能防误主机之间进行防误逻辑双校核，通过Ⅰ区数据通信网关机采用DL/T 634.5104通信协议实现调控/集控站端对变电站一键顺控功能的调用。

双确认防误逻辑中，对断路器和刀闸的位置状态确认应至少包含不同源或不同原理的主辅双重判据。主判据应为断路器和隔离开关的机构辅助开关触点双位置信息，辅助判据宜为设备所在回路的电压、电流遥测信息、带电显示装置反馈的有无电信息或设备状态传感器反馈的位置状态信息。

一键顺控通信规约宜遵循《变电站通信网络和系统》(DL/T 860) 的有关规定，满足《电力监控系统网络安全防护导则》(GB/T 36572—2018) 有关要求。

6.4.11 互感器二次参数要求

6.4.11.1 电流互感器

全站110kV、主变压器各侧及35kV、10kV均采用常规电流互感器，其二次参数配置详见表6-3。

6.4.11.2 电压互感器

110kV、35kV、10kV母线均采用常规电压互感器，其二次参数配置详见表6-4。

6.4.12 光/电缆选择

采用预制线缆实现一次设备与二次设备、二次设备间的光缆、电缆标准化连接，提高二次线缆施工的工艺质量和建设效率。

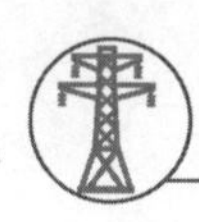

表6-3　　电流互感器二次参数配置表

电压等级	110kV	35/10kV
主接线	内桥/单母线分段	单母线分段
台数	3台/间隔	3台/间隔
二次额定电流	5A（1A）	5A（1A）
准确级	（1）内桥接线时： 主变压器进线：5P/0.2S； 出线、内桥：5P/5P/0.2S/0.2S； 测、计量级带中间抽头 （2）单母分段接线时： 主变压器进线：5P/5P/0.2S/0.2S； 出线：5P/0.2S/0.2S； 分段：5P/0.2S； 测、计量级带中间抽头	出线、分段、电容器及接地变：5P/0.2S/0.2S； 主变进线：5P/5P/0.2S/0.2S； 主变中性点绕组：10P/10P； 主变中性点间隙零序绕组：10P/10P； 测量级带中间抽头
二次绕组数	（1）内桥接线时： 主变压器进线：2 出线、内桥：4 （2）单母分段接线时： 主变压器进线：4 出线：3 分段：2	出线、电容器、接地变、分段：3 主变压器进线：4 主变高压侧中性点、间隙：2
二次绕组容量	计量绕组5VA，其余绕组15VA	计量绕组5VA，其余绕组15VA

表6-4　　电压互感器二次参数一览表

电压等级	110kV	35/10kV
主接线	内桥/单母线分段	单母线分段
数量	母线、线路、主变进线侧（单母分段时采用）：三相	母线：三相
准确级	母线、线路、主变进线侧（单母分段时采用）：0.2/0.5(3P)/0.5(3P)/3P	母线：0.2/0.5(3P)/0.5(3P)/3P
额定变比	母线、线路、主变侧：$\frac{110}{\sqrt{3}}/\frac{0.1}{\sqrt{3}}/\frac{0.1}{\sqrt{3}}/\frac{0.1}{\sqrt{3}}/0.1\text{kV}$	母线：$\frac{10}{\sqrt{3}}/\frac{0.1}{\sqrt{3}}/\frac{0.1}{\sqrt{3}}/\frac{0.1}{\sqrt{3}}/\frac{0.1}{3}\text{kV}$
二次绕组数	母线、线路、主变进线侧（单母分段时采用）：4	母线：4
二次绕组容量	母线、线路、主变侧：每个绕组10VA	每个绕组50VA

6.4.12.1 预制光缆

(1) 跨房间、跨场地不同屏柜间二次装置连接宜采用双端预制光缆，实现光缆即插即用。

预制光缆选用铠装、阻燃型，自带高密度连接器或分支器。光缆芯数选用8芯、12芯、24芯，每根光缆备用2～4芯。

(2) 二次设备室内不同屏柜间二次装置连接采用尾缆，尾缆采用4芯、8芯、12芯规格。柜内二次装置间连接采用跳线，柜内跳线采用单芯或多芯跳线。

(3) 除线路保护通道专用光纤外，采用缓变型多模光纤；室外光缆采用非金属加强芯阻燃光缆，采用槽盒敷设方式。

(4) 就地控制柜至二次设备室之间的光缆按间隔、按保护双套原则进行光缆的整合，就地控制柜至对时等公用设备的光缆可不单独设置。

(5) 统一变电站光纤配线箱类型，光纤配线箱光纤接口为12芯、24芯时，采用1U、2U箱体。

6.4.12.2 预制电缆

(1) 主变压器、GIS本体与智能控制柜之间二次控制电缆采用预制电缆连接，采用双端预制、槽盒敷设方式。当电缆采用穿管敷设时，采用单端预制电缆，预制端设置在智能控制柜侧。预制电缆采用双端预制且为穿管敷设方式下，选用高密度连接器。

(2) 电流、电压互感器与智能控制柜之间控制电缆、交直流电源电缆不采用预制电缆。

(3) 选用圆形航空插头，采用水平安装方式，采用多股软导线。

6.4.13 二次设备的接地、防雷、抗干扰

(1) 选用抗干扰水平符合规程要求的继电保护、测控及通信设备。

(2) 自动化系统站控层网络通向户外的通信介质采用光缆，过程层网络、采样值传输采用光缆，能有效地防止电磁干扰入侵。

(3) 二次设备室内部的信息连接回路采用屏蔽电缆或屏蔽双绞线。

(4) 双套保护配置的保护装置的采样、启动和跳闸回路均使用各自独立的光/电缆。

(5) 在二次设备室内，沿屏（柜）布置方向敷设截面不小于100mm^2的专用接地铜排，并首末端联接后构成室内等电位接地网。室内等电位接地网必须用4根以上、截面不小于50mm^2的铜排（缆）与变电站的主接地网可靠接地。

(6) 控制电缆选用屏蔽电缆，屏蔽层两端可靠接地。

(7) 合理规划二次电缆的敷设路径，尽可能离开高压母线、避雷器和避雷针的接地点、并联电容器、电容式电压互感器（CVT）、结合电容及电容式套管等设备，避免和减少迂回，缩短二次电缆的长度。

6.5 土建部分

6.5.1 站址基本条件

海拔小于1000m，设计基本地震加速度0.10g，场地类别Ⅱ类，设计风速不大于30m/s，天然地基、地基承载力特征值f_{ak}=130kPa，无地下水影响，场地同一设计标高。当站址基本条件发生变化时，相关专业做相应调整。

6.5.2 总布置

6.5.2.1 总平面及竖向布置

(1) 变电站的总平面布置应根据生产工艺、运输、防火、防爆、保护和施工等方面的要求，按远期规模对站区的建构筑物、管线及道路、进出线走廊、终端塔位、站用外接电源及周围环境影响等进行统筹安排，合理布局，工艺流畅。

(2) 变电站总平面布置应按最终规模进行规划设计，应考虑远期扩建的可能。

(3) 建（构）筑物防火间距应符合相关设计规程。

(4) 站区竖向布置宜根据地形、地质、地理环境因地制宜的原则，采用平坡式或阶梯式。采用平坡式布置时，场地坡度不小于0.5%；采用阶梯式布置时，站区自然地形坡度在5%～8%以上，如原地形有明显的坡度时，其台阶划分、高度，应考虑工艺及道路坡度、交通贯通要求。

6.5.2.2 站内道路

(1) 站内道路宜采用环形道路，也可结合市政道路形成环形路；当环道布置有困难时，可设回车场（不小于12m×12m）或T形回车道。变电站大门宜面向站内主变压器运输道路。

(2) 变电站大门及道路的设置应满足主变压器、大型装配式预制件、预制舱式二次组合设备等整体运输的要求。

(3) 站内主变压器运输道路及消防道路宽度为4m、转弯半径不小于9m；其他道路宽度为3m、转弯半径7m。变电站平坡式布置时，站内道路最大纵坡不宜大于6%；阶梯式布置时，站内道路最大纵坡不宜大于8%

(4) 消防道路外边缘至建筑物外墙之间距离不宜小于5m。道路外边缘距离围墙轴线距离不应小于1m。

(5) 站内道路采用公路型或城市型，湿陷性黄土地区、膨胀土地区宜采用城市型道路，可采用混凝土路面或其他路面。

6.5.2.3 场地处理

户外配电装置场地宜采用碎石地坪，厚度不少于20cm，湿陷性黄土地区应设置灰土封闭层，当变电站美观或站内运维有相关要求时，也可采用透水砖地面。缺少碎石或卵石及雨水充沛地区可简单绿化，但不应种植人工绿化草坪、设置浇灌管网等绿化设施。

6.5.3 装配式建筑物

6.5.3.1 建筑

(1) 建筑物宜采用装配式建筑，选用一体化墙板，减少现场拼装、焊接与涂刷。应按工业建筑标准设计，统一标准、统一模数。

(2) 建筑物体型应紧凑、规整，外立面及色彩与周围环境相协调。

(3) 变电站内设配电装置室、消防泵房和辅助用房。

配电装置室为地上一层建筑，布置有10kV配电装置室、GIS室、二次设备室、电容器室、接地变及消弧线圈室、资料室、安全工具室。

消防泵房为地上一层建筑，布置有消防泵房。

辅助用房为地上一层建筑，布置有警卫室、保电值班室、备餐间、卫生间。

(4) 建筑外墙板。应选用节能环保、经济合理的材料；应满足保温、隔热、防水、防火、强度及稳定性要求。墙板尺寸应根据建筑外形进行设计，

减少墙板长度和宽度种类，在满足荷载及温度作用的前提下，结合生产、运输、安装等因素确定，避免现场裁剪、开洞；采用工业化生产的成品，减少现场叠装，避免现场涂刷，便于安装。外围护墙体开孔应提前在工厂完成，并做好切口保护，避免板中心开洞；洞口应采取收边、加设具有防水功能的泛水、涂密封胶等防水措施。建筑物转角处宜采用一体转角板。

外围护墙体应根据使用环境条件合理选用，宜采用一体化铝镁锰复合墙板、纤维水泥复合墙板或一体化纤维水泥集成板等一体化墙板，强腐蚀性地区宜优先选用水泥基板材。应根据使用条件合理选择墙体中间保温层材料及厚度。用于防火墙时，应满足 3h 耐火极限。

（5）建筑内隔墙宜采用纤维水泥复合墙板、轻钢龙骨石膏板或一体化纤维水泥集成墙板。纤维水泥复合墙板由两侧面板和中间保温层组成。面板采用纤维水泥饰面板；中间保温层采用岩棉或轻质条板。内墙板板间启口处采用白色耐候硅硐胶封缝。轻钢龙骨石膏板为三层结构，现场复合，由两侧石膏板和中间保温层组成，中间保温层采用岩棉，石膏板层数和保温层厚度根据内隔墙耐火极限需求确定，外层应有饰面效果。内隔墙与地面交接处，设置防潮垫块或在室内地面以上 150～200mm 范围内将内隔墙龙骨采用混凝土进行包封，防止石膏板遇水受潮变形。内隔墙排版应根据墙体立面尺寸划分，减少墙板长度和宽度种类。

（6）屋面采用有组织排水，防水等级一级。屋面宜设计为结构找坡，平屋面采用结构找坡不得小于 5%，建筑找坡不得小于 3%；天沟、檐沟纵向找坡不得小于 1%。寒冷地区建筑物屋面可采用坡屋面，坡屋面坡度应符合设计规范要求。屋面保温采用 B1 级保温板。

（7）室内外装饰装修。

1）室内外装修应按照国家电网公司输变电工程标准工艺或现行国家标准图集、地方标准图集选用。

2）建筑物装饰装修宜选用工业化内装饰，优先采用装配式装修。

3）装饰装修材料应符合国家现行绿色产品评价标准。宜优先选用获得绿色低碳建材评价认证标识的建筑材料和产品。

4）配电装置室、电抗器室、电容器室等电气设备房间宜采用自流平地面或细石混凝土地面；卫生间采用防滑地砖、瓷砖墙面。卫生间设铝板吊顶，其余房间和走道均不宜设置吊顶。

5）房间内部装修材料应符合《建筑内部装修设计防火规范》（GB 50222）要求。

（8）门窗。

门窗尺寸应根据墙板规格进行设计，减少墙板的切割开洞，外窗尽量避免跨板布置。

门窗宜设计成以 3m 为基本模数的标准洞口，一般房间外窗宽度不宜超过 1.50m，高度不宜超过 1.50m。门采用木门、钢门、铝合金门、防火门。外窗宜采用断桥铝合金窗或塑钢窗，窗玻璃宜采用中空玻璃。卫生间的窗采用磨砂玻璃。

当建筑物采用一体化墙板时，GIS 室宜在满足密封、安全、防火、节能的前提下可采用可拆卸式墙体，不设置设备运输大门。墙体大小应满足设备运输要求，并方便拆卸安装。

（9）楼梯、坡道、台阶及散水。

1）楼梯尺寸设计应经济合理。踏步应防滑，室内外台阶踏步数不应小于 2 级，当高差不足 2 级时，应按坡道要求设置。

2）楼梯梯段改变方向时，扶手转向端处的平台最小宽度不应小于梯段宽度，并不得小于 1.20m。

3）室内楼梯扶手高度不宜小于 900mm。水平扶手长度超过 500mm 时，其高度不应小于 1.05m。

4）坡道、台阶采用细石混凝土或板材。

5）散水宜采用预制混凝土形式，推荐标准尺寸为 1000mm×800mm×70mm（长×宽×厚）。

6.5.3.2　结构

（1）建筑物结构型式宜采用钢框架结构。当屋面恒载、活载均不大于 0.7kN/m²，基本风压不大于 0.7kN/m² 时可采用轻型钢结构。

（2）根据《建筑结构可靠性设计统一标准》(GB 50068—2018)，建筑结构安全等级取为二级。

（3）建筑的柱间距推荐采用 6～7.5m。

（4）钢结构梁、柱宜采用热轧或焊接 H 型钢。钢框架结构屋面板宜采用钢筋桁架楼承板，轻型门式钢架结构屋面材料宜采用锁边压型钢板，满足一级防水要求。钢筋桁架楼承板的底板宜采用镀锌钢板，厚度不小于 0.5mm，采用咬口式搭缝构造，底模的连接宜采用圆柱头栓钉将压型钢板与钢梁焊接固定。

（5）当施工对主体结构的受力和变形有较大影响时，应进行施工验算。

（6）采用钢框架建筑物主体结构的框架梁与框架柱、主梁与次梁、围护结构的次檩条与主檩条（或龙骨）、围护结构与主体结构、雨篷挑梁与雨篷梁、雨篷梁与主体框架柱之间宜采用全螺栓连接。

（7）钢结构构件均应进行防腐和防火处理。

6.5.4　装配式构筑物

6.5.4.1　围墙及大门

（1）围墙宜采用装配式围墙，城市规划有特殊要求的变电站可采用通透式围墙，围墙高度不低于 2.3m。

（2）装配式围墙柱宜采用预制钢筋混凝土柱。预制钢筋混凝土柱采用工字形，截面尺寸不宜小于 250mm×250mm，围墙墙体宜采用预制墙，围墙顶部宜设钢筋混凝土预制压顶，推荐标准尺寸 440mm×490mm×60/70mm（长×宽×厚）。

（3）进站大门采用电动推拉实体钢门，门宽应满足站内大型设备运输需求，高度不应低于 2.1m，宜留有小门。

6.5.4.2　防火墙

（1）防火墙宜采用装配式耐火极限不少于 3h。

（2）防火墙宜采用现浇框架，根据主变构架柱根开和防火墙长度设置钢筋混凝土现浇柱。防火墙墙体宜采用 150mm 厚清水混凝土或 150mm 厚蒸压轻质加气混凝土预制墙板。

6.5.4.3　电缆沟

（1）配电装置区不设电缆支沟，可采用电缆埋管、电缆排管或成品地面槽盒系统。除电缆出线外，电缆沟宽度宜采用 800mm、1100mm、1400mm。

（2）主电缆沟宜采用砌体或现浇混凝土沟体，当造价不超过现浇混凝土时，也可采用预制装配式电缆沟。砌体沟体顶部宜设置预制素混凝土压顶，推荐标准尺寸为 990mm×150mm×12mm（长×宽×厚）。沟深不大于 1000mm 时，沟体宜采用砌体；沟深大于 1000mm 或离路边距离小于 1000mm 时，沟体宜采用现浇混凝土。在湿陷性黄土及寒冷地区，不宜采用砖砌体电缆沟。电缆沟沟壁应高出场地地坪 100mm。

（3）电缆沟采用成品盖板，材料为包角钢钢筋混凝土盖板或不燃有机复合盖板。风沙地区盖板应采用带槽口盖板，宽度根据电缆沟宽度确定，单件重量不超过 140kg。

（4）靠近充油设备的电缆沟，应设有防火延燃措施，盖板应封堵。

6.5.4.4 支架

（1）支架统一采用钢结构，钢结构连接方式宜采用螺栓连接。

（2）设备支架柱宜采用圆形钢管结构，支架横梁采用型钢横梁，支架柱与基础采用地脚螺栓连接。

（3）独立避雷针宜采用钢管结构。对严寒大风地区，避雷针钢材应满足材料冲击韧性的合格保证。

（4）钢支架防腐均采用热镀锌或冷喷锌防腐。

（5）钢支架柱基础的保护帽采用清水混凝土。

6.5.4.5 设备基础

（1）主变压器基础宜采用筏板基础和支墩的基础形式，筏板厚度宜为600mm，室外主变压器油坑尺寸按通用设备为10000mm×8000mm。

（2）GIS设备基础宜采用筏板和支墩的基础形式，筏板厚度宜为600m。

（3）庭院灯和投射灯基础采用薄壁空腔型，推荐标准尺寸为300mm×300mm×500mm（长×宽×高），预留埋管。

（4）电源检修箱基础采用薄壁空腔型，推荐标准尺寸为920mm×640mm×300mm（长×宽×高）。

6.5.5 暖通、水工、消防

6.5.5.1 暖通

（1）采暖：生产用房、辅助用房设置采暖设备，满足冬季设备运行、人员工作、生活环境温度要求，采暖设备采用安装简单、运行维护量低的温控型电暖器。

（2）空调：生产用房、辅助用房设置空气调节设备，满足夏季设备运行、人员工作、生活环境温度要求，空气调节设备采用分体空调。

（3）通风：电气设备房间设通风系统，采用自然或机械进风，机械排风的通风方式，排除设备运行时产生的热量，正常通风降温系统兼作事故后排烟用。采用SF_6气体绝缘设备的配电装置室内应设置SF_6气体探测器，SF_6事故通风系统应与SF_6报警装置联动。通风系统宜设置温度自动控制装置，同时具备自动控制、现场控制和远方控制的功能。

（4）暖通系统与消防报警系统应能联动闭锁。

6.5.5.2 水工

（1）水源宜优先采用自来水水源，无市政管网地区可采用打井供水。

（2）雨水、生活污水采取雨污分流制排放。场地雨水采用有组织方式，经管网汇集后排放至市政雨水管网或站外沟渠。生活污水排入市政污水管网或排入化粪池储存，定期清理，也可设置污水处理装置，经处理后用于站区绿化或达标排放。

（3）主变设有油水分离式总事故油池，油池有效容积按最大主变油量的100%考虑，主变油池压顶采用素混凝土空心结构，推荐标准尺寸为990mm×250mm×200mm（长×宽×厚）。

（4）排水设施在经济合理时，可采用预制式成品。

6.5.5.3　消防

（1）建筑物设置消防给水及室、内外消火栓系统。

（2）电气设备采用移动式化学灭火器。

（3）站内设置一套火灾自动探测报警系统，报警信号上传至地区监控中心及相关单位。

（4）电缆从室外进入室内的入口处，应采取防止电缆火灾蔓延的阻燃及分隔的措施。

6.6　绿色环保

6.6.1　一般原则

（1）变电站节能设计应符合国家现行有关标准的规定。

（2）变电站站址及用地应符合国家批准的区域发展规划和电力发展规划要求，变电站总布置在满足生产工艺的前提应下紧凑、合理，节约用地。

（3）优先选择节能型设备，如节能变压器、低功耗服务器、节能灯具等。

（4）最大程度实现工厂内规模生产、装配式建设，减少现场湿作业，减少工程施工对环境的影响。

（5）根据当地气候和自然资源条件，合理利用太阳能等可再生能源。

6.6.2　绿色建筑

（1）建筑设计应充分结合行业特征，统筹兼顾，积极采用节能新技术、新材料、新工艺、新设备。应优先采用被动式节能技术，根据气候条件，合理采用维护结构保温隔热、天然采光、自然通风等措施，降低建筑的供暖、空调、通风和照明系统的能耗。

（2）建筑体形系数、窗墙比、外围护结构（外墙、屋顶、外门窗）的热工参数（如传热系数、热惰性指标等）应符合现行国家标准对围护结构相关保温和气密性等规定。

（3）建筑材料选用因地制宜，应遵循安全健康、环境友好、性能优良原则，推广可循环利用建材、高强度高耐久建材、绿色部品部件、绿色装饰装修、节水节能、新型环保建筑材料等绿色产品，考虑防火、防潮隔热等相关措施。

（4）装饰装修材料应符合国家现行绿色产品评价标准。宜优先选用获得绿色低碳建材评价认证标识的建筑材料和产品。

6.6.3　节能设备

（1）选用节水型卫生器具，管材选用应符合耐腐蚀、抗老化、耐久性等要求；并采取有效措施，减少用水设备和管网漏损。

（2）站区事故油和污水采取措施，防止直接渗入场地，污染周边环境。

（3）空调设备宜选用环保冷媒，满足绿色环保的要求。空调机均选用能效比不低于 2.0 的空调机，以减小配置容量及运行能耗。

（4）通风设备宜选用高效、低噪声风机。风机效率值应达到现行国家标准《通风机能效限定值及能效等级》（GB 19761—2020）中规定的 2 级能效标准。

6.6.4 绿色照明

（1）合理利用自然采光，有效减少照明能耗。

（2）采用直接照明方式，在考虑显色性的基础上，选用发光效率高、寿命长的光源和高效率灯具及镇流器。

（3）在满足灯具最低允许安装高度及美观要求的前提下，降低灯具安装高度。

（4）户内外照明应实现自动节能控制。户外道路照明分组布置，对经常无人使用的场所、通道、出入口处的照明，设单独开关分散控制。

6.6.5 噪声控制

变电站噪声控制应满足《声环境质量标准》（GB 3096）和环评批复要求，厂界噪声应满足《工业企业厂界环境噪声排放标准》（GB 12348）规定的排放限值。

噪声预测结果不能满足要求时，应优先选择低于通用设备噪声限值 5dB（A）的设备，仍不满足厂界噪声排放标准时，应进行更低噪声设备、平面布置调整和辅助降噪措施的技术经济比较，合理选择噪声控制措施。

6.7 机械化施工

（1）变电站场坪采用机械化施工。

（2）变电站所用混凝土优先选用商品泵送混凝土，车辆运输至现场，并利用泵车输送到浇筑工位，直接入模。

（3）构架基础、主变防火墙等采用定型钢模板，模板拼装采用螺栓连接。

（4）构架、建筑房屋钢结构、围护板墙结构系统、屋面板系统，均采用工厂化加工，运输至现场后采用机械吊装组装。

（5）构架、建筑结构钢柱等柱脚采用地脚螺栓连接，柱底与基础之间的二次浇注混凝土采用专用灌浆工具进行作业。

第三篇

冀北地区通用设计实施方案

第7章　JB－110－A3－2通用设计实施方案

7.1　JB－110－A3－2方案设计说明

表7－1　　JB－110－A3－2方案主要技术条件表

序号	项目		技术条件
1	建设规模	主变压器	本期2台50MVA，远期3台50MVA
		出线	110kV：本期2回，远期3（4）回； 35kV：本期4回，远期6回； 10kV：本期16回，远期24回
		无功补偿装置	每台主变压器10kV侧本期及远期配置2组6Mvar无功补偿装置，按照实际电容器需求配置
2	站址基本条件		海拔小于1000m，设计基本地震加速度0.10g，设计风速不大于30m/s，地基承载力特征值f_{ak}=150kPa，无地下水影响，场地同一设计标高
3	电气主接线		110kV本期采用内桥/单母线分段接线，远景采用扩大内桥/单母线分段接线； 35kV本期采用单母线分段接线，远景采用单母线分段接线； 10kV本期采用单母线分段接线，远景采用单母线三分段接线
4	主要设备选型		110kV、35kV、10kV短路电流控制水平分别为40kA、31.5kA、31.5kA； 主变压器采用户外三绕组、有载调压电力变压器；110kV采用户内GIS；35kV、10kV采用开关柜；10kV并联电容器采用框架式
5	电气总平面及配电装置		主变压器户外布置； 110kV：户内GIS，电缆架空混合出线； 35kV：户内开关柜单列布置，电缆出线； 10kV：户内开关柜双列布置，电缆出线

续表

序号	项　目	技　术　条　件
6	二次系统	全站采用模块化二次设备、预制式智能控制柜及预制光电缆的二次设备模块化设计方案； 变电站自动化系统按照一体化监控设计； 采用常规互感器+合并单元； 110kV GOOSE与SV共网，保护直采直跳； 主变压器采用保护、测控独立装置，110kV采用保护测控集成装置，10kV采用保护测控集成装置； 采用一体化电源系统，通信电源不独立设置； 间隔层设备下放布置，公用及主变二次设备布置在二次设备室
7	土建部分	围墙内占地面积0.4371hm^2； 全站总建筑面积1242m^2； 建筑物结构型式为装配式钢框架结构； 建筑物外墙采用一体化铝镁复合板或纤维水泥复合板，内墙采用纤维水泥复合墙板、轻钢龙骨石膏板或一体化纤维水泥集成墙板，屋面板采用钢筋桁架楼承板； 围墙采用大砌块围墙或装配式围墙或通透式围墙； 构、支架基础采用定型钢模浇筑，构支架与基础采用地脚螺栓连接

7.2 JB-110-A3-2方案卷册目录

表7-2　　电气一次卷册目录

专业	序号	卷册编号	卷册名称	专业	序号	卷册编号	卷册名称
电气一次	1	JB-110-A3-2-D0101	电气一次总的部分	电气一次	6	JB-110-A3-2-D0106	10kV并联电容器安装卷册
	2	JB-110-A3-2-D0102	电气一次总图卷册		7	JB-110-A3-2-D0107	接地变及消弧线圈安装卷册
	3	JB-110-A3-2-D0103	110kV配电装置安装卷册		8	JB-110-A3-2-D0108	全站防雷接地卷册
	4	JB-110-A3-2-D0104	35（10）kV配电装置安装卷册		9	JB-110-A3-2-D0109	全站动力及照明卷册
	5	JB-110-A3-2-D0105	主变压器安装卷册		10	JB-110-A3-2-D0110	电缆敷设及防火封堵卷册

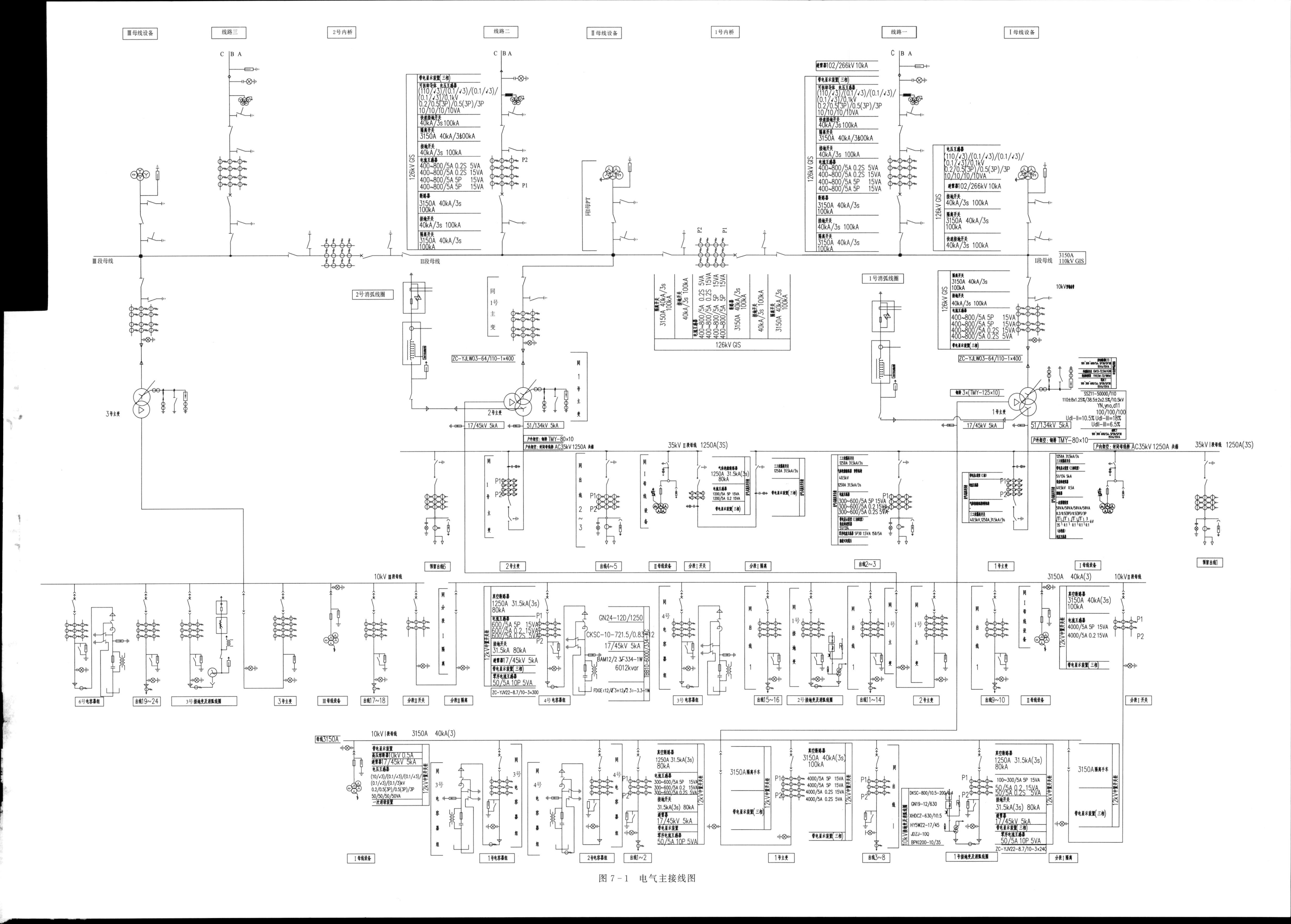
Ⅲ母线设备
线路三
2号内桥
线路二
Ⅱ母线设备
1号内桥
线路一
Ⅰ母线设备
Ⅲ段母线
Ⅱ段母线
Ⅰ段母线
3150A
110kV GIS
126kV GIS
2号消弧线圈
1号消弧线圈
3号主变
2号主变
1号主变
ZC-YJLW03-64/110-1×400
17/45kV 5kA
51/134kV 5kA
35kV Ⅱ段母线 1250A(3S)
35kV Ⅰ段母线 1250A(3S)
10kV Ⅲ段母线
10kV Ⅱ段母线
10kV Ⅰ段母线
3150A 40kA(3)
SSZ11-50000/110
GN24-12D/1250
CKSC-10-721.5/0.83-12
BAM12/2 3-334-1W
6012kvar
6号电容器组
出线19~24
3号接地变及消弧线圈
3号主变
Ⅲ母线设备
出线17~18
分段Ⅱ开关
分段Ⅱ隔离
4号电容器组
3号电容器组
出线15~16
2号接地变及消弧线圈
出线11~14
2号主变
出线9~10
Ⅱ母线设备
分段Ⅰ开关
预留出线6
2号主变
出线4~5
Ⅱ母线设备
分段Ⅰ开关
分段Ⅰ隔离
出线2~3
1号主变
Ⅰ母线设备
预留出线1
Ⅰ母线设备
1号电容器组
2号电容器组
出线1~2
1号主变
出线3~8
1号接地变及消弧线圈
分段Ⅰ隔离

图7-1　电气主接线图

表7－3 电气二次卷册目录

专业	序号	卷册编号	卷册名称
电气二次	1	JB－110－A3－2－D0201	二次系统施工图设计说明及设备材料清册
	2	JB－110－A3－2－D0202	公用设备二次线
	3	JB－110－A3－2－D0203	变电站自动化系统
	4	JB－110－A3－2－D0204	主变压器保护及二次线
	5	JB－110－A3－2－D0205	110kV线路保护及二次线
	6	JB－110－A3－2－D0206	110kV桥保护及二次线
	7	JB－110－A3－2－D0207	故障录波及网络记录分析系统
	8	JB－110－A3－2－D0208	35kV二次线
	9	JB－110－A3－2－D0209	10kV二次线
	10	JB－110－A3－2－D0210	时间同步系统
	11	JB－110－A3－2－D0211	交直流电源系统
	12	JB－110－A3－2－D0212	辅助设备智能监控系统
	13	JB－110－A3－2－D0213	火灾报警系统
	14	JB－110－A3－2－D0214	系统调度自动化
	15	JB－110－A3－2－D0215	系统及站内通信

表7－4 土建卷册目录

专业	序号	卷册编号	卷册名称
土建	1	JB－110－A3－2－T0101	土建施工总说明及卷册目录
	2	JB－110－A3－2－T0102	总平面布置图
	3	JB－110－A3－2－T0201	配电装置室建筑施工图
	4	JB－110－A3－2－T0202	配电装置室结构施工图
	5	JB－110－A3－2－T0203	配电装置室设备基础及埋件施工图
	6	JB－220－A3－2－T0204	辅助用房建筑施工图
	7	JB－220－A3－2－T0205	辅助用房结构施工图
	8	JB－220－A3－2－T0301	主变场地基础施工图
	9	JB－220－A3－2－T0302	独立避雷针施工图
	10	JB－220－A3－2－T0401	消防泵房建筑图施工图
	11	JB－220－A3－2－T0402	消防泵房及水池结构施工图
	12	JB－110－A3－2－N0101	采暖、通风、空调施工图
	13	JB－110－A3－2－S0101	消防泵房安装图
	14	JB－110－A3－2－S0102	室内给排水及灭火器配置图
	15	JB－110－A3－2－S0103	室内消防管道安装图
	16	JB－110－A3－2－S0104	室外给排水及事故油池管道安装图
	17	JB－110－A3－2－S0105	事故油池施工图

7.3 JB－110－A3－2方案主要图纸

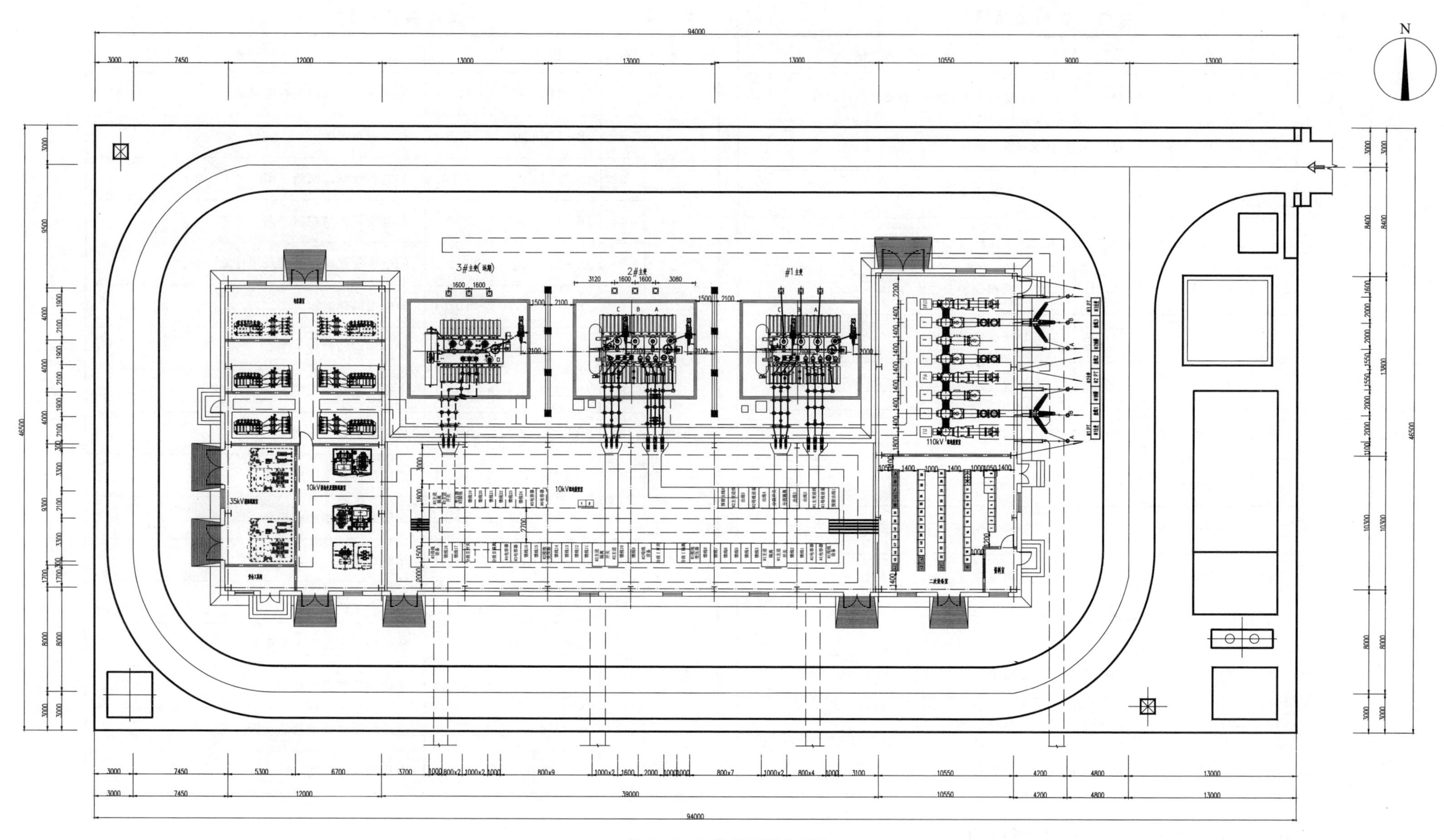

图 7-2　电气总平面布置图

符号	符号含义
QS	接地开关
QE	隔离开关
QF	断路器
CT	电流互感器
QEF	快速接地开关
TV	电压互感器
LCP	智能控制柜

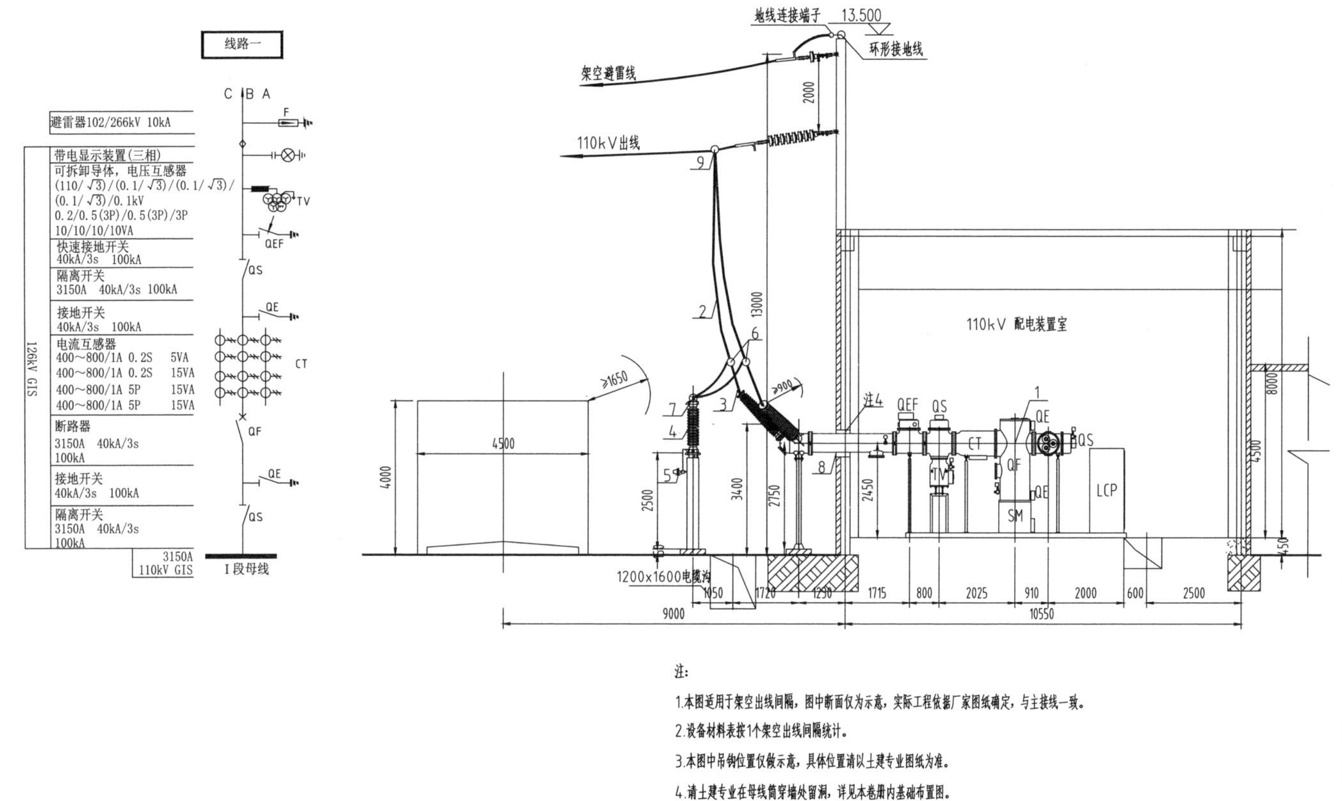

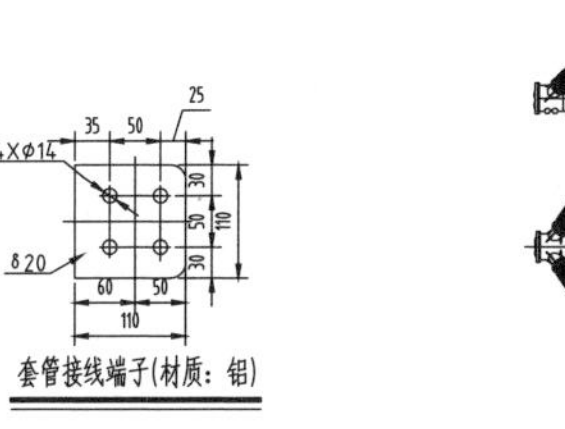

出线套管三视图

注：

1.本图适用于架空出线间隔，图中断面仅为示意，实际工程依据厂家图纸确定，与主接线一致。

2.设备材料表按1个架空出线间隔统计。

3.本图中吊钩位置仅做示意，具体位置请以土建专业图纸为准。

4.请土建专业在母线筒穿墙处留洞，详见本卷册内基础布置图。

5.母线穿墙洞封堵时不允许水泥直接和壳体接触，壳体外应包裹一层工业用橡胶板（GB/T 5574），橡胶板厚度不小于6mm。

设备材料表

序号	名 称	型号及规范	单位	数量	备 注
1	110kV SF_6封闭式组合电器	126kV,3150A,40kA/3s,100kA	间隔	1	架空出线间隔
2	钢芯铝绞线	JL/G1A-300/40	m	40	
3	30°铝设备线夹	SY-300/40B-110x110（长x宽）	套	3	带滴水孔
4	110kV金属氧化锌避雷器	Y10W-102/266W	支	3	
5	避雷器监测器	JCQ3A	支	3	避雷器厂家配套提供
6	T型线夹	TY-300/40	套	3	
7	30°铝设备线夹	SY-300/40B-140x110（长x宽）	套	3	带滴水孔
8	橡胶板	厚度不小于6mm,面积约0.5m²	套	2	穿墙母线壳体包裹用
9	T型线夹	TY-300/40	套	3	根据线路线径

图 7-3 110kV架空出线间隔断面图

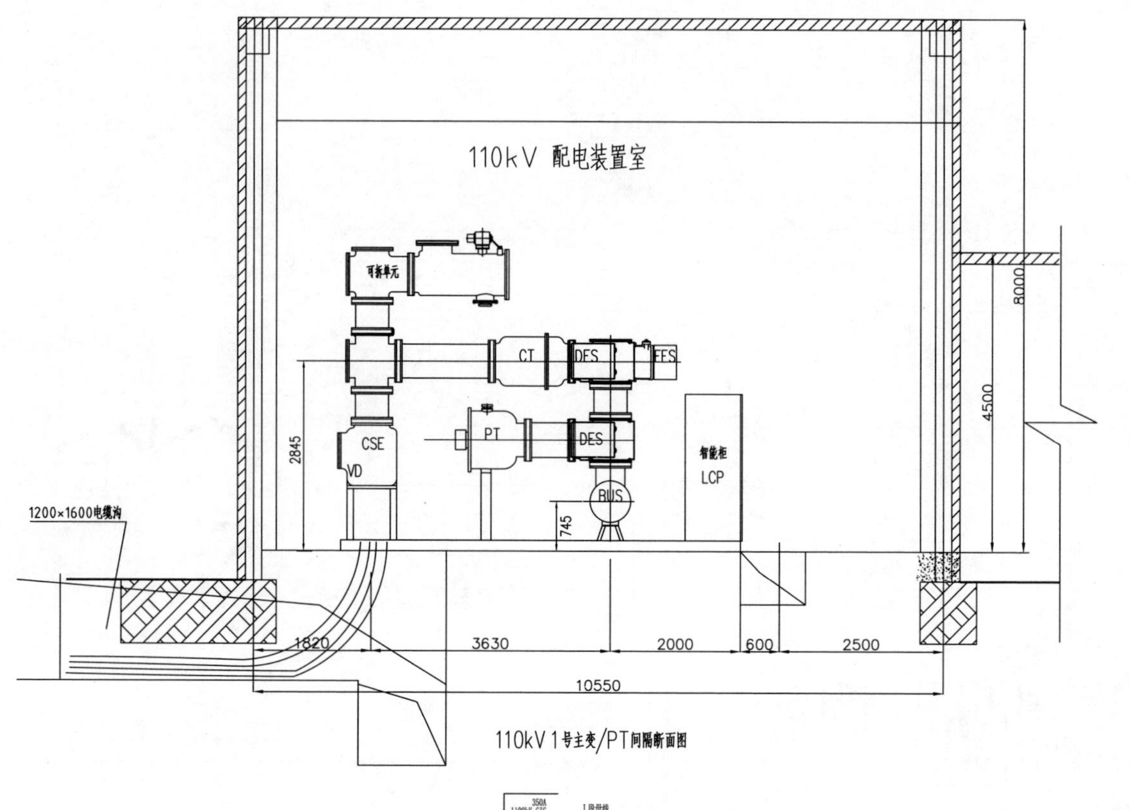

110kV 1号主变/PT间隔断面图

说明:

1. 本期新上2 回主变 /PT 间隔，设备材料表所列为单回间隔设备和材料.
2. 本图适用于主变与PT布置于同一间隔的工程. 可根据具体工程进行调整.
3. 电缆终端应符合 IEC60859，需用电缆头长度由GIS 设备厂家确定.

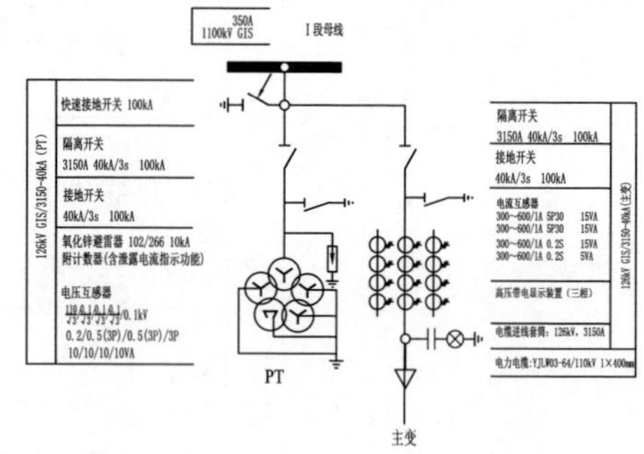

接线示意图

设备材料表

序号	名　称	型号及规范	单位	数量	备 注
1	110kV SF_6封闭式组合电器	126kV,3150A,40kA/3s,100kA	间隔	1	主变进线间隔
2	110kV电力电缆	ZC-YJLW03-64/110kV-1X400mm	m	200	
3	110kV电缆终端	110kV电缆终端,1X400,GIS终端,预制,铜	套/相	3	
4	电缆接地箱,带护层保护器		套	2	
5	110kV SF_6封闭式组合电器	126kV,3150A,40kA/3s,100kA	间隔	1	PT间隔

图 7-4　110kV 主变 PT 间隔断面图

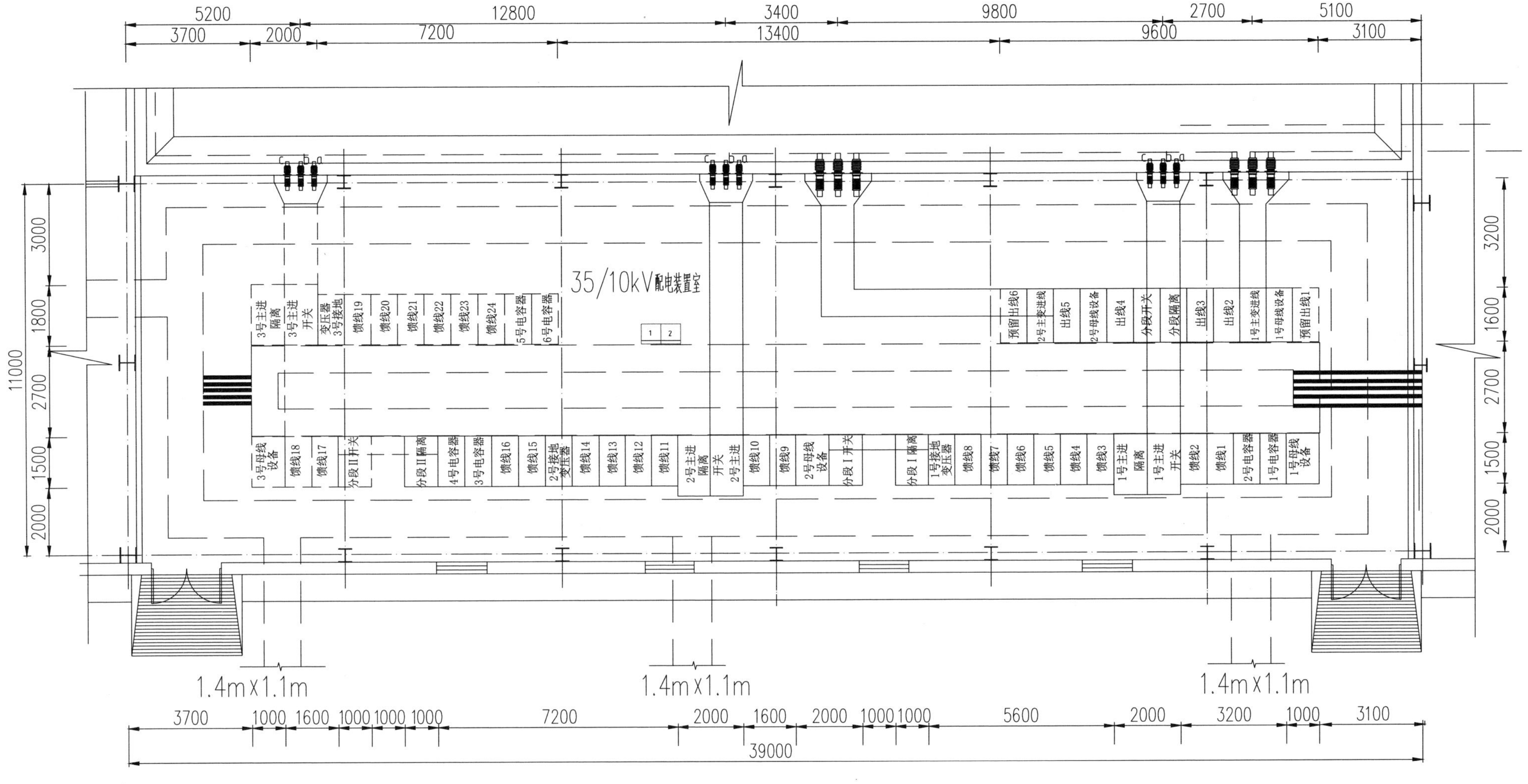

说明:

1. 35kV开关柜选用充气式开关柜；主变进线柜采用架空进线，户内架空进线及分段连接采用封闭母线桥，其他进出线开关柜均采用电缆进出线。本期出线4回，备用2回，采用单母线分段接线方式。

2. 10kV开关柜选用空气绝缘金属铠装可移开式开关柜；主变进线柜采用架空桥箱进线，其他进出线开关柜均采用电缆进出线。本期出线16回，采用单母线分段接线方式。

3. 虚线为远景部分，其余为本期新上。

图 7-5　35/10kV 配电装置室平面布置图

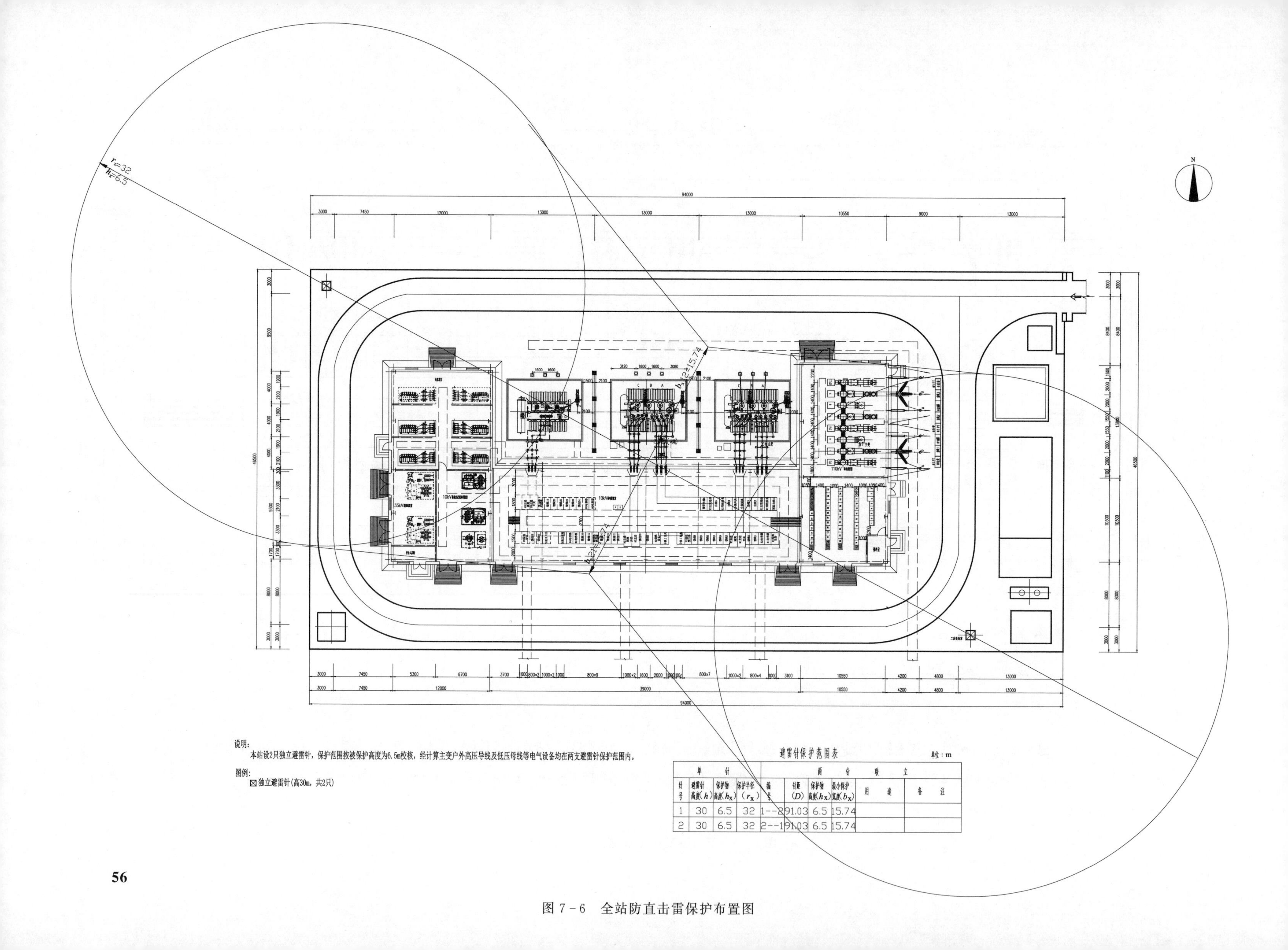

单	针			两	针	联	立		
针号	避雷针高度(h)	保护物高度(h_x)	保护半径(r_x)	编号	针距(D)	保护物高度(h_x)	最小保护宽度(b_x)	用途	备注
1	30	6.5	32	1--2	91.03	6.5	15.74		
2	30	6.5	32	2--1	91.03	6.5	15.74		

图 7－6　全站防直击雷保护布置图

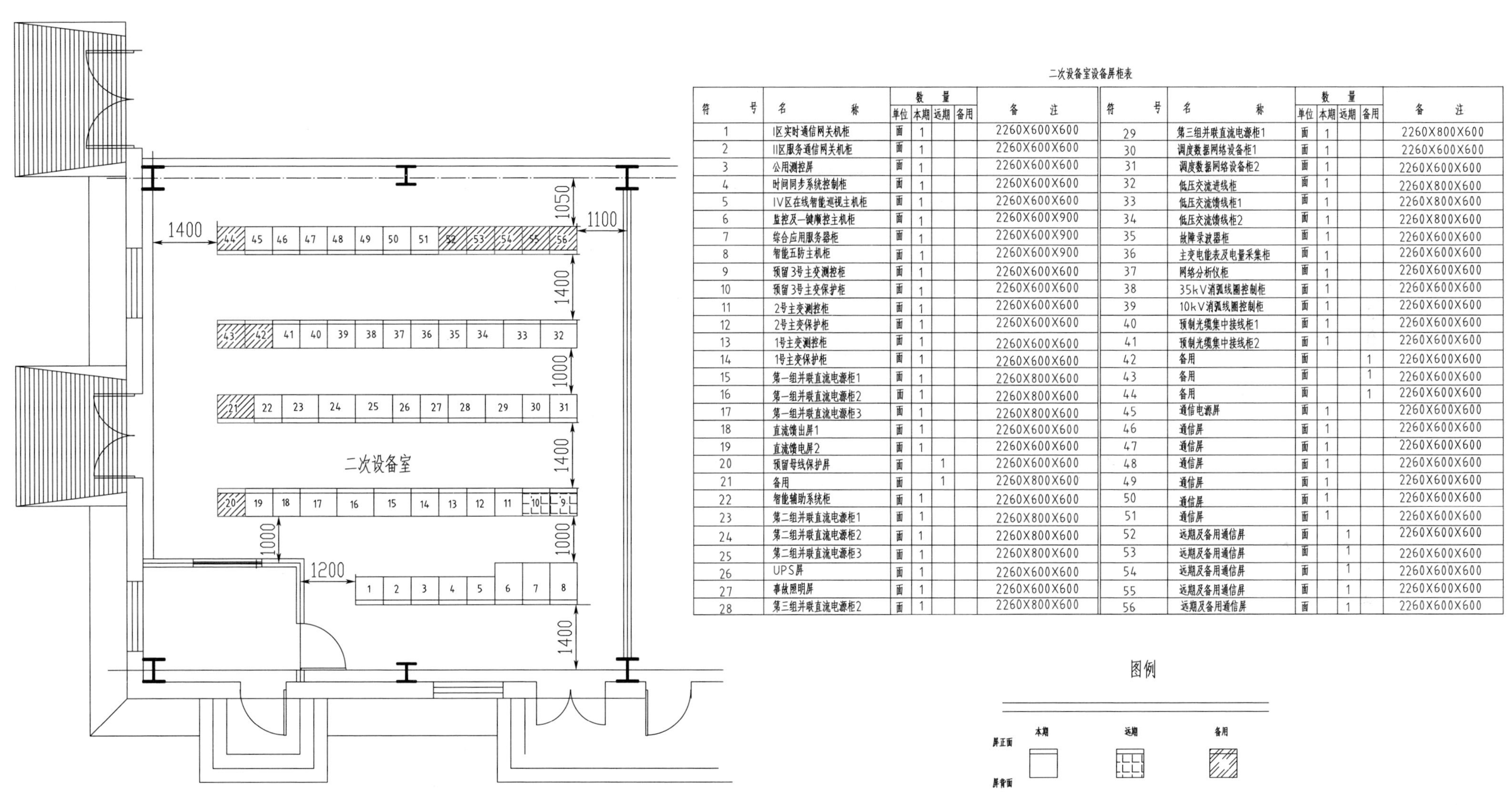

二次设备室设备屏柜表

符号	名称	数量				备注	符号	名称	数量				备注
		单位	本期	远期	备用				单位	本期	远期	备用	
1	I区实时通信网关机柜	面	1			2260X600X600	29	第三组并联直流电源柜1	面	1			2260X800X600
2	II区服务通信网关机柜	面	1			2260X600X600	30	调度数据网络设备柜1	面	1			2260X600X600
3	公用测控屏	面	1			2260X600X600	31	调度数据网络设备柜2	面	1			2260X600X600
4	时间同步系统控制柜	面	1			2260X600X600	32	低压交流进线柜	面	1			2260X800X600
5	IV区在线智能巡视主机柜	面	1			2260X600X600	33	低压交流馈线柜1	面	1			2260X800X600
6	监控及一键顺控主机柜	面	1			2260X600X900	34	低压交流馈线柜2	面	1			2260X800X600
7	综合应用服务器柜	面	1			2260X600X900	35	故障录波器柜	面	1			2260X600X600
8	智能五防主机柜	面	1			2260X600X900	36	主变电能表及电量采集柜	面	1			2260X600X600
9	预留3号主变测控柜	面	1			2260X600X600	37	网络分析仪柜	面	1			2260X600X600
10	预留3号主变保护柜	面	1			2260X600X600	38	35kV消弧线圈控制柜	面	1			2260X600X600
11	2号主变测控柜	面	1			2260X600X600	39	10kV消弧线圈控制柜	面	1			2260X600X600
12	2号主变保护柜	面	1			2260X600X600	40	预制光缆集中接线柜1	面	1			2260X600X600
13	1号主变测控柜	面	1			2260X600X600	41	预制光缆集中接线柜2	面	1			2260X600X600
14	1号主变保护柜	面	1			2260X600X600	42	备用	面			1	2260X600X600
15	第一组并联直流电源柜1	面	1			2260X800X600	43	备用	面			1	2260X600X600
16	第一组并联直流电源柜2	面	1			2260X800X600	44	备用	面			1	2260X600X600
17	第一组并联直流电源柜3	面	1			2260X800X600	45	通信电源屏	面	1			2260X600X600
18	直流馈出屏1	面	1			2260X600X600	46	通信屏	面	1			2260X600X600
19	直流馈电屏2	面	1			2260X600X600	47	通信屏	面	1			2260X600X600
20	预留母线保护屏	面		1		2260X600X600	48	通信屏	面	1			2260X600X600
21	备用	面		1		2260X800X600	49	通信屏	面	1			2260X600X600
22	智能辅助系统柜	面	1			2260X600X600	50	通信屏	面	1			2260X600X600
23	第二组并联直流电源柜1	面	1			2260X800X600	51	通信屏	面	1			2260X600X600
24	第二组并联直流电源柜2	面	1			2260X800X600	52	远期及备用通信屏	面		1		2260X600X600
25	第二组并联直流电源柜3	面	1			2260X800X600	53	远期及备用通信屏	面		1		2260X600X600
26	UPS屏	面	1			2260X600X600	54	远期及备用通信屏	面		1		2260X600X600
27	事故照明屏	面	1			2260X600X600	55	远期及备用通信屏	面		1		2260X600X600
28	第三组并联直流电源柜2	面	1			2260X800X600	56	远期及备用通信屏	面		1		2260X600X600

图7-7 二次设备室屏位布置图

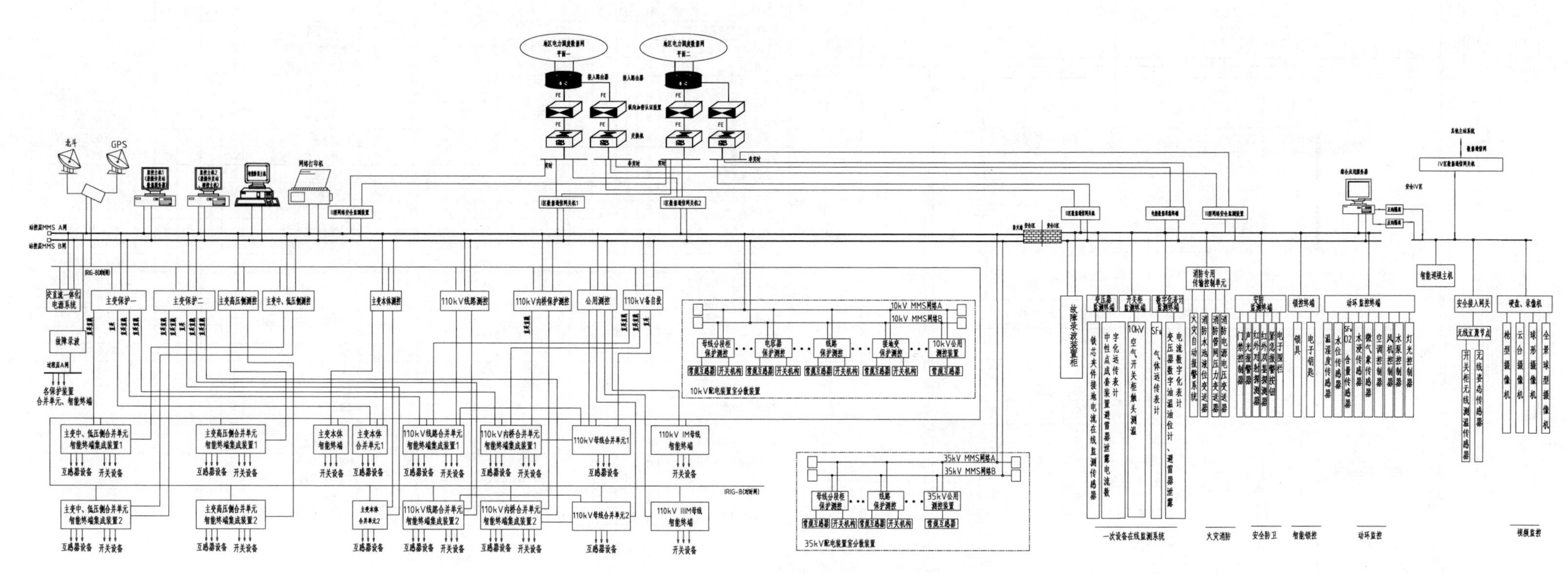

图 7-8　自动化系统方案配置示意图

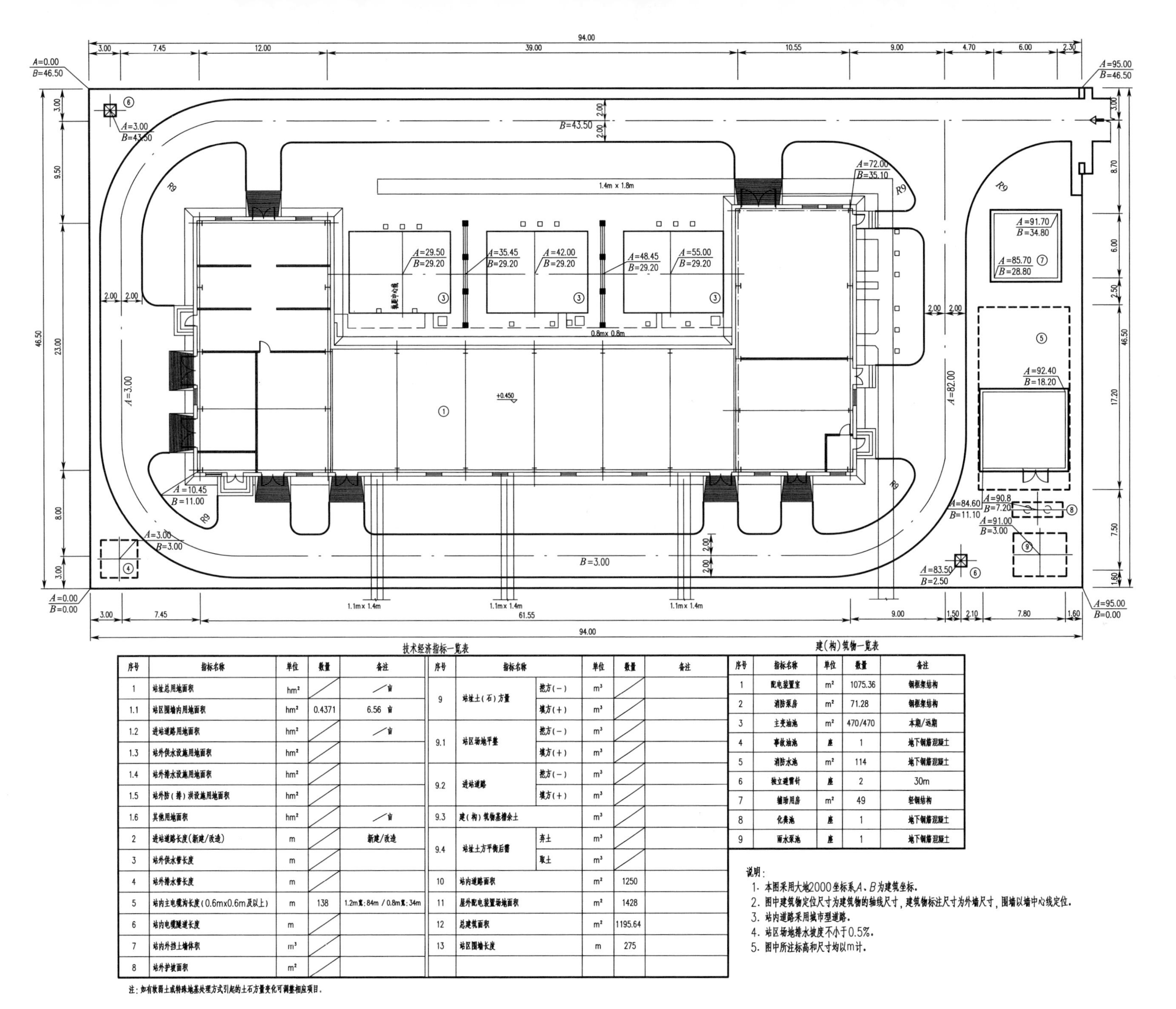

技术经济指标一览表

序号	指标名称	单位	数量	备注
1	站址总用地面积	hm²		／亩
1.1	站区围墙内用地面积	hm²	0.4371	6.56 亩
1.2	进站道路用地面积	hm²		／亩
1.3	站外供水设施用地面积	hm²		
1.4	站外排水设施用地面积	hm²		
1.5	站外防（排）洪设施用地面积	hm²		
1.6	其他用地面积	hm²		／亩
2	进站道路长度（新建/改造）	m		新建/改造
3	站外供水管长度	m		
4	站外排水管长度	m		
5	站内主电缆沟长度（0.6mx0.6m及以上）	m	138	1.2m宽：84m / 0.8m宽：34m
6	站内电缆隧道长度	m		
7	站内外挡土墙体积	m³		
8	站外护坡面积	m²		

序号	指标名称		单位	数量	备注
9	站址土（石）方量	挖方（－）	m³		
		填方（＋）	m³		
9.1	站区场地平整	挖方（－）	m³		
		填方（＋）	m³		
9.2	进站道路	挖方（－）	m³		
		填方（＋）	m³		
9.3	建（构）筑物基槽余土		m³		
9.4	站址土方平衡后需	弃土	m³		
		取土	m³		
10	站内道路面积		m²	1250	
11	屋外配电装置场地面积		m²	1428	
12	总建筑面积		m²	1195.64	
13	站区围墙长度		m	275	

注：如有软弱土或特殊地基处理方式引起的土石方量变化可调整相应项目。

建（构）筑物一览表

序号	指标名称	单位	数量	备注
1	配电装置室	m²	1075.36	钢框架结构
2	消防泵房	m²	71.28	钢框架结构
3	主变油池	m²	470/470	本期/远期
4	事故油池	座	1	地下钢筋混凝土
5	消防水池	m²	114	地下钢筋混凝土
6	独立避雷针	座	2	30m
7	辅助用房	m²	49	轻钢结构
8	化粪池	座	1	地下钢筋混凝土
9	雨水泵池	座	1	地下钢筋混凝土

说明：

1. 本图采用大地2000坐标系，A、B为建筑坐标。
2. 图中建筑物定位尺寸为建筑物的轴线尺寸，建筑物标注尺寸为外墙尺寸，围墙以墙中心线定位。
3. 站内道路采用城市型道路。
4. 站区场地排水坡度不小于0.5%。
5. 图中所注标高和尺寸均以m计。

图 7－9 土建总平面布置图

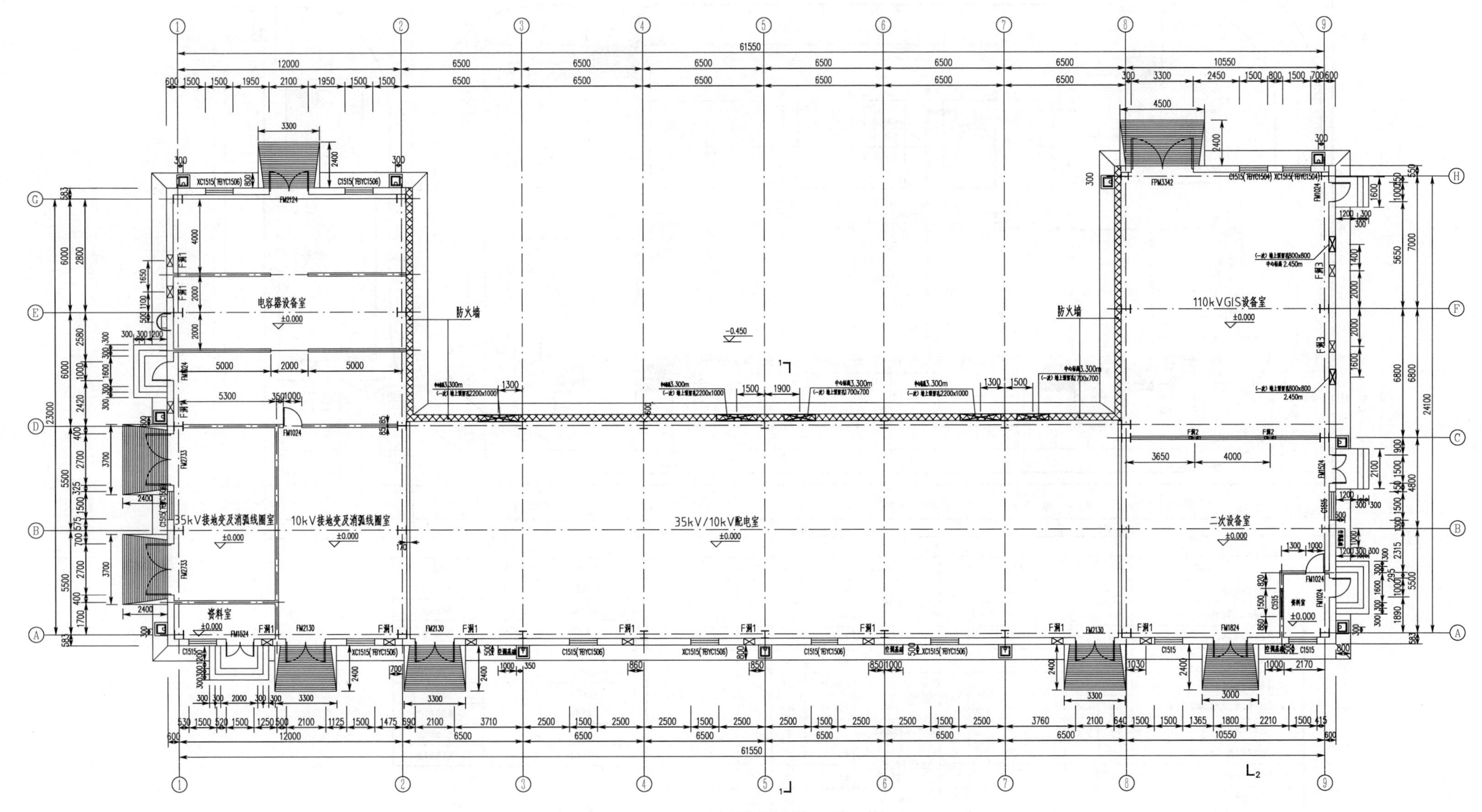

图 7-10　配电装置楼平面布置图

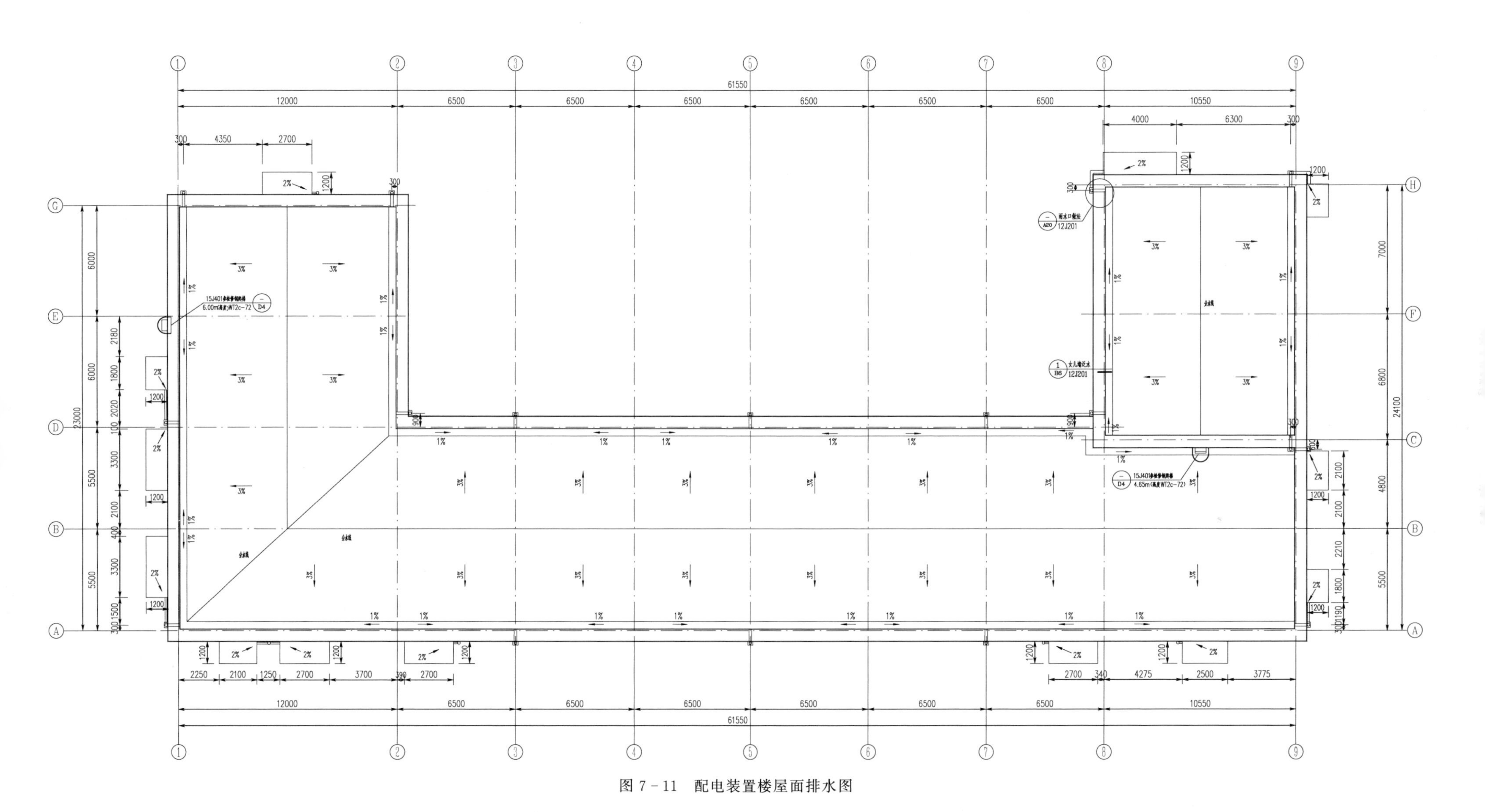

图 7－11　配电装置楼屋面排水图

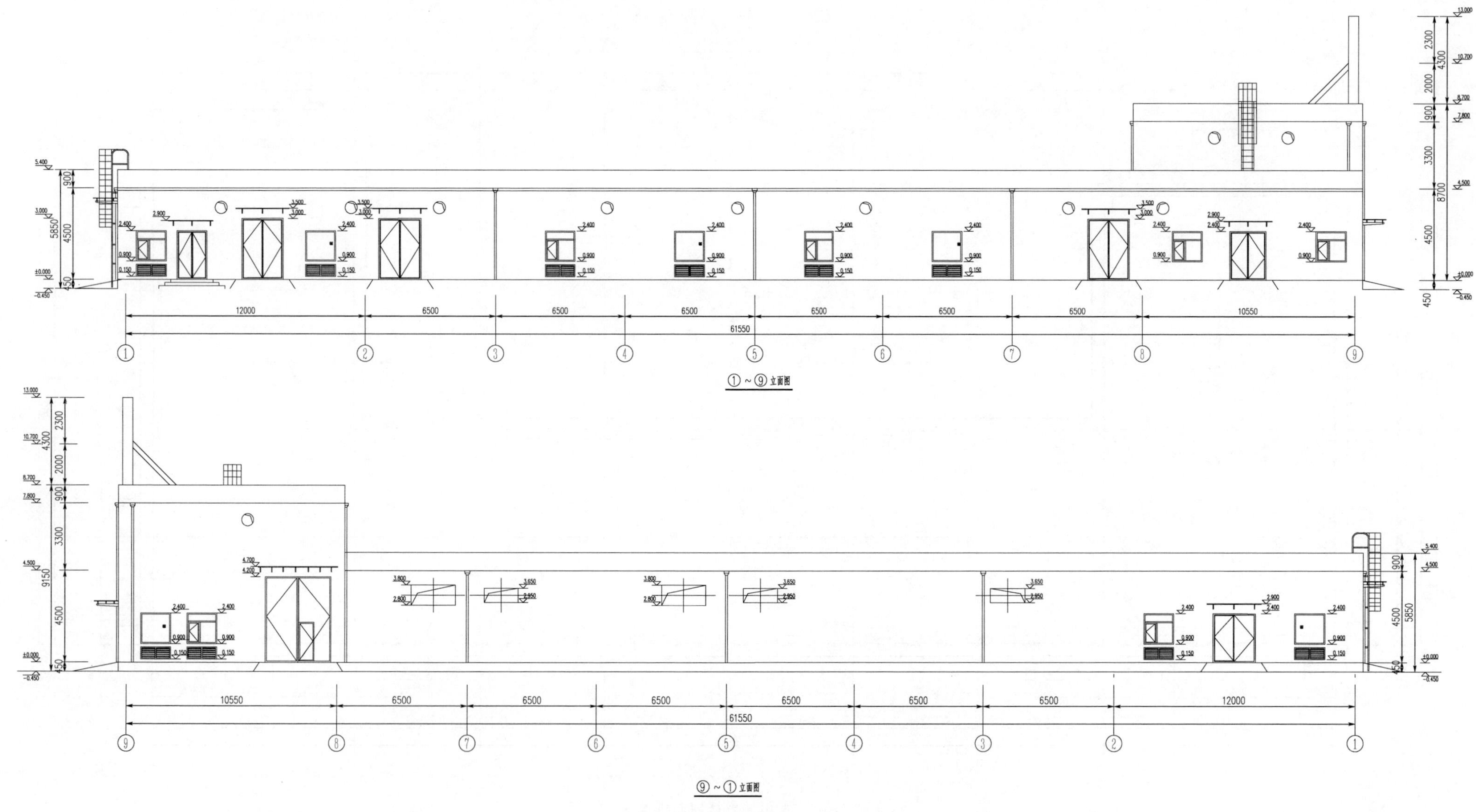

图 7-12　配电装置楼立面图一

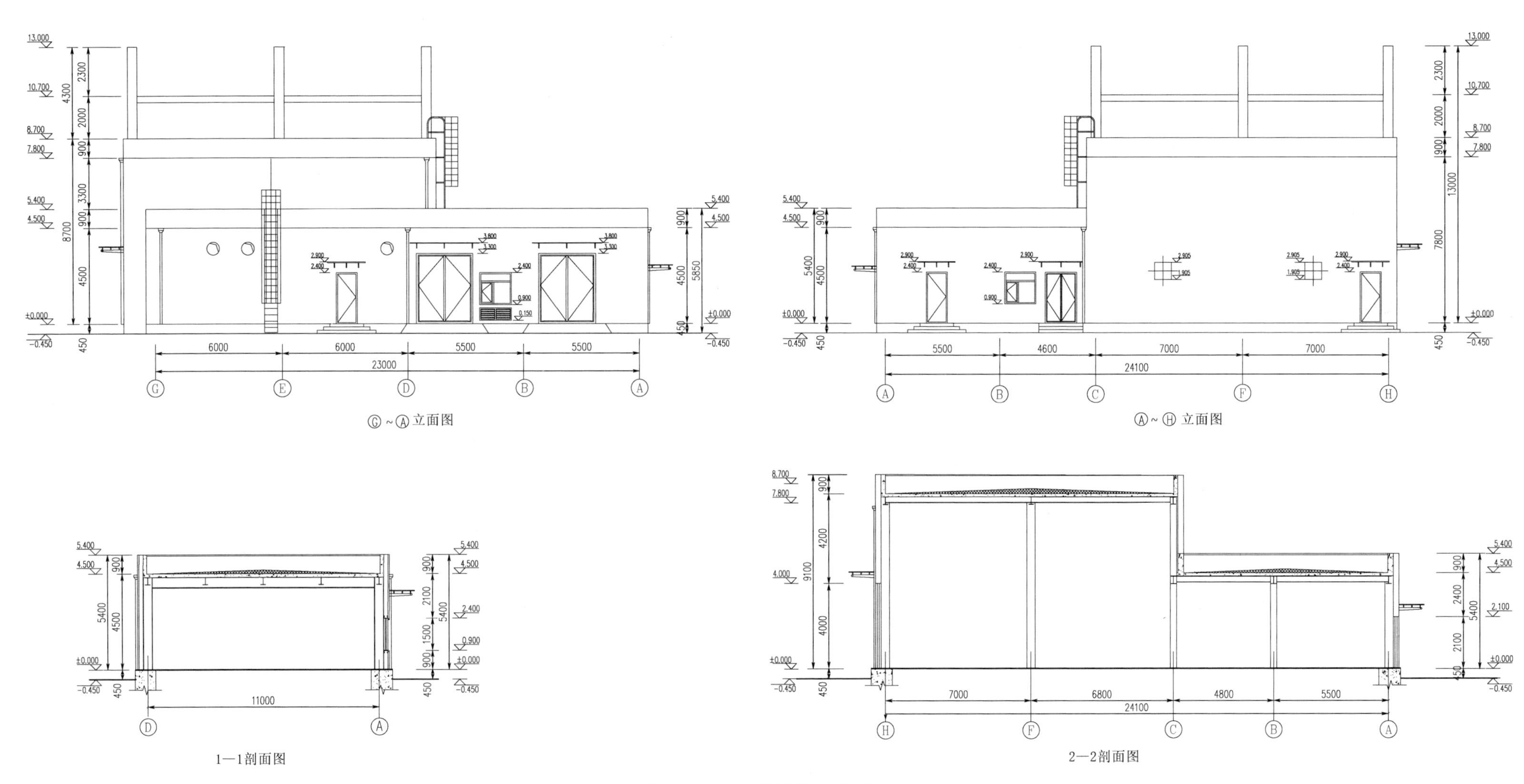

图 7 - 13　配电装置楼立剖面图二

扫码查看更多JB-110-A3-2方案各专业施工图。

7.4　JB-110-A3-2方案主要设备材料表

表7-5　　电气一次主要设备材料清册

序号	设备名称	型号规格	单位	数量	备注
一	一次设备部分				
(一)	主变部分				
1	110kV三相三绕组有载调压变压器	一体式三相三绕组油浸自冷式有载调压（含油温、油位远传表计）SSZ20-50000/110	台	2	物料编码：500001148
		电压比：110±8×1.25%/38.5±2×2.5%/10.5kV			不低于二级能耗
		接线组别：Ynyn0d11			
		冷却方式：ONAN			
		$U_{k1-2\%}=10.5$，$U_{k1-3\%}=18$，$U_{k2-3\%}=6.5$			
		配有载调压分接开关			
		中性点零序CT：100～300～600/5A，5P30/5P30，15VA/15VA，1只			
2	中性点成套装置	成套采购，每套含：	套	2	物料编码：500070598
	应满足一键顺控功能，加微动开关	中性点单极隔离开关GW13-72.5/630（W）			
		最高电压72.5kV，额定电流630A，配电动操作机构，1台			
		避雷器Y1.5W-72/186W，1只，附计数器（含泄漏电流数字化远传表计）			
		放电间隙棒，水平式，间隙可调，1副			
		间隙零序CT：100～300～600/5A，5P30/5P30，15VA/15VA，1只			
3	钢芯铝绞线	LGJ-300/40	m	60	主变110kV侧引线
4	110kV电力电缆终端	110kV电缆终端，1×400，户外终端，复合套管，铜	只	6	物料编码：500031960
5	钢芯铝绞线	LGJ-240/30	m	20	主变110kV侧引线

续表

序号	设备名称	型号规格	单位	数量	备注
6	90°铜铝过渡设备线夹	SYG-300/40C	套	6	
7	90°铜铝过渡设备线夹	SYG-300/40C	套	6	
8	90°铜铝过渡设备线夹	SYG-240/30C	套	2	
9	90°铝设备线夹	SY-240/30C	套	2	
10	回流线	ZC-YJV-8.7/10-1×300	m	150	物料编码：500125130
11	接地电缆	ZC-YJV-8.7/10-1×300	m	150	物料编码：500125130
12	110kV 电缆接地箱，三线直接接地	JDX-3	个	2	物料编码：500021470
13	35kV 母排	TMY-80×10	m	60	带绝缘热缩套
14	35kV 支柱绝缘子	ZSW-40.5/12.5	只	24	物料编码：500006909
15	矩形母线固定金具	MWP-102T/ϕ127 (4-M16)	套	24	用于35kV母线桥
16	母线伸缩节	MST-80×10	套	12	
17	35kV 避雷器	HY5WZ-51/134	只	6	物料编码：500004651
18	35kV 避雷器支架		套	2	
19	35kV 支柱绝缘子支架		套	8	
20	10kV 母排	2×(TMY-125×10)	m	120	带绝缘热缩套
21	10kV 支柱绝缘子	ZSW-24/12.5	只	30	物料编码：500006874
22	矩形母线固定金具	MWP-204T/ϕ140 (4-M12)	套	30	用于10kV母线桥
23	母线伸缩节	MST-125×10	套	24	
24	母线间隔垫	MJG-04	套	120	约0.5m一套
25	20kV 避雷器	HY5WZ-17/45	只	6	物料编码：500004650
26	铜排	TMY-30×4	m	12	用于35kV、10kV避雷器引上接母排
27	1kV 绝缘线	YJY-1×70	m	60	
(二)	110kV 配电装置部分（应满足一键顺控功能；含绝缘气体密度远传表计）				
1	110kV GIS 架空出线间隔	户内，SF_6 气体（SF_6/N_2 混合气体）绝缘全密封（GIS），三相共箱布置	间隔	1	SF_6 物料编码：500026260 SF_6 与 N_2 混合气体物料编码：500150333
		U_N=110kV，最高工作电压126kV 额定电流3150A			

续表

序号	设备名称	型号规格	单位	数量	备注
		断路器，3150A，40kA，1台			
		隔离开关，3150A，40kA/3s，2组			
		电流互感器，400～800/1A，5P/5P/0.2S/0.2S，15/15/15/5VA			
		快速接地开关，40kA/3s，1组			
		接地开关，40kA/3s，2组			
		架空出线套管，1组			
		就地汇控柜，1台			
		电压互感器$(110/\sqrt{3})/(0.1/\sqrt{3})/(0.1/\sqrt{3})/(0.1/\sqrt{3})/0.1$kV　0.2/0.5(3P)/0.5(3P)/3P　10/10/10/10VA			
2	110kV GIS电缆出线间隔	户内，SF_6气体（SF_6/N_2混合气体）绝缘全密封（GIS），三相共箱布置	间隔	1	SF_6物料编码：500026252 SF_6与N_2混合气体物料编码：500150329
		U_N=110kV，最高工作电压126kV，额定电流3150A			
		断路器，3150A，40kA，1台			
		隔离开关，3150A，40kA/3s，2组			
		电流互感器，400～800/1A，5P/5P/0.2S/0.2S，15/15/15/5VA			
		快速接地开关，40kA/3s，1组			
		接地开关，40kA/3s，2组			
		就地汇控柜，1台			
		电压互感器 $(110/\sqrt{3})/(0.1/\sqrt{3})/(0.1/\sqrt{3})/(0.1/\sqrt{3})/0.1$kV　0.2/0.5(3P)/0.5(3P)/3P　10/10/10/10VA			
3	110kV GIS主变电缆进线间隔	户内，SF_6气体（SF_6/N_2混合气体）绝缘全密封（GIS），三相共箱布置	间隔	2	SF_6物料编码：500138661 SF_6与N_2混合气体物料编码：500150355
		U_N=110kV，最高工作电压126kV，额定电流3150A			
		电流互感器，600～1200/1A5P/0.2S，15/5VA，3只			
		隔离开关，3150A，40kA/3s，1组			
		接地开关，3150A，40kA/3s，2组			
		带电显示器，三相，1组			
		就地汇控柜，1台			

续表

序号	设 备 名 称	型 号 规 格	单位	数量	备 注
4	110kV GIS 桥分段间隔	户内，SF_6 气体（SF_6/N_2 混合气体）绝缘全密封（GIS），三相共箱布置	间隔	1	SF_6 物料编码：500026256 SF_6 与 N_2 混合气体物料编码：500150331
		U_N=110kV，最高工作电压 126kV，额定电流 3150A			
		断路器，3150A，40kA/3s，1 台			
		电流互感器，400～800/1A，5P/5P/0.2S/0.2S，15/15/15/5VA			
		隔离开关，3150A，40kA/3s，2 组			
		接地开关，3150A，40kA/3s，2 组			
		就地汇控柜，1 只			
5	110kV GIS 母线设备间隔	户内，SF_6 气体（SF_6/N_2 混合气体）绝缘全密封（GIS），三相共箱布置	间隔	2	SF_6 物料编码：500133376 SF_6 与 N_2 混合气体物料编码：500150337
		U_N=110kV，最高工作电压 126kV，额定电流 3150A			
		电压互感器，0.2/0.5(3P)/0.5(3P)/3P，3 只			
		$(110/\sqrt{3})/(0.1/\sqrt{3})/(0.1/\sqrt{3})/(0.1/\sqrt{3})/0.1$kV 10/10/10/10VA			
		隔离开关，3150A，40kA/3s，1 组			
		接地开关，3150A，40kA/3s，1 组			
		就地汇控柜，1 台			
6	110kV，GIS 备用桥间隔	户内，SF_6 气体（SF_6/N_2 混合气体）绝缘全密封（GIS），三相共箱布置	间隔	1	SF_6 物料编码：500132387 SF_6 与 N_2 混合气体物料编码：500150346
		U_N=110kV，最高工作电压 126kV，额定电流 3150A			
		隔离开关，3150A，40kA/3s，1 组			
		接地开关，3150A，40kA/3s，1 组			
7	110kV 氧化锌避雷器	Y10WZ-102/266	只	6	物料编码：500031863
		标称放电电流：10kA，额定电压 102kV			
		标称雷电冲击电流下的最大残压 266kV			
		附放电计数器及泄漏电流监测器，具备远传功能			
8	钢芯铝绞线	LGJ-300/40	m	40	110kV 侧出线套管引下线及避雷器引下线

续表

序号	设备名称	型号规格	单位	数量	备注
9	30°铝设备线夹	SY-300/40B	套	3	
10	T型线夹	TY-300/40	套	6	
11	30°铝设备线夹	SY-300/40B	套	3	
12	110kV电力电缆	ZC-YJLW03-64/110kV-1×400mm^2	m	560	物料编码：500109922
13	110kV电力电缆终端	110kV电缆终端，1×400，GIS终端，预制，铜	只	6	物料编码：500031957
14	110kV电缆接地箱，带护层保护器	JDXB-3	个	2	物料编码：500021468
15	铜排	TMY-30×4	m	1	用于110kV避雷器安装
(三)	35kV配电装置部分（应满足一键顺控功能）				
1	35kV主变进线柜	断路器柜	面	2	物料编码：500002393
		金属铠装移开式高压开关柜，40.5kV，1250A，31.5kA/3s			
		真空断路器，40.5kV，1250A，31.5kA/3s，1台			
		电流互感器，1200/1A，5P/5P/0.2S/0.2S，3只			
		输出容量：15/15/15/5VA			
		无间隙氧化锌避雷器，51/134kV，5kA，3只			
		带电显示器（三相），1组			
2	35kV电缆出线柜	断路器柜	台	4	物料编码：500002394
		金属铠装移开式高压开关柜，40.5kV，1250A，31.5kA/3s			
		真空断路器，40.5kV，1250A，31.5kA/3s，1台			
		电流互感器，300～600/1A，5P/0.2/0.2S，3只			
		输出容量：15/15/5VA			
		无间隙氧化锌避雷器，51/134kV，5kA，3只			
		接地开关，1250A，31.5kA/3s，1组			
		带电显示器（三相），1组			
3	35kV分段断路器柜	断路器柜	面	1	物料编码：500002396
		金属铠装移开式高压开关柜，40.5kV，1250A，31.5kA/3s			
		真空断路器，40.5kV，1250A，31.5kA/3s，1台			

续表

序号	设备名称	型号规格	单位	数量	备注
		电流互感器，1200/1A，5P/0.2，3只			
		输出容量：15/15VA			
		带电显示器（三相），1组			
4	35kV分段隔离柜	分段隔离柜	面	1	物料编码：500112881
		金属铠装移开式高压开关柜，40.5kV，1250A，31.5kA/3s			
		带电显示器（三相），1组			
5	35kV母线设备柜	母线设备柜	面	2	物料编码：500116464
		金属铠装移开式高压开关柜，40.5kV，1250A，31.5kA/3s			
		接地开关，1250A，31.5kA/3s			
		配熔断器，0.5A，31.5kA，3只			
		电压互感器$(35/\sqrt{3})/(0.1/\sqrt{3})/(0.1/\sqrt{3})/(0.1/\sqrt{3})/(0.1/3)$kV			
		全绝缘，0.2/0.5(3P)/0.5(3P)/3P，50/50/50/50VA，3只			
		一次消谐装置，1只			
		无间隙氧化锌避雷器5kA，51/134kV，3只			
		附计数器			
		带电显示器（三相），1组			
6	35kV封闭母线	AC 35kV，1250A，共箱	m	20	物料编码：500118119
7	接地小车	开关柜接地小车，1400mm，1250A	台	2	物料编码：500140608
8	验电小车	开关柜验电小车，1400mm	台	2	物料编码：500140610
9	检修小车	开关柜检修小车，1400mm	台	2	物料编码：500140601
10	35kV穿墙套管	CWW-40.5/1250	只	6	物料编码：500004656
11	钢板	$\delta=10$，2200×1000	块	2	
（四）	10kV配电装置部分（应满足一键顺控功能）				
1	10kV主变进线柜	断路器柜	面	2	物料编码：500002814
		金属铠装移开式高压开关柜，12kV，3150A，40kA/3s			
		真空断路器，12kV，3150A，40kA/3s，1台			

续表

序号	设 备 名 称	型 号 规 格	单位	数量	备 注
		电流互感器，4000/1A，5P/5P/0.2S/0.2S，15/15/15/5VA，3只			
		带电显示器（三相），1组			
2	10kV主变进线隔离柜	隔离柜	面	2	物料编码：500102891
		金属铠装移开式高压开关柜，12kV，3150A，40kA/3s			
		隔离手车，12kV，3150A，40kA/3s，1台			
		带电显示器（三相），1组			
3	10kV分段断路器柜	断路器柜	面	1	物料编码：500002820
		金属铠装移开式高压开关柜，12kV，3150A，40kA/3s			
		真空断路器，12kV，3150A，40kA/3s，1台			
		电流互感器，4000/1A，5P/0.2，15/15VA，3只			
		带电显示器（三相），1组			
4	10kV分段隔离柜	隔离柜	面	2	物料编码：500102888
		金属铠装移开式高压开关柜，12kV，3150A，40kA/3s			
		隔离手车，12kV，3150A，40kA/3s，1台			
		带电显示器（三相），1组			
5	10kV电缆出线柜	断路器柜	面	16	物料编码：500002584
		金属铠装移开式高压开关柜，12kV，1250A，31.5kA/3s			
		真空断路器，12kV，1250A，31.5kA/3s，1台			
		电流互感器，300～600/1A，5P/0.2/0.2S，15VA/15VA/5VA，3只			
		接地开关，31.5kA/3s，1组			
		无间隙氧化锌避雷器5kA，HY5WZ-17/45kV，3只			
		带电显示器（三相），1组			
6	10kV母线设备柜	母线设备柜	面	2	物料编码：500099478
		金属铠装移开式高压开关柜，12kV，1250A，31.5kA/3s			
		配熔断器，0.5A，3只			
		电压互感器 $(10/\sqrt{3})/(0.1/\sqrt{3})/(0.1/\sqrt{3})/(0.1/\sqrt{3})/(0.1/3)$kV			

续表

序号	设 备 名 称	型 号 规 格	单位	数量	备 注
		全绝缘，0.2/0.5(3P)/0.5(3P)/3P，50/50/50/50VA，3只			
		一次消谐器，1只			
		无间隙氧化锌避雷器5kA，HY5WZ-17/45kV，3只			
		带电显示器（三相），1组			
7	10kV电容器出线柜	断路器柜	面	4	物料编码：500002581
		金属铠装移开式高压开关柜，12kV，1250A，31.5kA/3s			
		真空断路器，12kV，1250A，31.5kA/3s，1台			
		电流互感器，600/1A，5P/0.2/0.2S，15/15/5VA，3只			
		接地开关，31.5kA/3s，1组			
		无间隙氧化锌避雷器5kA，HY5WZ-17/45kV，3只			
		带电显示器（三相），1组			
8	10kV接地变出线柜	断路器柜	面	2	物料编码：500061728
		金属铠装移开式高压开关柜，12kV，1250A，31.5kA/3s			
		真空断路器，12kV，1250A，31.5/3skA，1台			
		电流互感器 100～300/1A 5P/0.2/0.2S 15VA/15VA/5VA，3只			
		接地开关，31.5kA/3s			
		无间隙氧化锌避雷器5kA，HY5WZ-17/45kV，3只			
		带电显示器（三相），1组			
9	10kV封闭母线桥	12kV，3150A，共箱	m	25	物料编码：500118116
10	检修小车	柜宽：1000mm	台	2	物料编码：500140604
11	检修小车	柜宽：800mm	台	2	物料编码：500140602
12	接地小车	柜宽：1000mm，3150A	台	2	物料编码：500140607
13	接地小车	柜宽：1000mm，1250A	台	2	物料编码：500140605
14	验电小车	柜宽：1000mm	台	2	物料编码：500140606
15	验电小车	柜宽：800mm	台	2	物料编码：500140609
16	10kV穿墙套管	CWW-24/3150	只	6	物料编码：500004656

续表

序号	设备名称	型号规格	单位	数量	备注
17	钢板	δ=10，1800×800	块	2	
18	10kV并联电容器组成套装置	TBB10-6000/334-AC（5%）	套	2	物料编码：500037268
		容量6Mvar（容量按照工程实际需求配置），额定电压：10kV			
		含：四极隔离开关、电容器、铁芯电抗器、放电线圈、避雷器、端子箱等			
		配不锈钢网门及电磁锁			
		标称容量：6Mvar；单台容量334kvar，配内熔丝			
		电抗率：5%			
		保护方式：差压保护			
19	10kV并联电容器组成套装置	TBB10-6000/334-AC（12%）	套	2	物料编码：500037268
		容量6Mvar（容量按照工程实际需求配置），额定电压：10kV			
		含：四极隔离开关、电容器、铁芯电抗器、放电线圈、避雷器、端子箱等			
		配不锈钢网门及电磁锁			
		标称容量：6Mvar；单台容量334kvar，配内熔丝			
		电抗率：12%			
		保护方式：差压保护			
20	10kV电力电缆	ZC-YJV22-8.7/10-3×300	m	240	物料编码：500107869
21	10kV电力电缆终端	10kV电缆终端，3×300，户内终端，冷缩，铜	套	8	物料编码：500021079
22	接地变、消弧线圈成套装置	10kV，干式，户内箱壳式	套	2	物料编码：500070427
		阻抗电压：$U_{k\%}=6$			
		应含组件：控制屏，有载开关，电压互感器，电流互感器，避雷器，断路器（可选），隔离开关，中电阻，阻尼电阻			
		接地变容量：800/200kVA			
		消弧线圈容量：630kVA			
23	10kV电力电缆	ZC-YJV22-8.7/10-3×240	m	200	物料编码：500108302
24	10kV电力电缆终端	10kV电缆终端，3×240，户内终端，冷缩，铜	套	4	物料编码：500021060
25	1kV电力电缆	ZC-YJV-0.6/1-4×240+1×120	m	150	物料编码：500109215
（五）	防雷接地部分				

续表

序号	设备名称	型号规格	单位	数量	备注
1	扁紫铜排	－40×5	m	2000	用于主地网、户外设备接地
2	紫铜棒	ϕ25mm×2500mm	根	60	
3	铜排	－30×4	m	270	用于二次等电位地网
4	绝缘子	WX－01	个	340	
5	放热焊点		个	800	
6	扁钢	－60×8 热镀锌	m	1000	用于室内环形接地网、设备及基础接地
7	多股软铜芯电缆	120mm^2，配铜鼻子	m	30	主变智能控制柜与等电位地网相连
8	多股软铜芯电缆	100mm^2，配铜鼻子	m	300	用于屏柜与二次等电位地网连接
9	多股软铜芯电缆	50mm^2，配铜鼻子	m	8	用于主控室等电位地网与主地网连接
10	多股软铜芯电缆	4mm^2，配铜鼻子	m	300	用于屏柜内所有装置、电缆屏蔽层、屏柜门体与屏柜本体接地铜排的连接
11	临时接地端子箱	附专用保护箱，建议尺寸300mm×210mm×120mm	套	31	
（六）	照明动力部分				
1	照明配电箱	PXT(R)	个	2	
2	动力配电箱	PXT(R)	个	2	
3	应急疏散照明电源箱		个	2	
4	户内检修电源箱		个	6	
5	户外检修电源箱	XW1（改）	个	2	
6	电力电缆	ZR－YJV22－0.6/1.0kV－4×6+1×4	m	500	物料编码：500109534
7	电力电缆	ZR－YJV22－0.6/1.0kV－3×6	m	450	物料编码：500109752
8	电力电缆	ZR－YJV22－0.6/1.0kV－2×4	m	450	物料编码：500109790
9	耐火电力电缆	NH－YJV22－0.6/1.0kV－2×10	m	200	事故照明及火灾报警主机电物料编码：500142814
10	电力电缆	ZR－YJV22－0.6/1.0kV－4×16+1×10	m	150	物料编码：500109538
11	电力电缆	ZR－YJV22－0.6/1.0kV－4×25+1×16	m	500	物料编码：500109671
12	电力电缆	ZR－YJV22－0.6/1.0kV－4×50+1×25	m	180	物料编码：500109569
13	耐火电力电缆	NH－YJV22－0.6/1.0kV－4×150+1×75（B2级耐火）	m	200	目前无物料编码

续表

序号	设备名称	型号规格	单位	数量	备注
14	电力电缆	ZR-YJV22-0.6/1.0kV-4×240+1×120	m	200	物料编码：500109215
15	镀锌钢管	DN100	m	150	
16	镀锌钢管	DN50	m	110	
17	镀锌钢管	DN32	m	300	
18	镀锌钢管	DN25	m	550	
(七)	电缆敷设及防火材料部分				
一、电缆敷设					
1	耐火槽盒	250mm×100mm	m	600	
2	L型防火隔板	300mm×80mm×10mm（宽×翻边高度×厚）	m^3	300	
3	L型防火隔板	300mm×50mm×10mm（宽×翻边高度×厚）	m^3	300	
二、防火封堵材料					
1	无机速固防火堵料	WSZD	t	2	
2	有机可塑性软质防火堵料	RZD	t	2	
3	阻火模块	240mm×120mm×60mm	m^3	10	
4	防火涂料		t	0.5	
5	防火隔板	10mm	m^2	100	
6	防火网		m^2	10	

表7-6　　电气二次主要设备材料清册

序号	产品名称	型号规格	单位	数量	备注
1	变电站自动化系统				
1.1	监控主机兼一键顺控主机柜	含监控主机兼一键顺控主机2台	面	1	组柜物料编码：500008896
1.2	高级应用软件		套	1	
1.3	智能防误主机柜	含智能防误主机1台，显示器1台，打印机1台	面	1	物料编码：500109487
1.4	数据通信网关机柜	含Ⅰ区远动网关机（兼图形网关机）2台，Ⅱ区远动网关机1台，Ⅳ区通信网管机1台及硬件防火墙2台；正、反向隔离2台	面	2	
1.5	综合应用服务器	含综合应用服务器1台	面	1	

续表

序号	产品名称	型号规格	单位	数量	备注
1.6	打印机		台	1	
1.7	站控层Ⅰ区交换机	百兆、24电口、2光口	台	4	安装在Ⅰ区数据通信网关机柜上
1.8	站控层Ⅱ区交换机	百兆、24电口、2光口	台	2	安装在Ⅱ区数据通信网关机柜上
1.9	公用测控柜	含公用测控装置1台，110kV母线测控装置2台，110kV间隔层交换机2台	面	1	
1.10	主变测控柜	1号主变测控柜含主变测控装置4台，2号主变测控柜含主变测控装置4台	面	2	
1.11	110kV线路测控装置		台	2	安装于110kV线路智能控制柜上
1.12	35kV母线测控装置		台	2	安装于35kV母线PT开关柜上
1.13	35kV电压并列装置		台	1	安装在35kV隔离开关柜上，物料编码：500008766
1.14	35kV分段保护测控装置		台	1	安装在35kV分段开关柜上
1.15	35kV线路保护测控装置		台	4	安装于35kV出线开关柜上
1.16	35kV公用测控装置		台	2	35kV Ⅰ、Ⅱ母PT开关柜内内各布置1台
1.17	35kV间隔层交换机		台	4	35kV Ⅰ、Ⅱ母PT开关柜内各布置2台
1.18	10kV线路保护测控装置		台	16	安装于10kV出线开关柜上
1.19	10kV母线测控装置		台	2	安装于10kV母线PT开关柜上
1.20	10kV电容器保护测控装置		台	4	安装于10kV电容器开关柜上
1.21	10kV接地变保护测控装置		台	2	安装于10kV站用变开关柜上
1.22	10kV电压并列装置		台	2	安装在10kV隔离开关柜上，物料编码：500008766
1.23	10kV分段保护测控装置		台	1	安装在10kV分段开关柜上
1.24	10kV公用测控装置		台	2	10kV Ⅰ、Ⅱ母PT开关柜内内各布置1台
1.25	10kV间隔层交换机		台	4	10kV Ⅰ、Ⅱ母PT开关柜内内各布置2台
2	数据网接入设备				
2.1	调度数据网设备柜	含路由器1台、交换机2台，纵向加密装置2台，网络安全监测装置1套	面	2	路由器物料编码：500128508； 交换机物料编码：500128519； 纵密物料编码：500141219
2.2	等保测评费		项	1	
2.3	电力监控系统安全加固	第三方机构安全加固	套	1	

续表

序号	产品名称	型号规格	单位	数量	备注
3	系统继电保护及安全自动装置				
3.1	110kV 备自投装置		台	1	安装于 110kV 桥路智能控制柜上； 物料编码：500074717
3.2	110kV 桥保护测控装置		台	1	安装于 110kV 桥路智能控制柜上
3.3	35kV 备自投装置		台	1	安装在 35kV 分段开关柜上； 物料编码：500140001
3.4	10kV 备自投装置		台	1	安装在 10kV 分段开关柜上； 物料编码：500140001
4	元件保护				
4.1	主变保护柜	每面含主变保护装置 2 台，过程层交换机 1 台	面	2	物料编码：500074719
5	电能计量				
5.1	主变电能表及电量采集柜	含主变考核关口表 6 只，电能数据采集终端 1 台	面	1	物料编码：500132217/500132218
5.2	110kV 线路多功能电能表	0.2S 级三相四线制数字式	只	2	安装于 110kV 线路智能控制柜上； 物料编码：500132218
5.3	35kV 多功能电能表	0.2S 级三相三线制电子式	只	4	安装于 35kV 开关柜； 物料编码：500134989
5.4	10kV 多功能电能表	0.2S 级三相三线制电子式	只	22	安装于 10kV 开关柜； 物料编码：500134989
6	电源系统				物料编码：500090234
6.1	交流电源柜	含事故照明回路	面	3	
6.2	第一组并联直流电源柜	共 17 个模块每个模块输出电流 2A 电压 12V	面	3	用于除 UPS 及事故照明外的二次负荷
6.3	直流馈电柜 1、2	每面含 40A 空开 8 个，32A 空开 8 个，25A 空开 8 个，16A 空开 24 个	面	2	
6.4	第二组并联直流电源柜	共 21 个模块每个模块输出电流 2A 电压 12V	面	3	用于 UPS 及事故照明屏
6.5	第三组并列直流电源柜	共 6 个模块，每个模块输出电流 10A、电压 12V	面	1	本期 1 面，预留远期 1 面柜安装位置
6.6	通信电源馈出屏		面	1	
6.7	UPS 电源柜	含 UPS 装置 1 套：10kVA	面	1	
6.8	事故照明电源屏	3kVA 集成一体化监控	面	1	
7	公用系统				

续表

序号	产品名称	型号规格	单位	数量	备注
7.1	时间同步系统柜	包括GPS/北斗互备主时钟及高精度授时主机单元，且输出口数量满足站内设备远景使用需求	面	1	物料编码：500093557
7.2	辅助设备智能监控系统	包括后台主机、视频监控服务器、机架式液晶显示器、交换机、横向隔离装置等，组屏1面	套	1	物料编码：500074442
7.2.1	一次设备在线监测子系统		套	1	
1）	变压器在线监测系统	包括油温油位数字化远传表计、铁芯夹件接地电流、中性点成套设备避雷器泄漏电流数字化远传表计、集线器、数字化远传表计监测终端等	套	1	
2）	GIS在线监测系统	绝缘气体密度远传表计、GIS内置避雷器泄漏电流数字化远传表计、集线器、数字化远传表计监测终端等	套	1	
3）	开关柜在线监测	安全接入网关、监测终端等	套	1	
4）	独立避雷器监测	避雷器数字化远传表计、集线器、数字化远传表计监测终端等	套	1	
7.2.2	火灾消防子系统	包括消防信息传输控制单元含柜体一面、模拟量变送器等设备，配合火灾自动报警系统，实现站内火灾报警信息的采集、传输和联动控制。火灾报警主机1台	套	1	
7.2.3	安全防卫子系统	配置安防监控终端、防盗报警控制器、门禁控制器、电子围栏、红外双鉴探测器、红外对射探测器、声光报警器、紧急报警按钮等设备	套	1	
7.2.4	动环子系统	包括环监控终端、空调控制器、照明控制器、除湿机控制箱、风机控制器、水泵控制器、温湿度传感器、微气象传感器、水浸传感器、水位传感器、绝缘气体监测传感器等设备	套	1	
7.2.5	智能锁控子系统	由锁控监控终端、电子钥匙、锁具等配套设备组成。一台锁控控制器、两把电子钥匙集中部署，并配置一把备用机械紧急解锁钥匙	套	1	
7.2.6	智能巡视子系统	含智能巡视主机、硬盘录像机及摄像机等前端设备，支持枪型摄像机、球型摄像机、高清视频摄像机、红外热成像摄像机、声纹监测装置及巡检机器人等设备的接入，实现变电站巡视数据的集中采集和智能分析	套	1	
8	主变本体智能控制柜	每面含主变中性点合并单元2台、主变本体智能终端1台、相应预制电缆及附件	面	2	随主变本体供应
9	110kV GIS智能控制柜	母线间隔智能控制柜2面，每面含母线智能终端1台、母线合并单元1台、相应预制电缆及附件；线路、桥间隔智能控制柜3面，每面含110kV智能终端合并单元集成装置2台、相应预制电缆及附件；桥间隔智能控制柜内安装2台过程层交换机，配置主变进线智能控制柜2面，每面配置2台智能终端合并单元集成装置	面	7	随110kV GIS供应

续表

序号	产品名称	型号规格	单位	数量	备注
10	35kV智能终端合并单元集成装置		台	4	随35kV开关柜供应
11	10kV智能终端合并单元集成装置		台	4	随10kV开关柜供应
12	故障录波器柜	含1台故障录波器	面	1	物料编码：500143342
13	网络分析柜	含1台网络记录仪，2台网络分析仪，1台过程层中心交换机	面	1	物料编码：500075376
14	集中接线柜		面	2	
15	二次部分光/电缆及附件				
1)	控制电缆	ZR-KVVP2-22-4×1.5	m	2000	物料编码：500142981
		ZR-KVVP2-22-10×1.5	m	400	物料编码：500142988
		ZR-KVVP2-22-14×1.5	m	500	物料编码：500142972
		ZR-KVVP2-22-7×2.5	m	3200	物料编码：500016575
		ZCN-KVVP2-22-4×4	m	4100	物料编码：500143003
		ZR-KVVP2-22-7×4	m	2100	物料编码：500142980
		ZR-YJV22-4×16+1×10	m	180	物料编码：500109538
		ZR-YJV22-4×10+1×6	m	260	物料编码：500109583
		ZR-YJV22-2×10	m	240	物料编码：500107594
		ZR-YJV22-2×16	m	480	物料编码：500108079
		ZR-YJV22-4×25+1×16	m	100	物料编码：500109671
2)	铠装多模预制光缆		m	1800	
3)	铠装多模尾缆	监控厂家提供	m	2000	
4)	免熔接光配箱	MR-3S/12ST	台	5	
		MR-2S/24ST	台	32	
5)	光缆连接器		台	72	
6)	铠装超五类屏蔽双绞线		m	2000	监控厂家提供
7)	辅助系统及火灾报警用埋管	DN32热镀锌钢管	m	1800	
16	35kV消弧线圈控制柜	含控制器2台	面	1	随一次设备供货
17	10kV消弧线圈控制柜	含控制器2台	面	1	随一次设备供货
18	智能标签生成及解析系统		套	1	

表7-7　土建主要设备材料清册

序号	产品名称	型号规格	单位	数量	备注
一	给水部分				
1	PE复合给水管	DN110	m	32	
2	蝶阀	DN100，P_N=1.6MPa	只	2	
3	倒流防止器	DN100，P_N=1.6MPa	只	1	
4	水表	DN100，水平旋翼式，P_N=1.0MPa	只	1	
5	水表井	钢筋混凝土，$A\times B$=2150mm×1100mm	座	1	
6	阀门井	ϕ1000	座	1	
二	排水部分				
1	PE双壁波纹管	De315，环刚度≥8kN/m^2	m	205	
2	PE双壁波纹管	De225，环刚度≥8kN/m^2	m	60	
3	PE双壁波纹管	De110，环刚度≥8kN/m^2	m	5	
4	混凝土雨水检查井	ϕ1000	座	10	
5	混凝土污水检查井	ϕ1000	座	1	
6	热镀锌钢管	DN200	m	25	
7	UPVC排水管	DN300	m	22	
8	铸铁井盖及井座	ϕ1000，重型	套	27	
9	化粪池	2号钢筋混凝土	座	1	
10	单箅雨水口	680×380	个	21	
三	消防部分				
	消防泵房部分				
1	消防水泵	Q=45L/s，H=50m	台	2	
	消防水泵配套电机	U=380V，N=45kW	台	2	
	自动巡检装置		套	1	
2	消防增压给水设备				
	气压罐		台	1	

续表

序号	产 品 名 称	型 号 规 格	单位	数量	备 注
	增压泵	Q=1L/s，H=65m，N=3.0kW	台	2	
3	装配式消防水箱	不锈钢，$A\times B\times H$=3500mm×3000mm×2000mm	台	1	
4	潜水排污泵	Q=43m^3/h，H=13m，N=3kW	台	2	
5	手动葫芦	起吊重量1t，起升高度9m	台	1	
6	压力表	0～1.6MPa	个	4	
7	压力表	0～0.6MPa	个	2	
8	电接点压力开关	0～0.1MPa	个	1	
9	真空表	−0.15～0MPa	个	4	
10	液位传感器		套	1	
11	闸阀	DN250，P_N=1.6MPa	只	2	
12	闸阀	DN200，P_N=1.6MPa	只	2	
13	蝶阀	DN200，P_N=1.6MPa	只	1	
14	闸阀	DN150，P_N=1.6MPa	只	1	
15	闸阀	DN100，P_N=1.6MPa	只	1	
16	闸阀	DN80，P_N=1.6MPa	只	2	
17	闸阀	DN65，P_N=1.6MPa	只	2	
18	闸阀	DN50，P_N=1.6MPa	只	1	
19	泄压阀	DN150，P_N=1.6MPa	只	1	
20	试水阀	DN65，P_N=1.6MPa	只	2	
21	止回阀	DN100，P_N=1.6MPa	只	2	
22	止回阀	DN200，P_N=1.6MPa	只	2	
23	止回阀	DN50，P_N=1.6MPa	只	1	
24	液压水位控制阀	DN100，P_N=1.0MPa	只	1	
25	泄压阀	DN100，P_N=1.6MPa	只	1	

续表

序号	产 品 名 称	型 号 规 格	单位	数量	备 注
26	可曲挠橡胶接头	DN80，P_N=0.6MPa	个	2	
27	可曲挠橡胶接头	DN100，P_N=0.6MPa	个	2	
28	可曲挠橡胶接头	DN200，P_N=0.6MPa	个	2	
29	可曲挠橡胶接头	DN250，P_N=0.6MPa	个	2	
30	90°等径三通	DN65，Q235	个	1	
31	90°等径三通	DN80，Q235	个	1	
32	90°等径三通	DN200，Q235	个	1	
33	异径三通	DN200/80，Q235	个	1	
34	异径三通	DN200/65，Q235	个	2	
35	异径三通	DN150/100，Q235	个	1	
36	偏心异径管	DN50/80，Q235	个	2	
37	偏心异径管	DN150/250，Q235	个	2	
38	同心异径管	DN150/200，Q235	个	2	
39	同心异径管	DN150/100，Q235	个	1	
40	吸水喇叭口	DN250/400	个	2	
41	吸水喇叭口	DN80/100	个	1	
42	吸水喇叭支架	ZB1，ϕ274×426	个	2	
43	溢流喇叭口	DN150	个	1	
44	镀锌钢管	DN250	m	5	
45	镀锌钢管	DN200	m	13	
46	镀锌钢管	DN150	m	11	
47	镀锌钢管	DN100	m	6	
48	镀锌钢管	DN80	m	4	
49	镀锌钢管	DN65	m	8	
50	镀锌钢管	DN50	m	3	

续表

序号	产品名称	型号规格	单位	数量	备注
51	压力检测装置	计量精度0.5级	个	1	
	室外消防部分				
52	室外消火栓	SS100/65-1.6型，出水口联接为内扣式	套	4	
53	轻型复合井盖及井座	ϕ700	套	4	
54	消火栓井	ϕ1200	座	4	
55	镀锌钢管	DN65	m	35	
56	镀锌钢管	DN100	m	4	
57	镀锌钢管	DN200	m	250	
58	蝶阀	DN200，P_N=1.6MPa	套	3	
59	阀门井	ϕ1200	座	3	
60	柔性橡胶接头	DN200	套	3	
61	铸铁井盖及井座	ϕ700，重型	套	3	
62	消防沙箱	1m^3，含消防铲、消防桶等	套	2	
63	推车式干粉灭火器	MFTZ/ABC50	具	2	
64	消防棚		个	1	
	室内消防部分				
65	室内消火栓		套	7	
66	蝶阀	DN65，P_N=1.6MPa	套	3	
67	镀锌钢管	DN65，P_N=1.6MPa	m	30	
68	电伴热	1kW	套	7	
69	手提式干粉灭火器	MFZ/ABC4	具	42	
四	暖通				
1	低噪声轴流风机	风量：5881m^3/h，全压：113Pa	台	9	
		电源：380V/50Hz，电机功率：0.25kW			
2	低噪声轴流风机	风量：3920m^3/h，全压：68Pa	台	5	
		电源：380V/50Hz，电机功率：0.15kW			

续表

序号	产 品 名 称	型 号 规 格	单位	数量	备 注
3	分体柜式空调机	功率：1.5kW，制冷/制热量：2.6/2.9kW	台	4	
4	分体柜式空调机	规格：7.55kW，制冷/制热量：12/14kW	台	2	
5	分体壁挂式冷暖空调	功率：2.5kW，制冷/制热量：2.6/2.9kW	台	2	
6	除湿机	规格：日除湿量 210L/d，功率：5kW	台	2	
7	电取暖器	制热量：2.0kW，电源：220V，50Hz	台	26	
8	吸顶式换气扇	风量：90m^3/h，风压：96Pa	台	2	
9	单层防雨百叶风口	规格：ϕ110，不锈钢制作	个	2	
10	铝合金防飘雨防尘百叶窗	规格：1500mm×400mm（高）	套	10	
11	单层百叶式风口	规格：1200mm×550mm（高）铝合金	套	3	

第 8 章　JB－110－A3－3 通用设计实施方案

8.1　JB－110－A3－3 方案设计说明

本实施方案主要设计原则详见表 8－1。

表 8－1　　JB－110－A3－3 方案主要技术条件表

序号	项目		技术条件
1	建设规模	主变压器	本期 2 台 50MVA，远期 3 台 50MVA
		出线	110kV：本期 2 回，远期 3 回； 10kV：本期 24 回，远期 36 回
		无功补偿装置	10kV 并联电容器：本期及远期配置 2 组无功补偿装置，按照（2×6Mvar）电容器配置（具体工程可按照实际电容器需求配置）
2	站址基本条件		海拔小于 1000m，设计基本地震加速度 0.10g，设计风速不大于 30m/s，地基承载力特征值 f_{ak}＝150kPa，无地下水影响，场地同一设计标高
3	电气主接线		110kV 本期采用内桥接线，远景采用扩大内桥接线； 10kV 本期采用单母线分段接线，远景采用单母线四分段接线
4	主要设备选型		110kV、10kV 短路电流控制水平分别为 40kA、31.5kA； 主变压器采用户外三相双绕组、有载调压电力变压器；110kV 采用户内 GIS；10kV 采用开关柜；10kV 并联电容器采用框架式
5	电气总平面 及配电装置		主变压器户外布置； 110kV：户内 GIS，全电缆出线； 10kV：户内开关柜局部双列布置，电缆出线

续表

序号	项目	技术条件
6	二次系统	全站采用模块化二次设备、预制式智能控制柜及预制光电缆的二次设备模块化设计方案； 变电站自动化系统按照一体化监控设计； 采用常规互感器+合并单元； 110kV GOOSE 与 SV 共网，保护直采直跳； 主变压器采用保护、测控独立装置，110kV 采用保护测控集成装置，10kV 采用保护测控集成装置； 采用一体化电源系统，通信电源不独立设置； 间隔层设备下放布置，公用及主变二次设备布置在二次设备室
7	土建部分	围墙内占地面积 0.3524hm^2； 全站总建筑面积 829m^2； 建筑物结构型式为装配式钢框架结构； 建筑物外墙采用一体化铝镁复合板或纤维水泥复合板，内墙采用纤维水泥复合墙板、轻钢龙骨石膏板或一体化纤维水泥集成墙板，屋面板采用钢筋桁架楼承板； 围墙采用大砌块围墙或装配式围墙或通透式围墙； 构、支架基础采用定型钢模浇筑，构支架与基础采用地脚螺栓连接

8.2 JB-110-A3-3 方案卷册目录

表 8-2 电气一次卷册目录

专业	序号	卷册编号	卷册名称	专业	序号	卷册编号	卷册名称
电气一次	1	JB-110-A3-3-D0101	电气一次总的部分	电气一次	6	JB-110-A3-3-D0106	10kV 并联电容器安装卷册
	2	JB-110-A3-3-D0102	电气一次总图卷册		7	JB-110-A3-3-D0107	10kV 接地变及消弧线圈安装卷册
	3	JB-110-A3-3-D0103	110kV 配电装置安装卷册		8	JB-110-A3-3-D0108	全站防雷接地卷册
	4	JB-110-A3-3-D0104	10kV 配电装置安装卷册		9	JB-110-A3-3-D0109	全站动力及照明卷册
	5	JB-110-A3-3-D0105	主变压器安装卷册		10	JB-110-A3-3-D0110	电缆敷设及防火封堵卷册

表8-3　电气二次卷册目录

专业	序号	卷册编号	卷册名称
电气二次	1	JB-110-A3-2-D0201	二次系统施工图设计说明及设备材料清册
	2	JB-110-A3-2-D0202	公用设备二次线
	3	JB-110-A3-2-D0203	变电站自动化系统
	4	JB-110-A3-2-D0204	主变压器保护及二次线
	5	JB-110-A3-2-D0205	110kV线路保护及二次线
	6	JB-110-A3-2-D0206	110kV桥保护及二次线
	7	JB-110-A3-2-D0207	故障录波及网络记录分析系统
	8	JB-110-A3-2-D0208	10kV二次线
	9	JB-110-A3-2-D0209	时间同步系统
	10	JB-110-A3-2-D0210	交直流电源系统
	11	JB-110-A3-2-D0211	辅助设备智能监控系统
	12	JB-110-A3-2-D0212	火灾报警系统
	13	JB-110-A3-2-D0213	系统调度自动化
	14	JB-110-A3-2-D0214	系统及站内通信

表8-4　土建卷册目录

专业	序号	卷册编号	卷册名称
土建	1	JB-110-A3-3-T0101	土建施工总说明及卷册目录
	2	JB-110-A3-3-T0102	总平面布置图
	3	JB-110-A3-3-T0201	配电装置室建筑施工图
	4	JB-110-A3-3-T0202	配电装置室结构施工图
	5	JB-110-A3-3-T0203	配电装置室设备基础及埋件施工图
	6	JB-110-A3-3-T0204	附属房间建筑施工图
	7	JB-110-A3-3-T0205	附属房间结构施工图
	8	JB-110-A3-3-T0301	主变场地基础施工图
	9	JB-110-A3-3-T0302	独立避雷针施工图
	10	JB-110-A3-3-T0401	消防泵房建筑图施工图
	11	JB-110-A3-3-T0402	消防泵房及消防水池结构施工图
	12	JB-110-A3-3-N0101	采暖、通风、空调施工图
	13	JB-110-A3-3-S0101	消防泵房安装图
	14	JB-110-A3-3-S0102	室内给排水及灭火器配置图
	15	JB-110-A3-3-S0103	室内消防管道安装图
	16	JB-110-A3-3-S0104	室外给排水及事故油池管道安装图
	17	JB-110-A3-3-S0105	事故油池施工图

8.3　JB-110-A3-3方案主要图纸

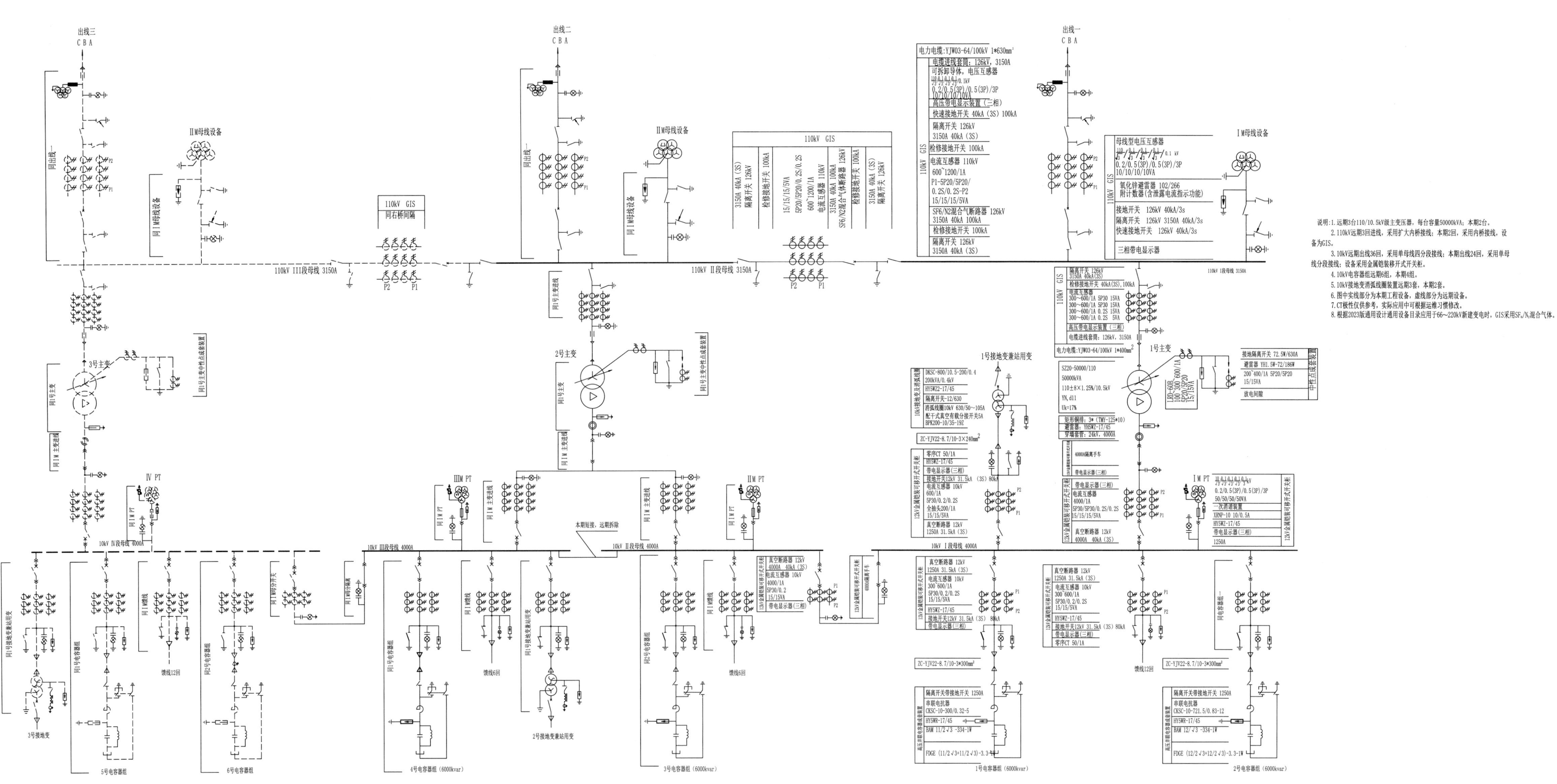

出线三
C B A
出线二
C B A
出线一
C B A
IIM母线设备
IM母线设备
110kV GIS
110kV III段母线 3150A
110kV II段母线 3150A
110kV I段母线 3150A
3号主变
2号主变
1号主变
1号接地变兼站用变
IV PT
IIIM PT
IIM PT
IM PT
10kV IV段母线 4000A
10kV III段母线 4000A
10kV II段母线 4000A
10kV I段母线 4000A
本期短接，远期拆除
3号接地变
5号电容器组
6号电容器组
4号电容器组（6000kvar）
2号接地变兼站用变
3号电容器组（6000kvar）
1号电容器组（6000kvar）
2号电容器组（6000kvar）
馈线12回
馈线6回
说明：1. 远期3台110/10.5kV级主变压器，每台容量50000kVA；本期2台。
2. 110kV远期3回进线，采用扩大内桥接线；本期2回，采用内桥接线，设备为GIS。
3. 10kV远期出线36回，采用单母线四分段接线；本期出线24回，采用单母线分段接线；设备采用金属铠装移开式开关柜。
4. 10kV电容器组远期6组，本期4组。
5. 10kV接地变消弧线圈装置远期3套，本期2套。
6. 图中实线部分为本期工程设备，虚线部分为远期设备。
7. CT极性仅供参考，实际应用中可根据运维习惯修改。
8. 根据2023版通用设计通用设备目录应用于66～220kV新建变电时，GIS采用SF6/N2混合气体。

图 8－1　电气主接线图

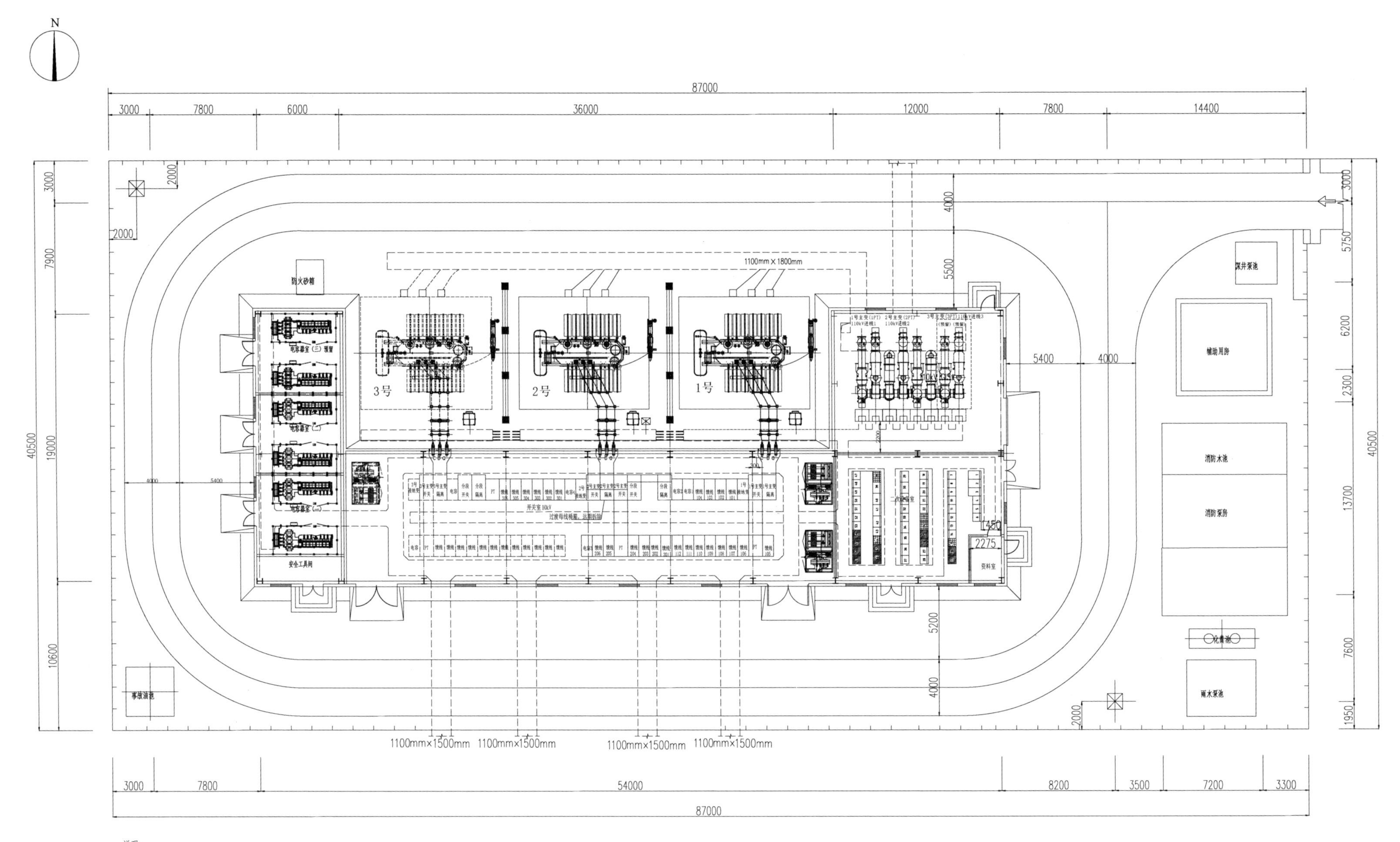

说明：
1.本方案为110-A3-3方案。
2.变电站采用半户内布置方式，本期新上2台主变，虚线部分为远期设备。

图 8-2　电气总平面布置图（单位：mm）

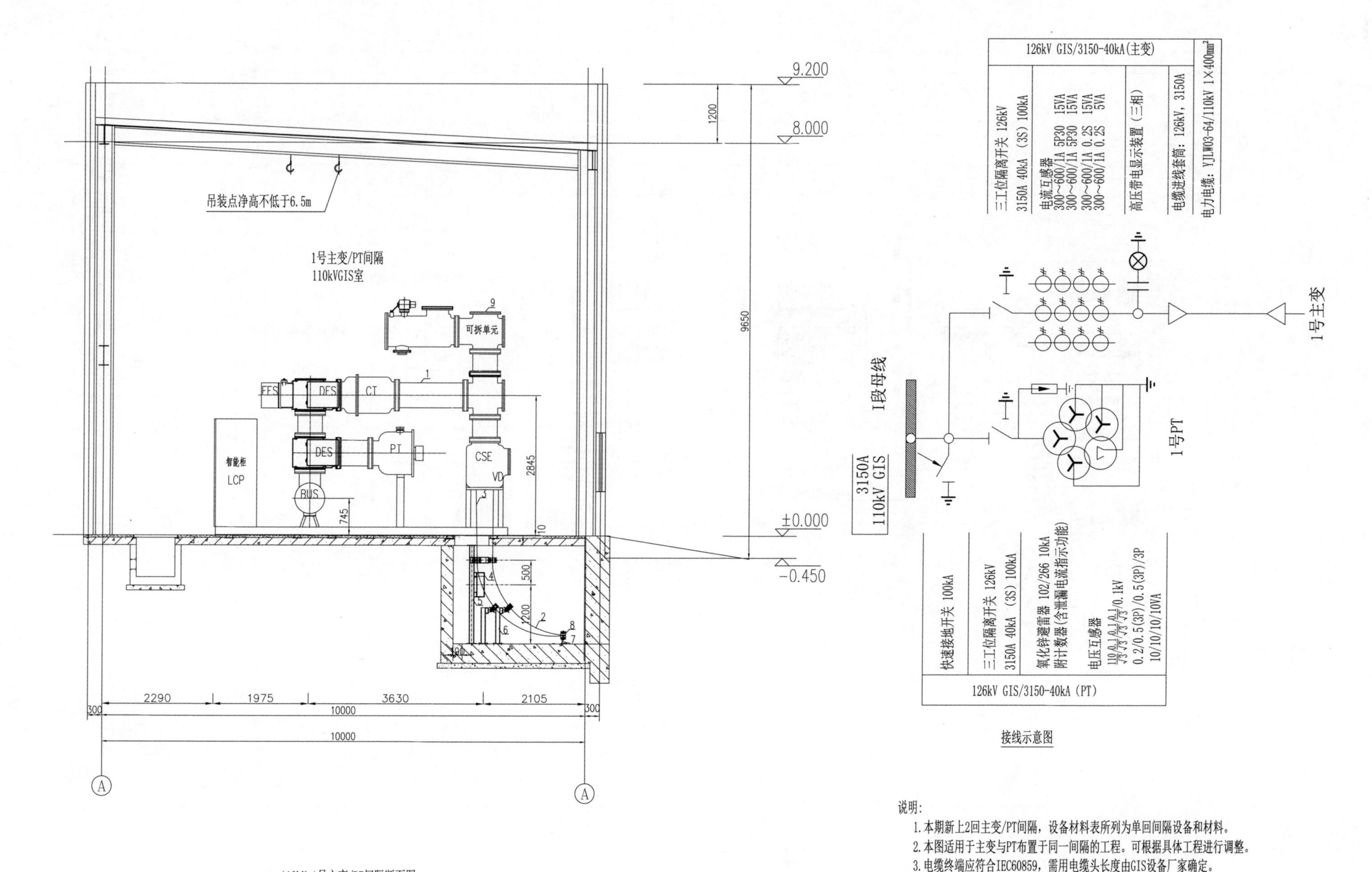

图 8-3　110kV 1号主变 PT 间隔断面图

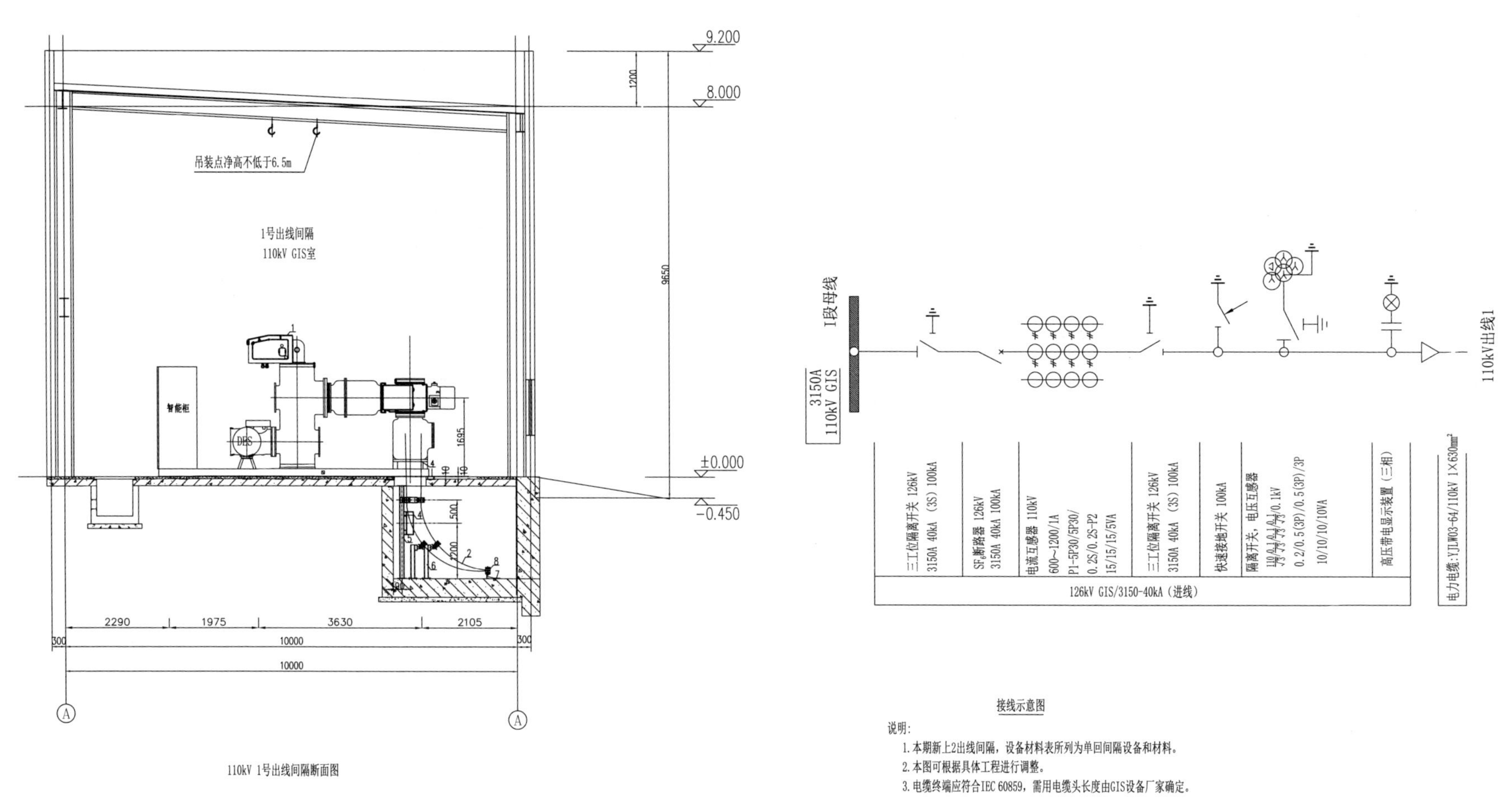

图 8-4 110kV 1号出线间隔断面图

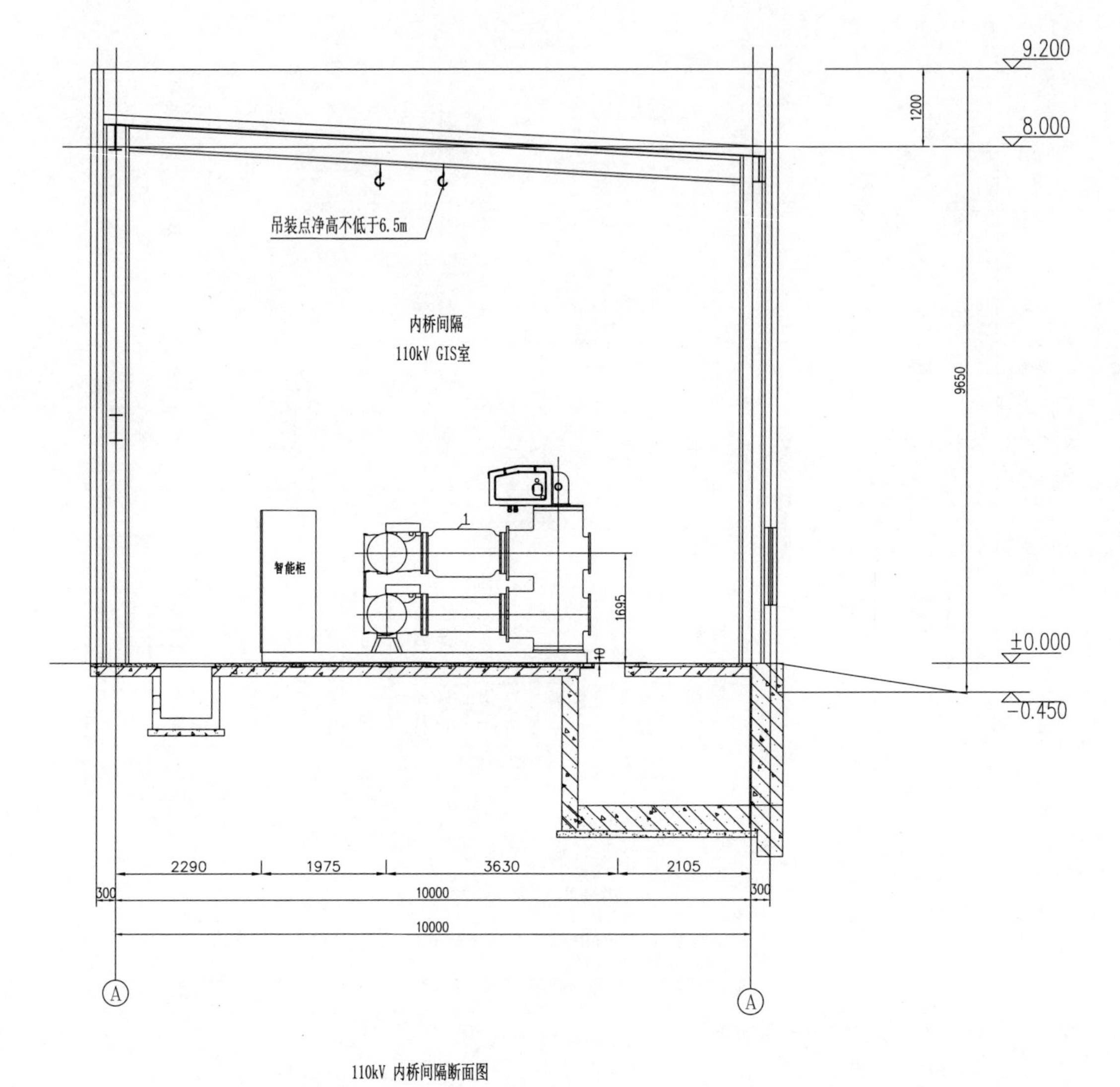

110kV 内桥间隔断面图

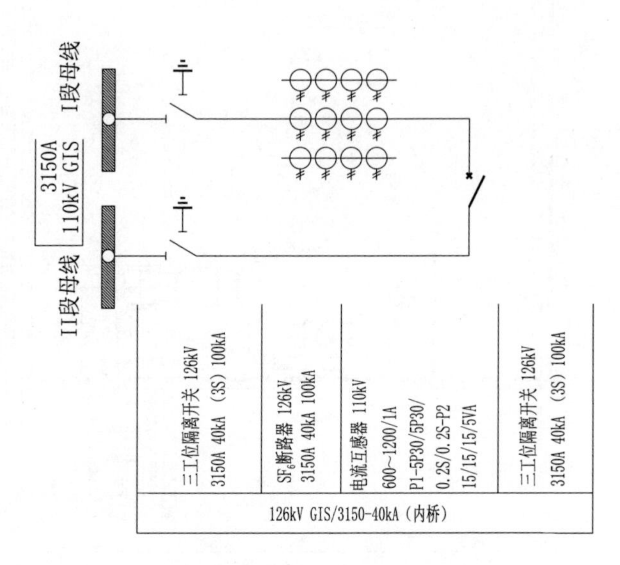

接线示意图

说明:

1. 本期新上1内桥间隔，设备材料表所列为单回间隔设备和材料。
2. 本图可根据具体工程进行调整。
3. 电缆终端应符合IEC60859，需用电缆头长度由GIS设备厂家确定。

图 8-5　110kV 内桥间隔断面图

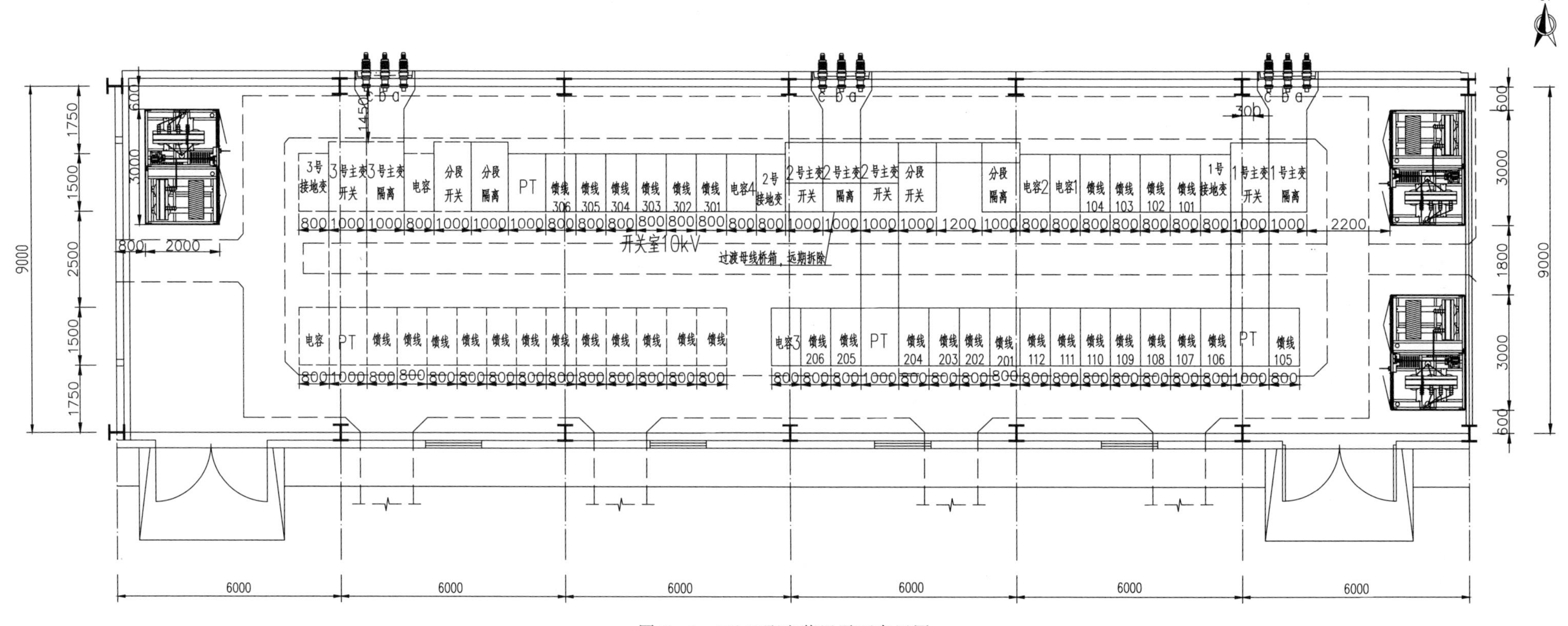

图 8-6　10kV 配电装置平面布置图

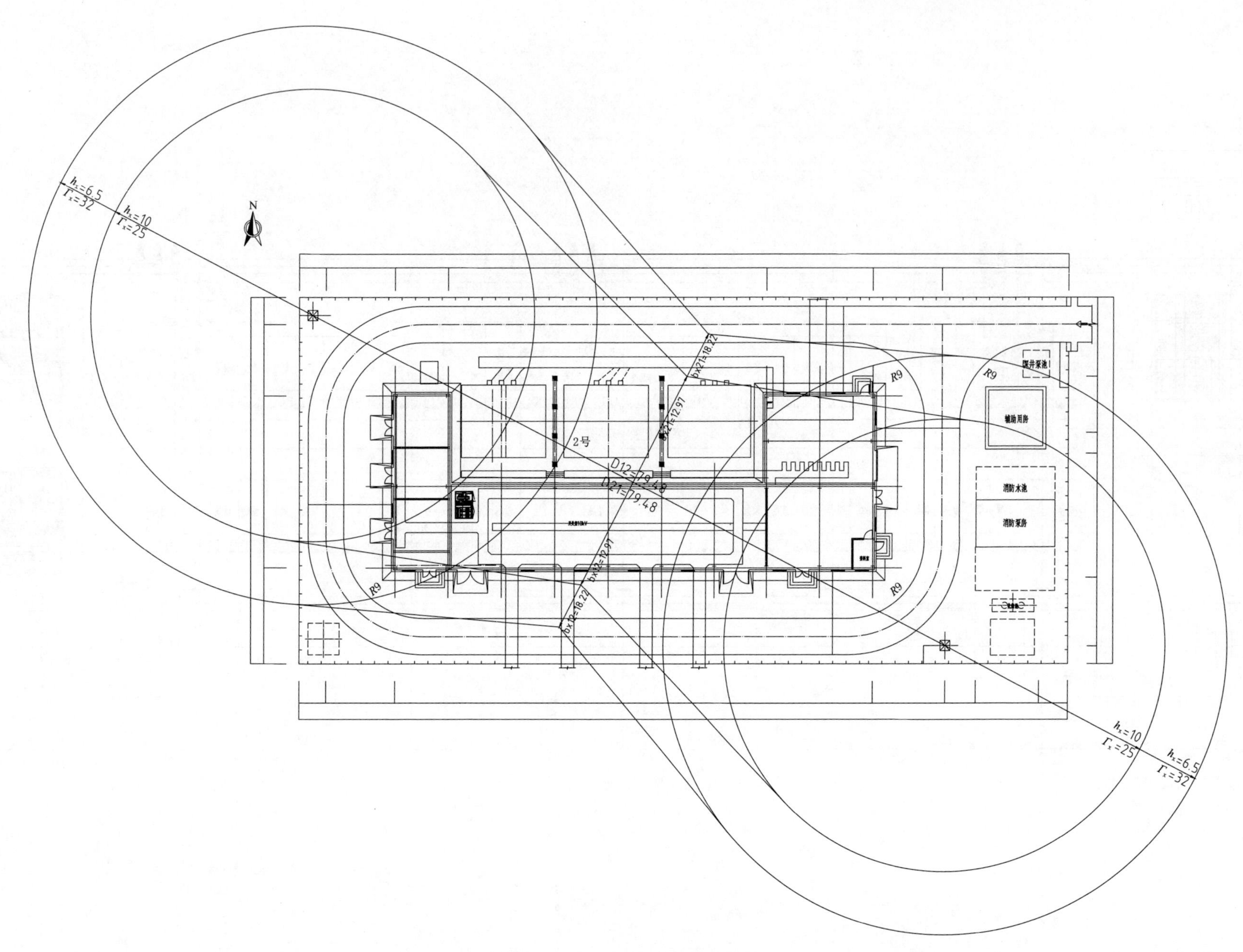

图 8－7　全站防直击雷保护布置图

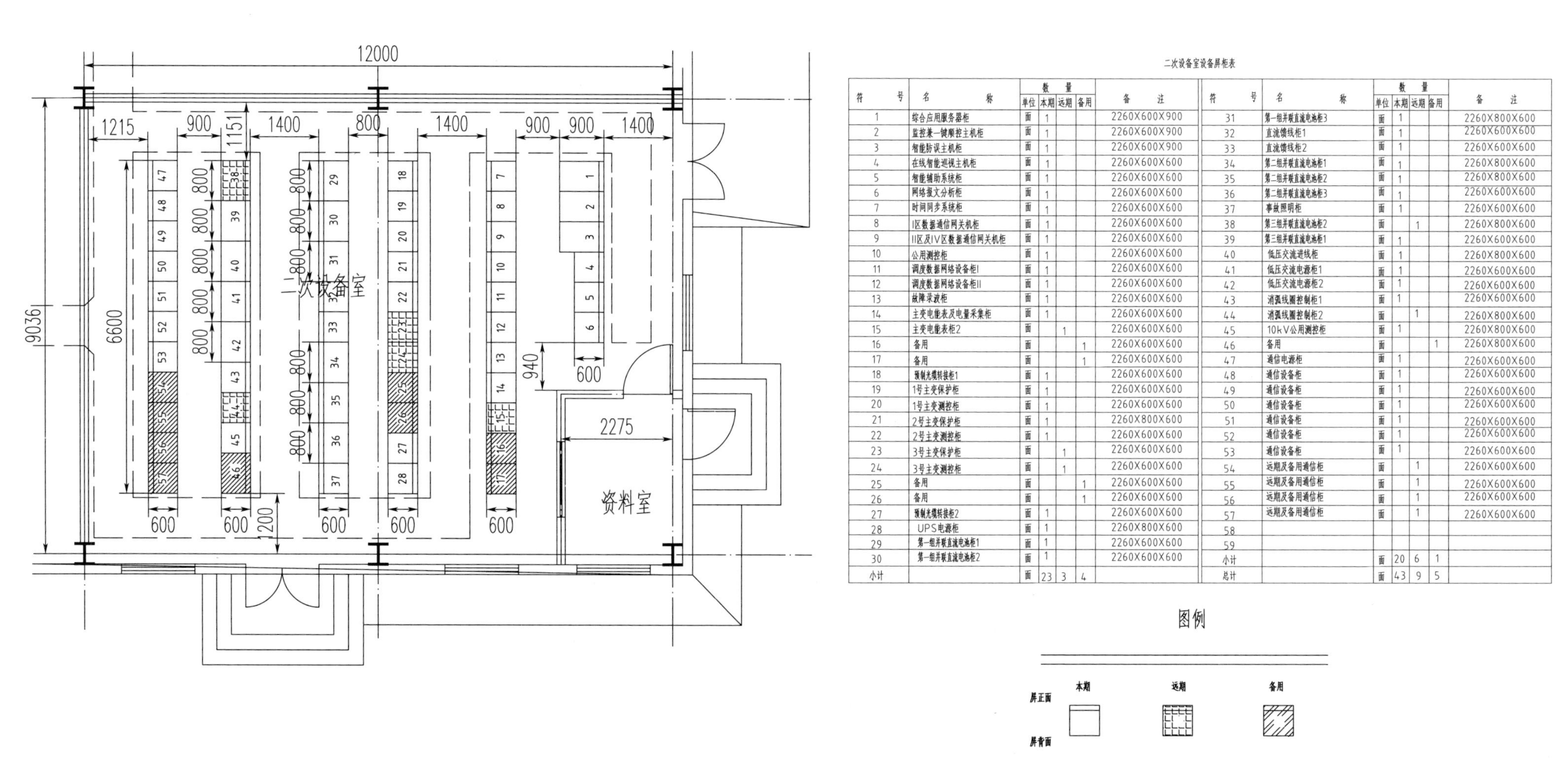

二次设备室设备屏柜表

符号	名称	数量 单位	本期	远期	备用	备注
1	综合应用服务器柜	面	1			2260X600X900
2	监控兼一键顺控主机柜	面	1			2260X600X900
3	智能防误主机柜	面	1			2260X600X900
4	在线智能巡视主机柜	面	1			2260X600X600
5	智能辅助系统柜	面	1			2260X600X600
6	网络报文分析柜	面	1			2260X600X600
7	时间同步系统柜	面	1			2260X600X600
8	I区数据通信网关机柜	面	1			2260X600X600
9	II区及IV区数据通信网关机柜	面	1			2260X600X600
10	公用测控柜	面	1			2260X600X600
11	调度数据网络设备柜I	面	1			2260X600X600
12	调度数据网络设备柜II	面	1			2260X600X600
13	故障录波柜	面	1			2260X600X600
14	主变电能表及电量采集柜	面	1			2260X600X600
15	主变电能表柜2	面		1		2260X600X600
16	备用	面			1	2260X600X600
17	备用	面			1	2260X600X600
18	预制光缆转接柜1	面	1			2260X600X600
19	1号主变保护柜	面	1			2260X600X600
20	1号主变测控柜	面	1			2260X600X600
21	2号主变保护柜	面	1			2260X800X600
22	2号主变测控柜	面	1			2260X600X600
23	3号主变保护柜	面		1		2260X600X600
24	3号主变测控柜	面		1		2260X600X600
25	备用	面			1	2260X600X600
26	备用	面			1	2260X600X600
27	预制光缆转接柜2	面	1			2260X600X600
28	UPS电源柜	面	1			2260X800X600
29	第一组并联直流电池柜1	面	1			2260X600X600
30	第一组并联直流电池柜2	面	1			2260X600X600
小计		面	23	3	4	

符号	名称	数量 单位	本期	远期	备用	备注
31	第一组并联直流电池柜3	面	1			2260X800X600
32	直流馈线柜1	面	1			2260X600X600
33	直流馈线柜2	面	1			2260X600X600
34	第二组并联直流电池柜1	面	1			2260X800X600
35	第二组并联直流电池柜2	面	1			2260X800X600
36	第二组并联直流电池柜3	面	1			2260X600X600
37	事故照明柜	面	1			2260X600X600
38	第三组并联直流电池柜2	面		1		2260X800X600
39	第三组并联直流电池柜1	面	1			2260X600X600
40	低压交流进线柜	面	1			2260X800X600
41	低压交流电源柜1	面	1			2260X600X600
42	低压交流电源柜2	面	1			2260X600X600
43	消弧线圈控制柜1	面	1			2260X600X600
44	消弧线圈控制柜2	面		1		2260X800X600
45	10kV公用测控柜	面	1			2260X800X600
46	备用	面			1	2260X800X600
47	通信电源柜	面	1			2260X600X600
48	通信设备柜	面	1			2260X600X600
49	通信设备柜	面	1			2260X600X600
50	通信设备柜	面	1			2260X600X600
51	通信设备柜	面	1			2260X600X600
52	通信设备柜	面	1			2260X600X600
53	通信设备柜	面	1			2260X600X600
54	远期及备用通信柜	面		1		2260X600X600
55	远期及备用通信柜	面		1		2260X600X600
56	远期及备用通信柜	面		1		2260X600X600
57	远期及备用通信柜	面		1		2260X600X600
58						
59						
小计		面	20	6	1	
总计		面	43	9	5	

图 8-8　二次设备室屏位布置图

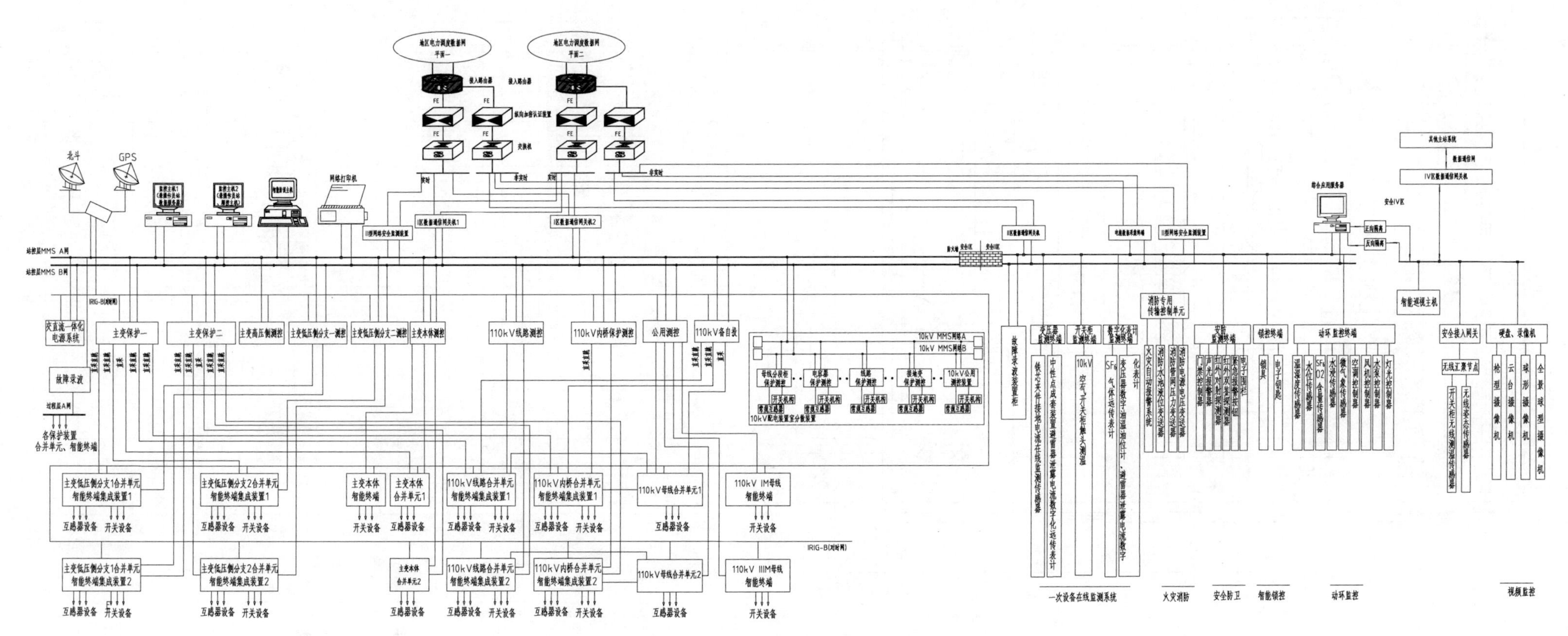

图 8-9　计算机监控系统网络接线示意图

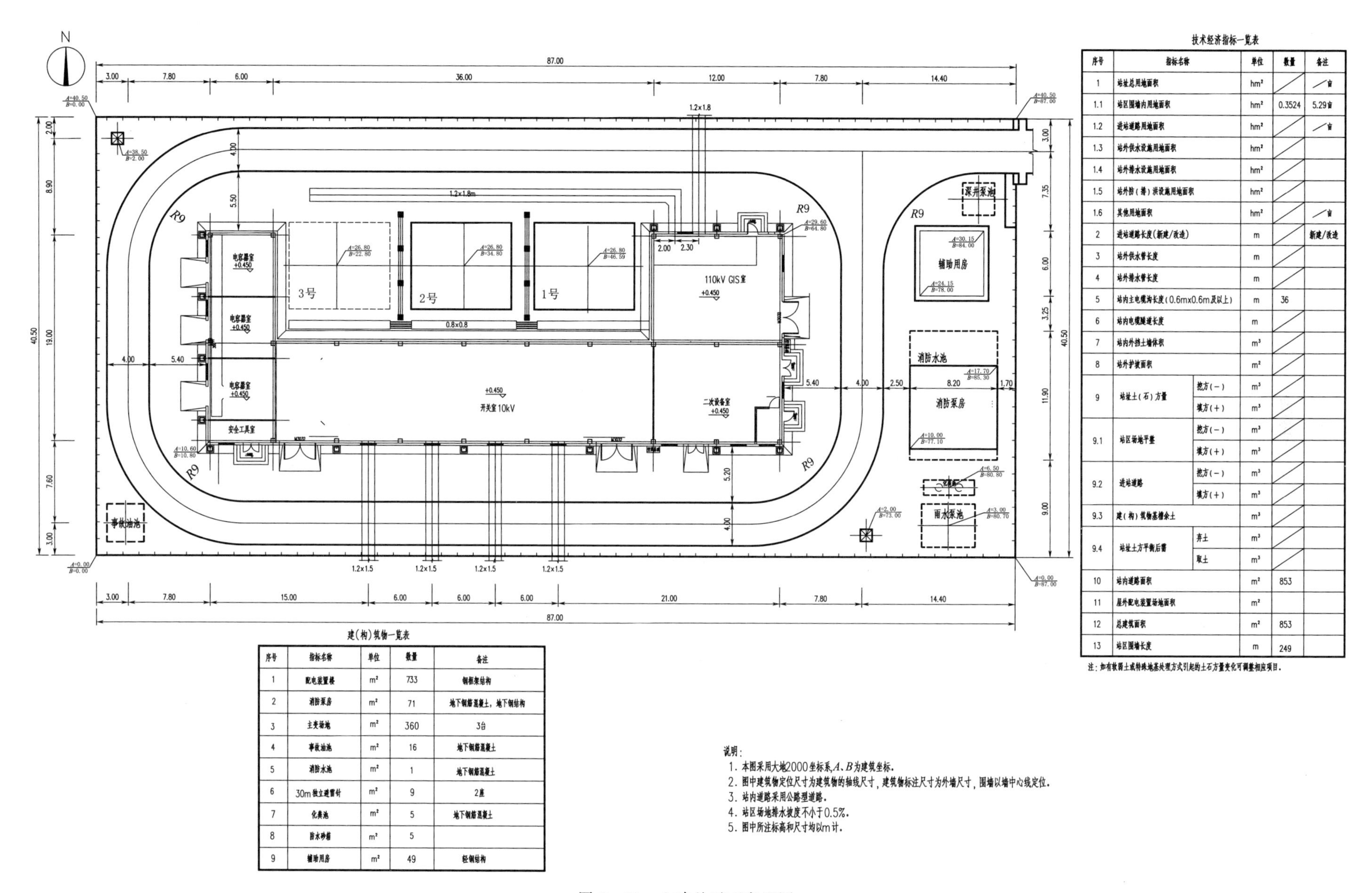

技术经济指标一览表

序号	指标名称		单位	数量	备注
1	站址总用地面积		hm^2	/	/亩
1.1	站区围墙内用地面积		hm^2	0.3524	5.29亩
1.2	进站道路用地面积		hm^2	/	/亩
1.3	站外供水设施用地面积		hm^2	/	
1.4	站外排水设施用地面积		hm^2	/	
1.5	站外防（排）洪设施用地面积		hm^2	/	
1.6	其他用地面积		hm^2	/	/亩
2	进站道路长度(新建/改造)		m	/	新建/改造
3	站外供水管长度		m	/	
4	站外排水管长度		m	/	
5	站内主电缆沟长度(0.6m×0.6m及以上)		m	36	
6	站内电缆隧道长度		m	/	
7	站内外挡土墙体积		m^3	/	
8	站外护坡面积		m^2	/	
9	站址土（石）方量	挖方（-）	m^3	/	
		填方（+）	m^3	/	
9.1	站区场地平整	挖方（-）	m^3	/	
		填方（+）	m^3	/	
9.2	进站道路	挖方（-）	m^3	/	
		填方（+）	m^3	/	
9.3	建（构）筑物基槽余土		m^3	/	
9.4	站址土方平衡后需	弃土	m^3	/	
		取土	m^3	/	
10	站内道路面积		m^2	853	
11	屋外配电装置场地面积		m^2		
12	总建筑面积		m^2	853	
13	站区围墙长度		m	249	

注：如有软弱土或特殊地基处理方式引起的土石方量变化可调整相应项目。

建(构)筑物一览表

序号	指标名称	单位	数量	备注
1	配电装置楼	m^2	733	钢框架结构
2	消防泵房	m^2	71	地下钢筋混凝土，地下钢结构
3	主变场地	m^2	360	3台
4	事故油池	m^2	16	地下钢筋混凝土
5	消防水池	m^2	1	地下钢筋混凝土
6	30m独立避雷针	m^2	9	2座
7	化粪池	m^2	5	地下钢筋混凝土
8	防水砂箱	m^2	5	
9	辅助用房	m^2	49	轻钢结构

说明：
1. 本图采用大地2000坐标系，A、B为建筑坐标。
2. 图中建筑物定位尺寸为建筑物的轴线尺寸，建筑物标注尺寸为外墙尺寸，围墙以墙中心线定位。
3. 站内道路采用公路型道路。
4. 站区场地排水坡度不小于0.5%。
5. 图中所注标高和尺寸均以m计。

图8-10　土建总平面布置图

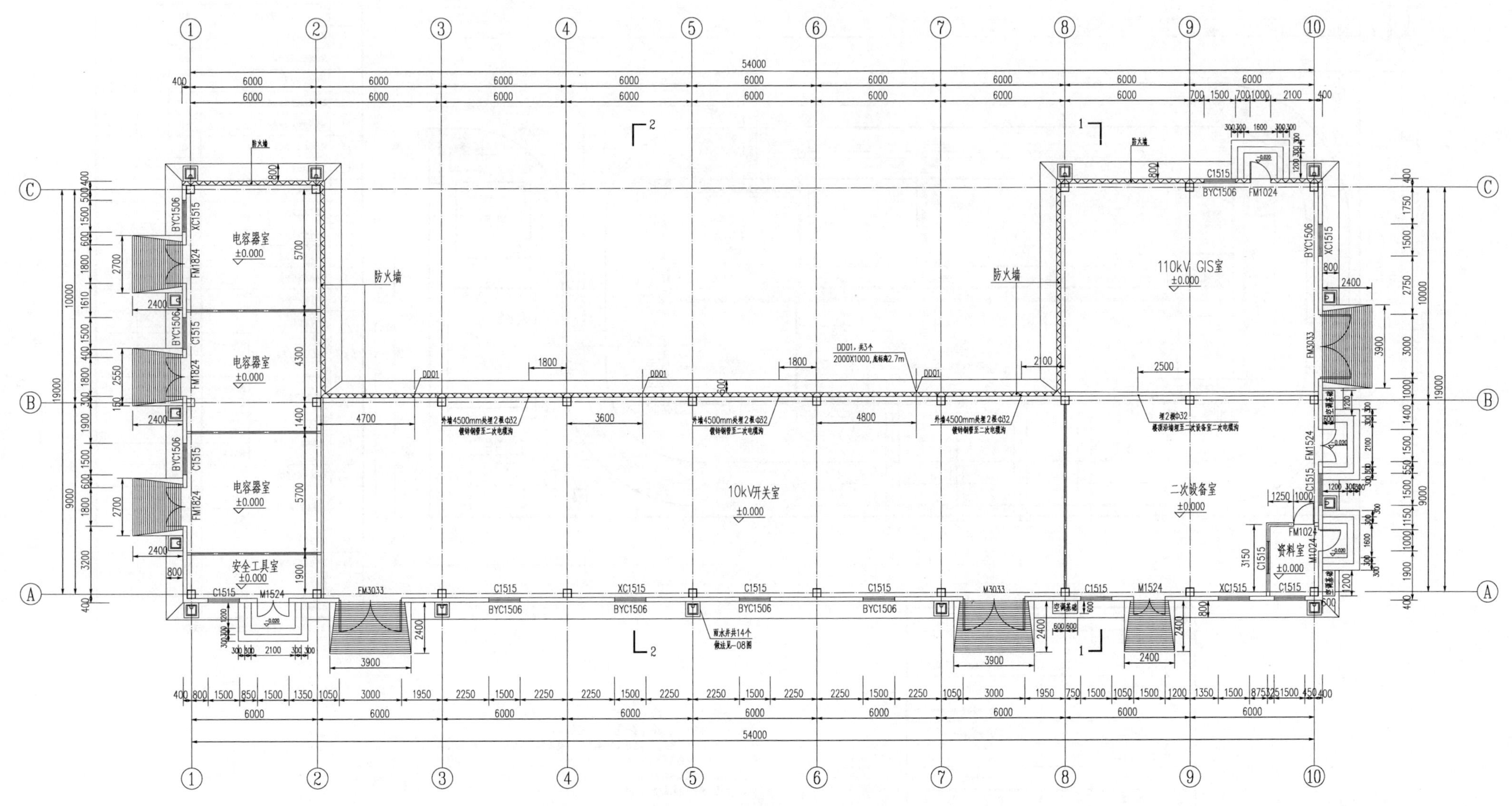

图 8-11　配电装置楼平面布置图

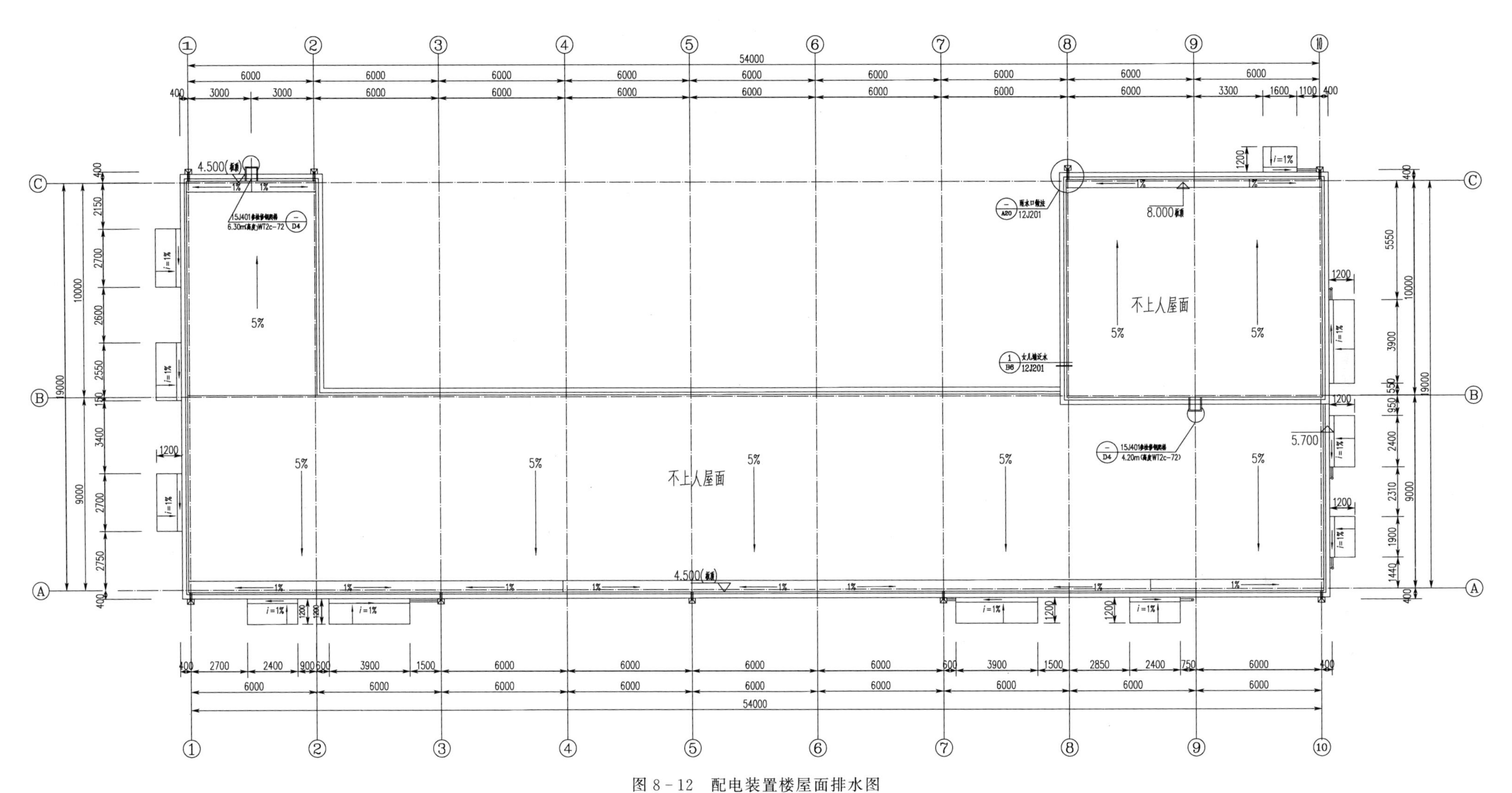

图 8－12　配电装置楼屋面排水图

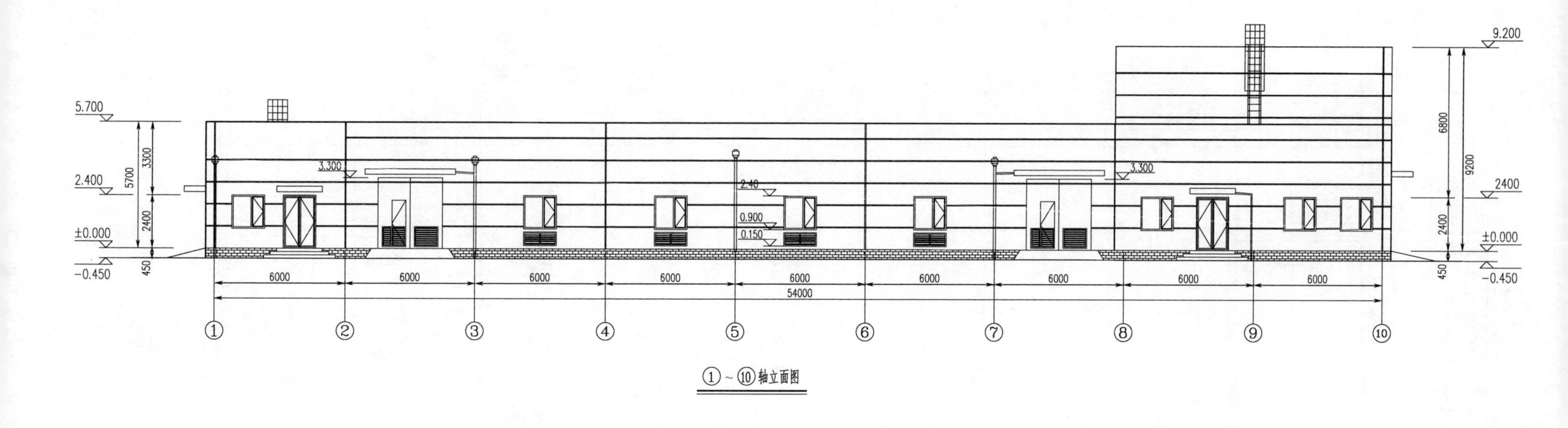

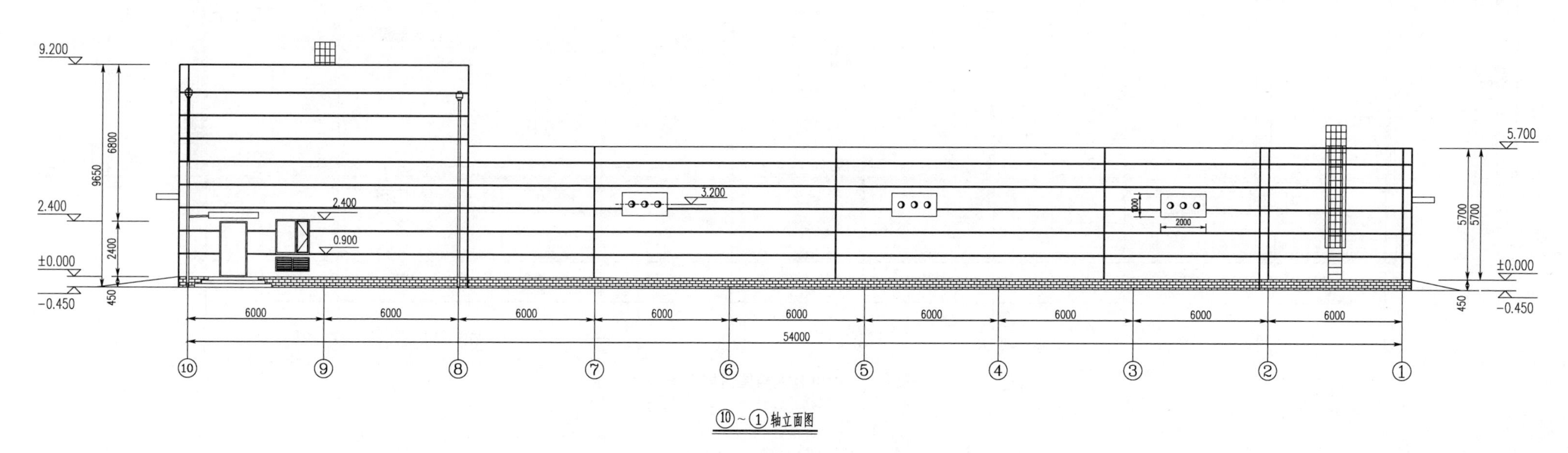

图 8-13　配电装置楼立面图一

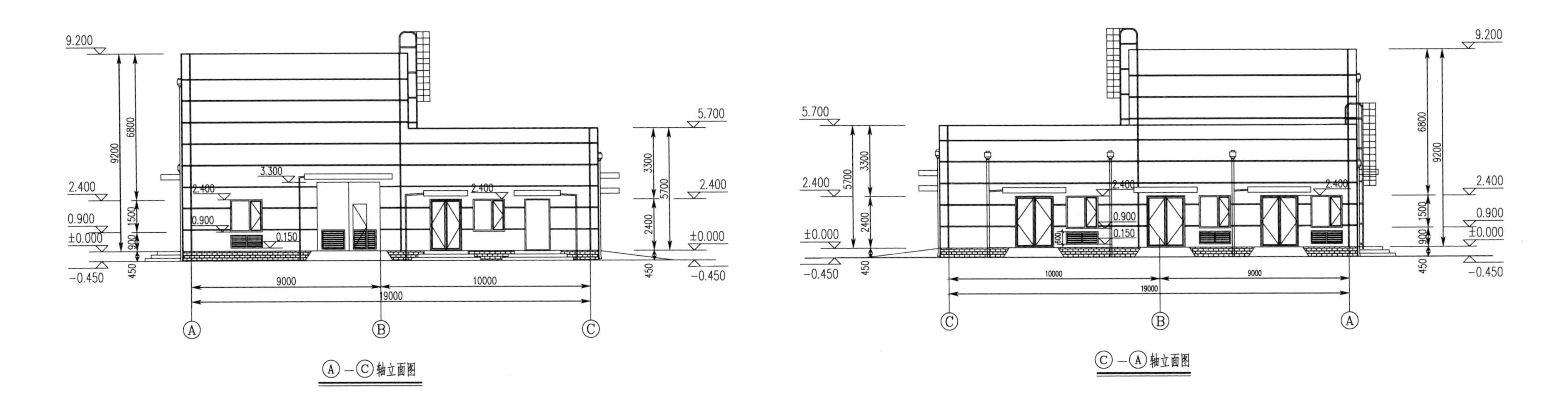

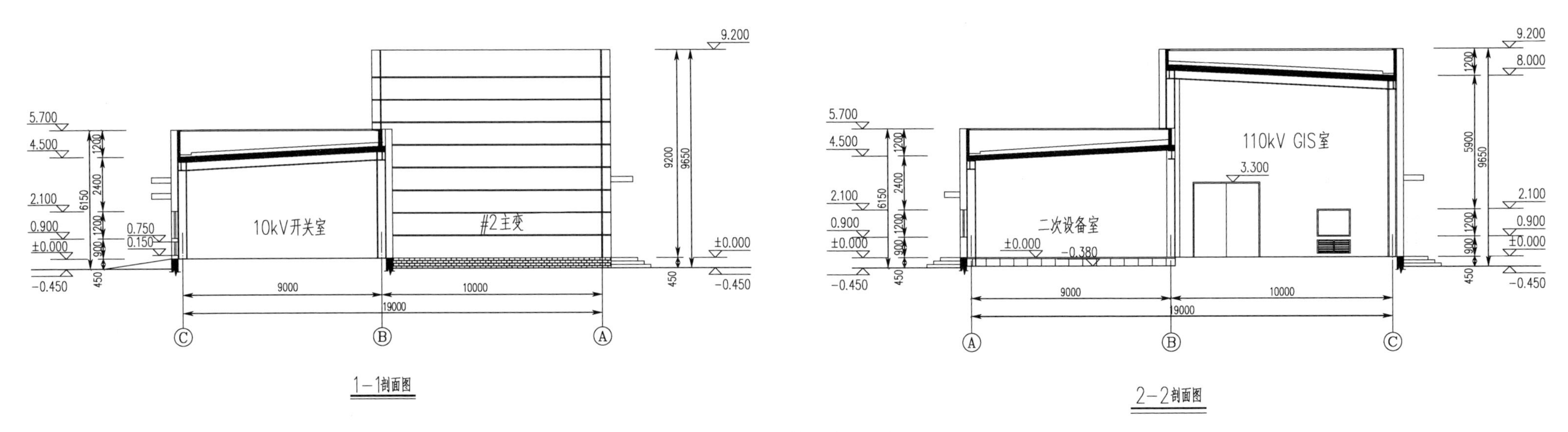

图 8-14　配电装置楼立面图二

扫码查看更多 JB－110－A3－3 方案各专业施工图。

8.4　JB－110－A3－3 方案主要设备材料表

表 8－5　　电气一次主要设备材料清册

序号	设 备 名 称	型 号 规 格	单位	数量	备 注
一	一次设备部分				
(一)	主变部分				
1	110kV 三相双绕组有载调压变压器	一体式三相双绕组油浸自冷式有载调压 SZ20－50000/110，含油温、油位远传表计	台	2	物料编码：500001164
		电压比：110±8×1.25%/10.5kV			不低于二级能耗
		接线组别：Ynd11			
		冷却方式：ONAN			
		$U_{k\%}$＝17%			
		配有载调压分接开关			
		智能组件柜			
		中性点：LRB－60，100～300～600/1A，5P20/5P20，15VA/15VA			
2	中性点成套装置	成套采购，每套含：	套	2	物料编码：500070598
	应满足一键顺控功能，加微动开关	中性点单极隔离开关，GW13－72.5/630（W）			
		最高电压 72.5kV，额定电流 630A，爬电距离不小于 1812mm，配电动操作机构，1 台			
		避雷器，Y1.5W－72/186W，1 只，含泄漏电流数字化远传表计			
		放电间隙棒，水平式，间隙可调，1 副			
		中性点 CT，15P/5P，200～400/1A，15VA/15VA			
3	钢芯铝绞线	JL/G1A－300/40	m	60	110kV 高压侧引线

续表

序号	设 备 名 称	型 号 规 格	单位	数量	备 注
4	110kV 电力电缆终端	110kV 电缆终端，1×400，户外终端，复合套管，铜	只	6	物料编码：500031957
5	110kV 电力电缆	ZC-YJLW03-64/110kV-1×400mm^2	m	300	物料编码：500109922
6	钢芯铝绞线	JL/G1A-300/40	m	20	110kV 中性点设备引线
7	90°铜铝过渡设备线夹	SYG-300/40C	套	8	主变高压及中性点套管接线端
8	90°铜铝过渡设备线夹	SYG-300/40C	套	6	110kV 电缆终端接线端
9	90°铝设备线夹	SY-240/30C	套	2	
10	回流线	ZC-YJV-8.7/10-1×240	m	150	物料编码：500122208
11	接地电缆	ZC-YJV-8.7/10-1×240	m	150	物料编码：500122208
12	110kV 电缆接地箱，三线直接接地	JDX-3	个	2	
13	抱箍（含螺母垫圈等）		套	12	
14	电缆固定金具	工厂化成套（非导磁材料）	套	12	
15	10kV 支柱绝缘子	ZSW-24/12.5	只	36	物料编码：500006874
16	10kV 母排	3×(TMY-125×10)	m	180	带绝缘热缩套，已折合成单根
17	矩形母线固定金具	MWP-204T/ϕ140（4-M12）	套	36	用于 10kV 母线桥
18	母线间隔垫	MJG-04	套	120	约 0.5m 一套
19	母线伸缩节	MST-125×12	套	36	
20	20kV 避雷器	HY5WZ-17/45	只	6	物料编码：500004650
21	铜排	TMY-30×4	m	6	用于 35kV、10kV 避雷器引上接母排
22	1kV 绝缘线	YJY-1×35mm	m	20	10kV 避雷器在线监测仪安装
（二）	110kV 配电装置部分（应满足一键顺控功能；含绝缘气体密度远传表计）				
1	110kV GIS 电缆出线间隔	户内，SF_6（SF_6/N_2 混合气体）绝缘全密封（GIS），三相共箱布置	间隔	2	SF_6 物料编码：500026252 SF_6/N_2 混合气体物料编码：500150329
		U_N=110kV，最高工作电压 126kV，额定电流 3150A			
		断路器，3150A，40kA，1 台			
		隔离开关，3150A，40kA/3s，2 组			
		电流互感器 600～1200/1，5P30/5P30/0.2S/0.2S，15/15/15/5VA			

续表

序号	设备名称	型号规格	单位	数量	备注
		快速接地开关，40kA/3s，1组			
		接地开关，40kA/3s，2组			
		就地汇控柜，1台			
		电压互感器，$(110/\sqrt{3})/(0.1/\sqrt{3})/(0.1/\sqrt{3})/(0.1/\sqrt{3})/0.1$kV，0.2/0.5(3P)/0.5(3P)/3P，10/10/10/10VA			
2	110kV GIS主变进线间隔	户内，SF_6（SF_6/N_2混合气体）绝缘全密封（GIS），三相共箱布置	间隔	2	SF_6物料编码：500138661 SF_6/N_2混合气体物料编码：500150355
		U_N=110kV，最高工作电压126kV，额定电流3150A			
		电流互感器，300～600/1，5P30/0.2S，15/5VA，3只			
		隔离开关，3150A，40kA/3s，1组			
		接地开关，3150A，40kA/3s，2组			
		带电显示器，三相，1组			
		就地汇控柜，1台			
3	110kV GIS母线设备间隔	户内，SF_6（SF_6/N_2混合气体）绝缘全密封（GIS），三相共箱布置	套	2	SF_6物料编码：500133376 SF_6/N_2混合气体物料编码：500150353
		电压互感器，$(110/\sqrt{3})/(0.1/\sqrt{3})/(0.1/\sqrt{3})/(0.1/\sqrt{3})/0.1$kV，0.2/0.5(3P)/0.5(3P)/3P，10/10/10/10VA			
		接地开关，40kA/3s，1组			
		隔离开关，3150A，40kA/3s，1组			
		快速接地开关，40kA/3s，1组			
4	110kV GIS内桥间隔	户内，SF_6（SF_6/N_2混合气体）绝缘全密封（GIS），三相共箱布置	间隔	1	SF_6物料编码：500026256 SF_6/N_2混合气体物料编码：500150331
		U_N=110kV，最高工作电压126kV，额定电流3150A			
		断路器，3150A，40kA/3s，1台			
		电流互感器，600～1200/1，5P30/5P30/0.2S/0.2S，15/15/15/5VA			
		隔离开关，3150A，40kA/3s，2组			
		接地开关，3150A，40kA/3s，2组			

续表

序号	设 备 名 称	型 号 规 格	单位	数量	备 注
		就地汇控柜，1 只			
5	110kV GIS 备用桥间隔	户内，SF_6（SF_6/N_2 混合气体）绝缘全密封（GIS），三相共箱布置	套	1	SF_6 物料编码：500132387 SF_6/N_2 混合气体物料编码：500150346
		U_N＝110kV，最高工作电压 126kV，额定电流 3150A			
		隔离开关，3150A，40kA/3s，2 组			
		接地开关，3150A，40kA/3s，2 组			
6	110kV 电力电缆终端	110kV 电缆终端，1×400，GIS 终端，预制，铜	只	6	物料编码：500031957
7	110kV 电力电缆	ZC－YJLW03－64/110kV－1×400mm^2	m	300	物料编码：500109922
8	110kV 电缆接地箱，带护层保护器	JDXB－3	个	2	物料编码：500021468
9	成套电缆抱箍	铝合金，与电缆外径匹配	套	18	
（三）	10kV 配电装置部分（应满足一键顺控功能）				
1	10kV 主变进线柜	断路器柜	面	3	物料编码：500002869
		金属铠装移开式高压开关柜，12kV，4000A，40kA/3s			
		真空断路器，12kV，4000A，40kA/3s，1 台			
		电流互感器，4000/1A，5P30/5P30/0.2S/0.2S，15/15/15/5VA，3 只			
		带电显示器（三相），1 组			
2	10kV 主变进线隔离柜	隔离柜	面	2	物料编码：500127199
		金属铠装移开式高压开关柜，12kV，4000A，40kA/3s			
		隔离手车，12kV，4000A，40kA/3s，1 台			
		带电显示器（三相），1 组			
3	10kV 分段断路器柜	断路器柜	面	1	物料编码：500002875
		金属铠装移开式高压开关柜，12kV，4000A，40kA/3s			
		真空断路器，12kV，4000A，40kA/3s，1 台			
		电流互感器，4000/1A，5P30/0.2，15/15VA，3 只			
		带电显示器（三相），1 组			
4	10kV 分段隔离柜	隔离柜	面	2	物料编码：500102889

续表

序号	设 备 名 称	型 号 规 格	单位	数量	备　　注
		金属铠装移开式高压开关柜，12kV，4000A，40kA/3s			
		隔离手车，12kV，4000A，40kA/3s，1台			
		带电显示器（三相），1组			
5	10kV电缆出线柜	断路器柜	面	24	物料编码：500002584
		金属铠装移开式高压开关柜，12kV，1250A，31.5kA/3s			
		真空断路器，12kV，1250A，31.5kA/3s，1台			
		电流互感器，300～600/1A，5P30/0.2/0.2S，15VA/15VA/5VA，3只			
		接地开关，31.5kA/3s，1组			
		无间隙氧化锌避雷器5kA，HY5WZ-17/45kV，3只			
		带电显示器（三相），1组			
6	10kV母线设备柜	母线设备柜	面	3	物料编码：500099478
		金属铠装移开式高压开关柜，12kV，1250A，31.5kA/3s			
		配熔断器，0.5A，3只			
		电压互感器，$(10\sqrt{3})/(0.1/\sqrt{3})/(0.1/\sqrt{3})/(0.1/\sqrt{3})/(0.1/3)$kV			
		全绝缘，0.2/0.5(3P)/0.5(3P)/3P，50/50/50/50VA，3只			
		一次消谐器，1只			
		无间隙氧化锌避雷器5kA，HY5WZ-17/45kV，3只			
		带电显示器（三相），1组			
7	10kV电容器柜	断路器柜	面	4	物料编码：500002581
		金属铠装移开式高压开关柜，12kV，1250A，31.5kA/3s			
		真空断路器，12kV，1250A，31.5kA/3s，1台			
		电流互感器，300～600/1A，5P30/0.2/0.2S，15/15/5VA，3只			
		接地开关，31.5kA/3s，1组			
		无间隙氧化锌避雷器5kA，HY5WZ-17/45kV，3只			
		带电显示器（三相），1组			

续表

序号	设备名称	型号规格	单位	数量	备注
8	10kV 接地变柜	断路器柜	面	2	物料编码：500061728
		金属铠装移开式高压开关柜，12kV，1250A，31.5kA/3s			
		真空断路器，12kV，1250A，31.5kA/3s，1台			
		电流互感器，200～600/1A，5P30/0.2/0.2S，15VA/15VA/5VA，3只			
		接地开关，31.5kA/3s			
		无间隙氧化锌避雷器 5kA，HY5WZ－17/45kV，3只			
		带电显示器（三相），1组			
9	10kV 封闭母线桥箱	12kV，4000A，40kA	m	20	物料编码：500118116
10	检修小车	柜宽：1000mm	台	2	物料编码：500140604
11	检修小车	柜宽：800mm	台	2	物料编码：500140602
12	接地小车	柜宽：1000mm，4000A	台	2	物料编码：500140603
13	验电小车	柜宽：1000mm	台	2	物料编码：500140606
14	验电小车	柜宽：800mm	台	2	物料编码：500140609
15	20kV 穿墙套管	CWW－24/4000	只	6	
16	钢板	$\delta=10$，1800×400	块	2	
17	10kV 框架式并联电容器组成套装置	TBB10－6000/334－AC（5%）	套	2	物料编码：500037268
		容量 6Mvar，额定电压：10kV			
		含：四极隔离开关、电容器、铁芯电抗器、放电线圈、避雷器、端子箱等			
		配不锈钢网门及电磁锁			
		单台容量 334kvar，配内熔丝			
		电抗率：5%			
		保护方式：相电压差动保护			
18	10kV 框架式并联电容器组成套装置	TBB10－6000/334－AC（12%）	套	2	物料编码：500037268
		容量 6Mvar，额定电压：10kV			
		含：四极隔离开关、电容器、铁芯电抗器、放电线圈、避雷器、端子箱等			

续表

序号	设备名称	型号规格	单位	数量	备注
		配不锈钢网门及电磁锁			
		单台容量334kvar，配内熔丝			
		电抗率：12%			
		保护方式：相电压差动保护			
19	10kV电力电缆	ZC-YJV22-8.7/10-3×300	m	240	物料编码：500107869
20	10kV电力电缆终端	10kV电缆终端，3×300，户内终端，冷缩，铜	套	8	物料编码：500021079
21	接地变、消弧线圈成套装置	10kV，干式，有外壳，户内箱壳式	套	2	物料编码：500089405
		阻抗电压：$U_{k\%}=6\%$			
		应含组件：控制屏，有载开关，电压互感器，电流互感器，避雷器，断路器（可选），隔离开关，中电阻，阻尼电阻			
		接地变容量：800/200kVA			
		消弧线圈容量：630kVA			
22	10kV电力电缆	ZC-YJV22-8.7/10-3×240	m	80	物料编码：500108302
23	10kV电力电缆终端	10kV电缆终端，3×240，户内终端，冷缩，铜	套	4	物料编码：500021060
24	1kV电力电缆	ZC-YJV22-0.6/1-4×240	m	80	物料编码：500127056
25	1kV电力电缆终端	1kV电缆终端，4×240，户内终端，冷缩，铜	套	4	
（四）	防雷接地部分				
1	扁紫铜排	-40×5	m	1800	主地网、户外设备接地
2	紫铜棒	ϕ25mm×2500mm	根	60	
3	铜排	-30×4	m	250	二次等电位地网
4	绝缘子	WX-01	个	315	
5	放热焊点		个	800	
6	扁钢	-60×8，热镀锌	m	1000	用于室内环形接地网、户内设备及基础接地
7	多股软铜芯电缆	120mm^2，配铜鼻子	m	30	主变智能控制柜与等电位地网相连
8	多股软铜芯电缆	100mm^2，配铜鼻子	m	300	用于屏柜与二次等电位地网连接
9	多股软铜芯电缆	50mm^2，配铜鼻子	m	8	用于主控室等电位地网与主地网连接

续表

序号	设备名称	型号规格	单位	数量	备注
10	多股软铜芯电缆	$4mm^2$，配铜鼻子	m	300	用于屏柜内所有装置、电缆屏蔽层、屏柜门体与屏柜本体接地铜排的连接
11	临时接地端子箱	附专用保护箱建议尺寸 300mm×210mm×120mm（高×宽×深）	套	25	
（五）	照明动力部分				
1	照明配电箱	PXT(R)	个	3	
2	动力配电箱	PXT(R)	个	1	
3	应急疏散照明电源箱		个	1	
4	户内检修电源箱		个	6	
5	户外检修电源箱	XW1（改）	个	2	
6	电力电缆	ZR-YJV22-0.6/1.0kV-4×6+1×4	m	500	物料编码：500109534
7	电力电缆	ZR-YJV22-0.6/1.0kV-3×6	m	450	物料编码：500109752
8	电力电缆	ZR-YJV22-0.6/1.0kV-2×4	m	450	物料编码：500109790
9	耐火电力电缆	NH-YJV22-0.6/1.0kV-2×10	m	200	事故照明及火灾报警主机电源；物料编码：500142814
10	电力电缆	ZR-YJV22-0.6/1.0kV-4×16+1×10	m	150	物料编码：500109538
11	电力电缆	ZR-YJV22-0.6/1.0kV-4×25+1×16	m	500	物料编码：500109671
12	电力电缆	ZR-YJV22-0.6/1.0kV-4×50+1×25	m	180	物料编码：500109569
13	耐火电力电缆	NH-YJV22-0.6/1.0kV-4×150+1×75（B2级耐火）	m	200	（水泵的耐火）目前无物料编码
14	电力电缆	ZR-YJV22-0.6/1.0kV-4×240+1×120	m	200	物料编码：500109215
15	镀锌钢管	DN100	m	150	
16	镀锌钢管	DN50	m	140	
17	镀锌钢管	DN32	m	300	
18	镀锌钢管	DN25	m	450	
（六）	电缆敷设及防火材料部分				
一、电缆敷设					
1	水平电缆（光缆）槽盒（带盖）	250mm×100mm	m	600	
2	L型防火隔板	300mm×80mm×10mm（宽×翻边高度×厚）	m^2	300	

续表

序号	设 备 名 称	型 号 规 格	单位	数量	备 注
3	L 型防火隔板	300mm×50mm×10mm（宽×翻边高度×厚）	m^2	300	
二、防火封堵材料					
1	无机速固防火堵料	WSZD	t	2	
2	有机可塑性软质防火堵料	RZD	t	2	
3	阻火模块	240mm×120mm×60mm	m^3	10	
4	防火涂料		t	1	
5	防火隔板		m^2	100	
6	防火网		m^2	10	

表 8－6　　电气二次主要设备材料清册

序号	设 备 名 称	型 号 规 格	单位	数量	备 注
1	变电站自动化系统				
1.1	监控主机柜	含监控主机兼一键顺控主机 2 台	面	1	组柜物料编码：500008896
1.2	智能防误主机柜	含智能防误主机 1 台	面	1	物料编码：500109487
1.3	Ⅰ区数据通信网关机柜	含Ⅰ区远动网关机（兼图形网关机）2 台	面	1	
1.4	Ⅱ区及Ⅳ区数据通信网关机	含Ⅱ区远动网关机 1 台、Ⅳ区远动网关机 1 台及硬件防火墙 2 台	面	1	
1.5	综合应用服务器	含综合应用服务器 1 台	面	1	
1.6	打印机		台	1	
1.7	站控层Ⅰ区交换机	百兆、24 电口、2 光口	台	4	安装在Ⅰ区数据通信网关机柜
1.8	站控层Ⅱ区交换机	百兆、24 电口、2 光口	台	2	安装在Ⅱ区及Ⅲ/Ⅳ区数据通信网关机柜
1.9	公用测控柜	含公用测控装置 1 台，110kV 母线测控装置 2 台，110kV 间隔层交换机 2 台	面	1	
1.10	主变测控柜	1 号主变测控柜含主变测控装置 3 台，2 号主变测控柜含主变测控装置 4 台	面	2	
1.11	110kV 线路测控装置		台	2	安装于 110kV 线路智能控制柜
1.12	10kV 线路保护测控装置		台	24	安装于 10kV 出线开关柜
1.13	10kV 母线测控装置		台	3	安装于 10kV 母线 PT 开关柜
1.14	10kV 电容器保护测控装置		台	4	安装于 10kV 电容器开关柜
1.15	10kV 站用变保护测控装置		台	2	安装于 10kV 站用变开关柜

续表

序号	设备名称	型号规格	单位	数量	备注
1.16	10kV 电压并列装置		台	2	安装在 10kV 隔离开关柜
1.17	10kV 分段保护测控装置		台	1	安装在 10kV 分段开关柜
1.18	10kV 公用测控装置		台	3	10kV Ⅰ、Ⅱ、Ⅲ母 PT 开关柜内内各布置 1 台
1.19	10kV 间隔层交换机		台	6	10kV Ⅰ、Ⅱ、Ⅲ母 PT 开关柜内内各布置 2 台
2	数据网接入设备				
2.1	调度数据网设备柜	每面含路由器 1 台、交换机 2 台，套纵向加密装置 2 台，防火墙 1 台，隔离装置 1 台，网络安全监测装置 1 套	面	2	
2.2	等保测评费		项	1	
2.3	电力监控系统安全加固	第三方机构安全加固	套	1	
3	系统继电保护及安全自动装置				
3.1	110kV 备自投装置		台	1	安装于 110kV 桥智能控制柜，物料编码：500074717
3.2	110kV 桥保护测控装置		台	1	安装于 110kV 桥智能控制柜
3.3	10kV 备自投装置		台	1	安装在 10kV 分段开关柜，物料编码：500140001
4	元件保护				
4.1	主变保护柜	每面含主变保护装置 2 台，过程层交换机 1 台	面	2	物料编码：500074719
5	电能计量				
5.1	主变电能表及电量采集柜	含主变考核关口表 5 只，电能数据采集终端 1 台	面	1	物料编码：500132217/500132218
5.2	110kV 线路多功能电能表	0.2S 级三相四线制数字式	只	2	安装于 110kV 线路智能控制柜，物料编码：500132218
5.3	10kV 多功能电能表	0.2S 级三相三线制电子式	只	34	安装于 10kV 开关柜，物料编码：500134989
6	电源系统				
6.1	交流电源柜	含事故照明回路	面	3	
6.2	第一组并联直流电源柜	共 17 个模块每个模块输出电流 2A，电压 12V	面	3	用于除 UPS 及事故照明的二次负荷

续表

序号	设备名称	型号规格	单位	数量	备注
6.3	直流馈电柜1、2	每面含40A空开8个，32A空开8个，25A空开8个，16A空开24个	面	2	
6.4	第二组并联直流电源柜	共21个模块，每个模块输出电流2A，电压12V	面	3	用于UPS及事故照明屏
6.5	第三组并列直流电源柜	共6个模块，每个模块输出电流10A，电压12V	面	1	本期1面，预留远期1面柜安装位置
6.6	通信电源馈出屏		面	1	
6.7	UPS电源柜	含UPS装置1套，10kVA	面	1	
6.8	事故照明电源屏		面	1	
7	公用系统				
7.1	时间同步系统柜	包括GPS/北斗互备主时钟及高精度守时主机单元，且输出口数量满足站内设备远景使用需求	面	1	物料编码：500093557
7.2	辅助设备智能监控系统	包括后台主机、视频监控服务器、机架式液晶显示器、交换机等，组屏1面	套	1	物料编码：500074442
7.2.1	一次设备在线监测子系统		套	1	
(1)	变压器在线监测系统	包括油温油位数字化远传表计、铁芯夹件接地电流、中性点成套设备避雷器泄漏电流数字化远传表计、集线器、数字化远传表计监测终端等	套	1	
(2)	GIS在线监测系统	绝缘气体密度远传表计、GIS内置避雷器泄漏电流数字化远传表计、集线器、数字化远传表计监测终端等	套	1	
(3)	开关柜在线监测	安全接入网关、监测终端等	套	1	
(4)	独立避雷器监测	避雷器数字化远传表计、集线器、数字化远传表计监测终端等	套	1	
7.2.2	火灾消防子系统	包括消防信息传输控制单元含柜体一面、模拟量变送器等设备，配合火灾自动报警系统，实现站内火灾报警信息的采集、传输和联动控制。火灾报警主机1台	套	1	物料编码：500010595（火灾报警）
7.2.3	安全防卫子系统	配置安防监控终端、防盗报警控制器、门禁控制器、电子围栏、红外双鉴探测器、红外对射探测器、声光报警器、紧急报警按钮等设备	套	1	
7.2.4	动环子系统	包括环监控终端、空调控制器、照明控制器、除湿机控制箱、风机控制器、水泵控制器、温湿度传感器、微气象传感器、水浸传感器、水位传感器、绝缘气体监测传感器等设备	套	1	
7.2.5	智能锁控子系统	由锁控监控终端、电子钥匙、锁具等配套设备组成。1台锁控控制器、2把电子钥匙集中部署，并配置1把备用机械紧急解锁钥匙	套	1	
8	主变本体智能控制柜	每面含主变中性点合并单元2台，主变本体智能终端1台，相应预制电缆及附件	面	2	随主变本体供应

续表

序号	设备名称	型号规格	单位	数量	备注
9	110kV GIS智能控制柜	1号、2号主变进线间隔智能控制柜2面，每面含主变110kV侧合并单元智能终端集成装置1台、相应预制电缆及附件；母线间隔智能控制柜2面，每面含母线智能终端1台、母线合并单元1台、相应预制电缆及附件；线路智能控制柜2面、每面含110kV智能终端合并单元集成装置2台、相应预制电缆及附件；桥间隔智能控制柜1面，每面含110kV智能终端合并单元集成装置2台、2台过程层交换机、相应预制电缆及附件	面	7	随110kV GIS供应
10	10kV智能终端合并单元集成装置		台	6	随10kV开关柜供应
11	故障录波器柜	含1台故障录波器	面	1	物料编码：500143342
12	网络分析柜	含1台网络记录仪，2台网络分析仪，1台过程层中心交换机	面	1	
13	集中接线柜		面	2	
14	二次部分光/电缆及附件				
(1)	控制电缆	ZR-KVVP2-22-4×1.5	m	3200	物料编码：500142981
		ZR-KVVP2-22-7×1.5	m	1400	物料编码：500142989
		ZR-KVVP2-22-10×1.5	m	400	物料编码：500142988
		ZR-KVVP2-22-14×1.5	m	500	物料编码：500142972
		ZR-KVVP2-22-7×2.5	m	300	物料编码：500142973
		ZR-KVVP2-22-4×4	m	3600	物料编码：500142977
		ZR-KVVP2-22-7×4	m	1340	物料编码：500142980
(2)	电力电缆	ZR-YJV22-2×10	m	120	物料编码：500107594
		ZR-YJV22-2×16	m	120	物料编码：500108079
		ZR-YJV22-4×16+1×10	m	120	物料编码：500109720
		ZR-YJV22-4×10+1×6	m	100	物料编码：500109592
(3)	铠装多模预制光缆		m	1800	
(4)	铠装多模尾缆	监控厂家提供	m	2000	
(5)	免熔接光配箱	MR-3S/12ST	台	5	
		MR-2S/24ST	台	29	
(6)	光缆连接器		台	60	

续表

序号	设备名称	型号规格	单位	数量	备注
(7)	铠装超五类屏蔽双绞线		m	2000	监控厂家提供
(8)	辅助系统及火灾报警用埋管	镀锌钢管 ϕ32	m	1800	
15	10kV消弧线圈控制柜	含控制器2台	面	1	随一次设备供货
16	智能标签生成及解析系统		套	1	

表8-7　　土建专业主要设备材料清册

序号	设备名称	型号规格	单位	数量	备注
一	给水部分				
1	PE复合给水管	DN110	m	35	
2	蝶阀	DN100，P_N=1.6MPa	只	2	
3	倒流防止器	DN100，P_N=1.6MPa	只	1	
4	水表	DN100，水平旋翼式，P_N=1.0MPa	只	1	
5	水表井	钢筋混凝土，$A\times B$=2150×1100	座	1	
6	阀门井	ϕ1000	座	1	
二	排水部分				
1	PE双壁波纹管	De315，环刚度不小于8kN/m^2	m	180	
2	PE双壁波纹管	De225，环刚度不小于8kN/m^2	m	40	
3	混凝土雨水检查井	ϕ1000	座	12	
4	混凝土污水检查井	ϕ1000	座	5	
5	热镀锌钢管	DN200	m	25	
6	UPVC排水管	DN300	m	22	
7	铸铁井盖及井座	ϕ1000，重型	套	12	
8	化粪池	2号钢筋混凝土	座	1	
9	单箅雨水口	680×380	个	18	
三	消防部分				
1	消防泵房部分				

续表

序号	设备名称	型号规格	单位	数量	备注
(1)	消防水泵	Q=30L/s，H=52m	台	2	
	消防水泵配套电机	U=380V，N=37kW	台	2	
	自动巡检装置		套	1	
(2)	消防增压给水设备				
	气压罐	ϕ1000mm	台	1	
	增压泵	Q=1L/s，H=65m，N=3.0kW	台	2	
(3)	潜水排污泵	Q=25m^3/h，H=13m，N=2.2kW	台	2	
(4)	手动葫芦	起吊重量2t，起升高度9m	台	1	
(5)	压力表	0～1.6MPa	个	4	
(6)	压力表	0～0.6MPa	个	2	
(7)	电接点压力开关	0～0.1MPa	个	1	
(8)	真空表	−0.15～0MPa	个	4	
(9)	液位传感器		套	1	
(10)	消防流量计	DN100，P_N=1.6MPa	套	1	
(11)	闸阀	DN200，P_N=1.6MPa	只	2	
(12)	蝶阀	DN100，P_N=0.6MPa	只	2	
(13)	闸阀	DN150，P_N=1.6MPa	只	5	
(14)	闸阀	DN100，P_N=1.6MPa	只	3	
(15)	闸阀	DN80，P_N=1.6MPa	只	2	
(16)	闸阀	DN65，P_N=1.6MPa	只	1	
(17)	闸阀	DN50，P_N=1.6MPa	只	2	
(18)	泄压阀	DN100，P_N=1.6MPa	只	1	
(19)	试水阀	DN65，P_N=1.6MPa	只	2	
(20)	止回阀	DN50，P_N=1.6MPa	只	2	
(21)	止回阀	DN100，P_N=0.6MPa	只	2	

续表

序号	设 备 名 称	型 号 规 格	单位	数量	备 注
(22)	止回阀	DN150，P_N=1.6MPa	只	2	
(23)	液压水位控制阀	DN100，P_N=1.0MPa	只	2	
(24)	可曲挠橡胶接头	DN80，P_N=0.6MPa	个	2	
(25)	可曲挠橡胶接头	DN150，P_N=0.6MPa	个	4	
(26)	可曲挠橡胶接头	DN200，P_N=1.6MPa	个	2	
(27)	可曲挠橡胶接头	DN50，P_N=1.6MPa	个	2	
(28)	90°等径三通	DN65，Q235	个	1	
(29)	90°等径三通	DN80，Q235	个	1	
(30)	90°等径三通	DN150，Q235	个	2	
(31)	异径三通	DN200/80，Q235	个	1	
(32)	异径三通	DN200/50，Q235	个	1	
(33)	异径三通	DN150/100，Q235	个	1	
(34)	偏心异径管	DN50/80，Q235	个	2	
(35)	偏心异径管	DN150/200，Q235	个	2	
(36)	同心异径管	DN150/200，Q235	个	2	
(37)	同心异径管	DN150/100，Q235	个	1	
(38)	吸水喇叭口	DN250/400	个	2	
(39)	吸水喇叭口	DN80/100	个	1	
(40)	吸水喇叭支架	ZB1 ϕ274×426	个	2	
(41)	溢流喇叭口	DN150	个	1	
(42)	矩形阀门井	2.15m×1.10m×1.5m	座	1	
(43)	镀锌钢管	DN200	m	10	
(44)	镀锌钢管	DN150	m	40	
(45)	镀锌钢管	DN100	m	6	

续表

序号	设备名称	型号规格	单位	数量	备注
(46)	镀锌钢管	DN80	m	6	
(47)	镀锌钢管	DN65	m	5	
(48)	镀锌钢管	DN50	m	4	
(49)	PE 复合管	DN100	m	3	
2	室外消防部分				
(1)	室外消火栓	SS100/65-1.6 型，出水口联接为内扣式	套	4	
(2)	轻型复合井盖及井座	ϕ700	套	4	
(3)	消火栓井	ϕ1200	座	4	
(4)	镀锌钢管	DN65	m	36	
(5)	镀锌钢管	DN100	m	4	
(6)	镀锌钢管	DN200	m	204	
(7)	蝶阀	DN150，P_N=1.6MPa	套	3	
(8)	阀门井	ϕ1200	座	3	
(9)	柔性橡胶接头	DN150	套	3	
(10)	铸铁井盖及井座	ϕ700，重型	套	3	
(11)	消防沙箱	1m^3，含消防铲、消防桶等	套	2	
(12)	推车式干粉灭火器	MFTZ/ABC50	具	2	
(13)	消防棚		个	1	
3	室内消防部分				
(1)	室内消火栓		套	9	
(2)	蝶阀	DN65，P_N=1.6MPa	套	9	
(3)	镀锌钢管	DN65，P_N=1.6MPa	m	35	
(4)	电伴热	1kW	套	9	
(5)	手提式干粉灭火器	MFZ/ABC4	具	38	
四	暖通				

续表

序号	设备名称	型号规格	单位	数量	备注
1	低噪声轴流风机	风量：5881m^3/h，全压：113Pa	台	8	
		电源：380V/50Hz，电机功率：0.25kW			
2	低噪声轴流风机	风量：3920m^3/h，全压：68Pa	台	5	
		电源：380V/50Hz，电机功率：0.15kW			
3	分体柜式空调机	规格：4.6kW，制冷/制热量：12/14kW	台	3	
4	分体壁挂式冷暖空调	功率：2.5kW，制冷/制热量：2.6/2.9kW	台	2	
5	除湿机	规格：日除湿量210L/d，功率：5kW	台	2	
6	电取暖器	制热量：2.0kW，电源：220V，50Hz	台	18	
7	电取暖器	制热量：2.5kW，电源：220V，50Hz	台	5	
8	吸顶式换气扇	风量：90m^3/h，风压：96Pa	台	2	
9	单层防雨百叶风口	规格：直径110，不锈钢制作	个	2	
10	铝合金防飘雨防尘百叶窗	规格：1500mm×400mm（高）	套	10	
11	单层百叶式风口	规格：1200mm×550mm（高）铝合金	套	3	

第四篇

工程量清单

第9章 JB－110－A3－2智能变电站工程量清单

清单封－1

110kV智能变电站模块化建设

招标工程量清单

招 标 人：________________
（单位盖章）

法定代表人
或其授权人：________________
（签字或盖章）

工程造价
咨 询 人：________________
（单位资质专用章）

法定代表人
或其授权人：________________
（签字或盖章）

编 制 人：________________
（签字、盖执业专用章）

复 核 人：________________
（签字、盖执业专用章）

编制时间：

复核时间：

清单封－2

填 表 须 知

1　工程量清单应由具有编制招标文件能力的招标人、受其委托具有相应资质的电力工程造价咨询人或招标代理人进行编制。

2　招标人提供的工程量清单的任何内容不应删除或涂改。

3　工程量清单格式的填写应符合下列规定：

3.1　工程量清单中所有要求签字、盖章的地方，应由规定的单位和人员签字、盖章。

3.2　总说明应按下列内容填写：

3.2.1　工程概况应包括工程建设性质、本期容量、规划容量、电气主接线、配电装置、补偿装置、设计单位、建设地点、线路（电缆）亘长、回路数、起止塔（杆）号、设计气象条件、沿线地形比例、沿线地质条件、杆塔类型与数量、导线型号规格（电缆型号规格）、地线型号规格、光缆型号规格、电缆敷设方式等内容。

3.2.2　其他说明应按如下内容填写：

（1）工程招标和分包范围；

（2）工程量清单编制依据；

（3）工程质量、材料等要求；

（4）施工特殊要求；

（5）交通运输情况、健康环境保护和安全文明施工；

（6）其他需要说明的内容。

3.3　分部分项工程量清单、措施项目清单（二）按序号、项目编码、项目名称、项目特征、计量单位、工程量、备注等内容填写。

3.4　措施项目清单（一）按序号、项目名称等内容填写。

3.5　其他项目清单按序号、项目名称等内容填写。

3.6　规费、税金项目清单按序号、项目名称等内容填写。

3.7　投标人采购材料（设备）表按序号、材料（设备）名称、型号规格、计量单位、数量、单价等内容填写。

3.8　招标人采购材料（设备）表按序号、材料（设备）名称、型号规格、计量单位、数量、单价、交货地点及方式等内容填写。

4　如有需要说明其他事项可增加条款。

清单封-1

总 说 明

工程名称：110kV智能变电站模块化建设

<table>
<tr><td rowspan="3">工程概况</td><td>工程名称</td><td>110kV智能变电站模块化建设</td><td>建设性质</td><td>变电站新建</td></tr>
<tr><td>设计单位</td><td>国家电网有限公司</td><td>建设地点</td><td></td></tr>
<tr><td colspan="4">建筑工程
1. 本工程为半户内变电站，站内主要建（构）为1幢配电装置室、1幢警卫室、1幢消防泵房（与消防水池合建）主变场地支架、防火墙、事故油、化类池、一体化泵站等；
2. 变电站按最终规模一次征地围墙内占地0.4371m²；
3. 站内道路均采用公路型，混凝土路面，站内道路、主变运输道路转半为9.0m；
4. 进站道路宽4.0m与站外道路衔接处转半径为9.0m。
一次设备
1. 主变压器：本期2台50MVA主变，远期3台50MVA主变；
2. 110kV出线本期2回，远期3回，电缆架空混合出线；
3. 35kV出线：本期4回出线，远期6回出线，全电缆出线；
4. 10kV出线：本期16回出线，远期24回出线，全电缆出线；
5. 每台主变压器10kV侧本期及远期配置2组无功补偿装置，容量均为6Mvar的电容器配置；
6. 10kV接地变及消弧线圈成套装置：本期建设2组，远期3组。
二次设备
本站为模块化建设智能变电站，按无人值班站设计，二次设备室布置于装配式建筑内，屏柜采用2260mm×600mm×600mm（高×宽×深，高度中包含60mm眉屏）。站控层服务器柜采用2260mm×600mm×900mm（高×宽×深，高度中包含60mm眉屏）屏柜，站用电柜采用2260mm×800mm×600mm（高×宽×深，高度中包含60mm眉屏）屏柜。110kV测控装置与智能终端合并单元集成装置就地下放至预制式智能控制柜，35kV、10kV保护测控装置下放至开关柜，主变保护、测控及其他二次设备（含通信设备）组屏安装布置在二次设备室</td></tr>
<tr><td>其他说明</td><td colspan="4">1. 工程量清单编制依据：工程初步设计文件及《输变电工程工程量清单计价规范》（Q/GDW 11337—2014）、《变电工程工程量计算规范》（Q/GDW 11338—2014）。
2. 工地运输由施工单位根据施工方案自行测算计入报价。
3. 材料均为投标人采购，设备均为投标人采购，若有不足部分由投标人补充。
4. 分部分项工程为综合单价承包方式。
5. 其他费项目中除计日工为综合单价承包外，其余均为总价承包（不包括暂估价、暂列金额、拆除工程）。
6. 措施项目、规费项目及税金为费率单价承包，在报价中投标人应明确填写计费基数及费率。
7. 全站（全部）消防设备（若有）的报验手续由投标人完成，投标人的投标报价应综合考虑此项费用。
8. 安全文明施工措施费为不可竞争费用。
9. 当工程量清单的软件版与电子表格版不一致时，以电子表格版为准。
10. 投标人的投标报价应综合考虑调度系统接入的配合费用。
11. 税金执行《电力工程造价与定额管理总站关于调整电力工程计价依据增值税税率的通知》（国家电网电定〔2019〕17号）。
12. 是否使用商品混凝土由施工单位根据施工方案及现场情况自行考虑计入报价</td></tr>
</table>

目　录

清单封-2

建筑分部分项工程量清单

工程名称：110kV智能变电站模块化建设

序号	项目编码	项目名称	项目特征	计量单位	工程量	备注
		变电站建筑工程				
		一、主要生产工程				
		1. 主要生产建筑				
		1.4 配电装置室				
	BT1404	1.4.4 110kV配电装置室				
1	BT1404A11001	场地平整	土壤类别：综合	m^2	1075.36	
2	BT1404A13001	挖坑槽土方	1. 土壤类别：综合 2. 挖土深度：4m以内	m^3	3561.08	
3	BT1404A18001	回填方	1. 回填要求：夯填（碾压） 2. 回填材质及来源：原土	m^3	2530.646	
4	BT1404A18002	回填方	1. 回填要求：夯填（碾压） 2. 回填材质及来源：3：7灰土	m^3	493.044	
5	BT1404A19001	余方弃置	1. 废弃料品种：余土 2. 运距：投标单位依据现场情况自行考虑	m^3	537.39	
6	BT1404B11001	条型基础	1. 垫层种类、混凝土强度等级、厚度：厚100mm C20素混凝土 2. 基础混凝土种类、混凝土强度等级：C30混凝土	m^3	311.32	
7	BT1404B11002	条型基础	1. 砌体种类、规格：MU20烧结普通砖（非黏土砖）或MU25蒸压灰砂砖 2. 砂浆强度等级：M10水泥砂浆	m^3	137.27	
8	BT1404G12001	钢筋混凝土基础梁	1. 混凝土强度等级：C30 2. 结构形式：现浇	m^3	18.37	
9	BT1404G13001	钢筋混凝土柱	1. 混凝土强度等级：C30 2. 结构形式：现浇	m^3	41.8	

续表

序号	项目编码	项目名称	项目特征	计量单位	工程量	备注
10	BT1404G18001	混凝土墙	1. 墙类型：女儿墙 2. 墙厚度：250mm以内 3. 混凝土强度等级：C30	m^3	21.48	
11	BT1404G21001	混凝土零星构件	1. 混凝土种类：女儿墙压顶 2. 混凝土强度等级：C30 3. 结构形式：现浇	m^3	3.78	
12	BT1404G19001	钢筋混凝土板	1. 混凝土强度等级：C30 2. 结构形式：现浇	m^3	120.842	
13	BT1404G21002	混凝土零星构件	1. 混凝土强度等级：C35 2. 混凝土种类：二次灌浆 3. 结构形式：现浇	m^3	1.436	
14	BT1404H13001	钢柱	1. 品种：Q355B 2. 规格：型钢	t	79.272	
15	BT1404H14001	钢梁	1. 品种：Q355B 2. 规格：型钢	t	86.98	
16	BT1404H18001	其他钢结构	1. 品种：Q355B 2. 规格：型钢	t	4.125	
17	BT1404H22001	钢结构防腐	1. 防腐要求：防锈等级：不应低于Sa2.5；底层涂料：环氧富锌底漆2道，总厚度75μm；中间涂料：环氧云铁中间漆2道，总厚度110μm；面层涂料：氟碳金属面漆3道，总厚度100μm（灰色）	t	170.377	
18	BT1404H21001	钢结构防火	1. 防火要求：钢柱，耐火极限2.5h 2. 涂料种类、涂刷遍数：室内厚涂型非膨胀型钢结构防火涂料厚度40mm	t	79.272	
19	BT1404H21002	钢结构防火	1. 防火要求：钢梁，耐火极限1.5h 2. 涂料种类、涂刷遍数：室内厚涂型非膨胀型钢结构防火涂料厚度20mm	t	86.98	
20	BT1404H21003	钢结构防火	1. 防火要求：支撑防火墙的钢梁、钢柱，耐火极限3.0h 2. 涂料种类、涂刷遍数：室内厚涂型非膨胀型钢结构防火涂料厚度50mm	t	4.125	
21	BT1404H21004	钢结构防火	1. 防火要求：屋顶承重构件，耐火极限1.45h 2. 涂料种类、涂刷遍数：室内薄涂型膨胀型钢结构防火涂料厚度5.5mm	m^2	1007.02	
22	BT1404G24001	预埋铁件	1. 种类、规格：螺栓	t	0.491	
23	BT1404G24002	预埋铁件	1. 种类、规格：预埋螺栓	t	2.231	

续表

序号	项目编码	项目名称	项目特征	计量单位	工程量	备注
24	BT1404G24003	预埋铁件	1. 种类、规格：预埋铁件	t	12.166	
25	BT1404G25001	栓钉	1. 规格：ϕ16	个	9243	
26	BT1404D12001	钢筋桁架楼承板	1. 板材料种类、板厚度：TD3－90，上弦钢筋三级钢 10，下弦钢筋三级钢 8，腹杆钢筋 4.5，ht90，底模钢板 0.5mm 厚镀锌板，1.5mm 厚镀锌钢板封边 2. 油漆防腐、防火要求、品种、刷漆遍数：防锈等级：不应低于 Sa2.5；底层涂料：环氧富锌底漆 2 道，总厚度 75μm；中间涂料：环氧云铁中间漆 2 道，总厚度 110μm，防火涂料：室内薄涂型膨胀型钢结构防火涂料厚度 5.5mm，耐火极限 1.45h；面层涂料：氟碳金属面漆 3 道，总厚度 100μm（灰色）	m^2	1007.02	
27	BT1404G22001	普通钢筋	1. 种类：HPB300 2. 规格：ϕ10 以内	t	0.582	
28	BT1404G22002	普通钢筋	1. 种类：HPB400 2. 规格：ϕ10 以内	t	23.637	
29	BT1404G22003	普通钢筋	1. 种类：HPB400 2. 规格：ϕ10 以外	t	72.95	
30	BT1404C17001	室内混凝土沟道、隧道	1. 名称：电缆沟 2. 断面尺寸：1100mm×1400mm 3. 垫层材质、厚度：厚 100mm C15 混凝土 4. 底板混凝土强度等级：C30P6 5. 侧壁混凝土强度等级：C30P6 6. 顶板：4mm 花纹钢板，厚 5mm 扁钢与钢板焊接 7. 伸缩缝：参见《国家电网公司输变电工程标准工艺：标准工艺设计图集（六　变电工程部分）》0101030800－4	m	112.92	
31	BT1404C17002	室内混凝土沟道、隧道	1. 名称：电缆沟 2. 断面尺寸：1200mm×1600mm 3. 垫层材质、厚度：厚 100mm C15 混凝土 4. 底板混凝土强度等级：C30P6 5. 侧壁混凝土强度等级：C30P6 6. 顶板：4mm 花纹钢板，厚 5mm 扁钢与钢板焊接 7. 伸缩缝：参见《国家电网公司输变电工程标准工艺：标准工艺设计图集（六　变电工程部分）》0101030800－4	m	12.19	

续表

序号	项目编码	项目名称	项目特征	计量单位	工程量	备注
32	BT1404C17003	室内混凝土沟道、隧道	1. 名称：电缆沟 2. 断面尺寸：800mm×800mm 3. 垫层材质、厚度：厚 100mm C15 混凝土 4. 底板混凝土强度等级：C30P6 5. 侧壁混凝土强度等级：C30P6 6. 顶板：4mm 花纹钢板，厚 5mm 扁钢与钢板焊接 7. 伸缩缝：伸缩缝参见《国家电网公司输变电工程标准工艺：标准工艺设计图集（六变电工程部分）》0101030800－4	m	88.02	
33	BT1404B17001	设备基础	1. 垫层种类、混凝土强度等级、厚度：厚 100mm C15 素混凝土 2. 基础混凝土种类、混凝土强度等级：C30P6	m^3	34.83	
34	BT1404G24004	铁件	1. 种类、规格：电缆沟支架	t	1.137	
35	BT1404E25001	装配式外墙一	1. 饰面板材质：26mm 纤维水泥饰面板 2. 龙骨材料种类、规格：厂家配套龙骨（由厂家二次设计，需防锈处理） 3. 防水透气膜 4. 轻钢龙骨 2×12mm 纤维增强硅酸钙板＋厚 100mm 岩棉＋2×12mm 纤维增强硅酸钙板 5. 厚 6mm 纤维水泥饰面板	m^2	666.77	
36	BT1404E25002	装配式外墙二（防火外墙）	1. 饰面板材质：26mm 纤维水泥饰面板 2. 龙骨材料种类、规格：厂家配套龙骨（由厂家二次设计，需防锈处理） 3. 防水透气膜 4. 轻钢龙骨 2×12mm 纤维增强硅酸钙板＋厚 150mm 岩棉＋2×12mm 纤维增强硅酸钙板 5. 厚 6mm 纤维水泥饰面板	m^2	342.53	
37	BT1404E15001	隔（断）墙	1. 隔板材料品种、规格、品牌、颜色：中间保温采用厚 150mm 轻质条板 2. 面层装饰：两侧采用厚 6mm 纤维水泥成品饰面板 3. 检修箱、应急照明箱、风机箱等需开洞处墙体增加厚度：中间保温层采用双层厚 75mm 轻质条板，中间预留空隙	m^2	400.61	
38	BT1404E18001	勒脚（仿石砖）	1. 1∶1 水泥砂浆勾缝 2. 厚 10mm 仿石砖，在砖粘贴面上随贴随涂刷一遍混凝土界面剂 3. 厚 8mm 聚合物抗裂砂浆 4. 一层耐碱网格布，用塑料锚栓与基层墙体锚固 5. 厚 5mm 聚合物抗裂砂浆 6. 厚 50mm 憎水性岩棉保温层 7. 胶黏剂一道（粘贴面积不小于保温板面积的 40%） 8. 厚 8mm 1∶3 水泥砂浆打底抹平 9. 基层处理	m^2	24.65	

续表

序号	项目编码	项目名称	项目特征	计量单位	工程量	备注
39	BT1404D18001	屋面保温	1. 保温隔热面层材料品种、规格：厚 80mm 挤塑聚苯乙烯泡沫塑料板（耐火等级 B1 级） 2. 黏结材料种类：厚 1.5mm 聚氨酯防水涂料 3. 找平层材质、厚度、配合比：厚 20mm DS M15 砂浆（1∶3 水泥砂浆）找平层	m^2	887.2	
40	BT1404D19001	屋面防水	1. 厚 50mm C30 刚性防水混凝土，内配双向Φ 6@100 钢筋网，设置间距不大于 3m，缝宽 12mm 的分格缝，钢筋网片至分格缝处断开，粉面亚光 2. 厚 10mm 低标号砂浆隔离层 3. 防水材料材质、品种、规格：3＋3mm 厚 SBS 卷材防水层（PY）聚酯胎 4. 找平层厚度、配合比：20mm 厚 DS M15 砂浆（1∶3 水泥砂浆）找平层 5. 女儿墙泛水参见国家建筑标准设计图集 12J201《平屋面建筑构造》1/B6	m^2	1170.11	
41	BT1404D17001	屋面排水	1. 排水方式：有组织外排水 2. 排水管道材质、规格：UPVC 塑料 3. 水斗及雨水管安装参见国家建筑标准设计图集 12J201《平屋面建筑构造》1/H6，雨水口做法参见国家建筑标准设计图集 12J201《平屋面建筑构造》1/A20	m^2	887.2	
42	BT1404C12001	地砖地面	1. 块料面层材质、规格：厚 8mm 600×600 地砖，专用勾缝剂勾缝，厚 30mm 1∶3 干硬性水泥砂浆结合层，表面撒水泥粉；水胶比为 1∶0.5 水泥浆一道（内掺建筑胶） 2. 垫层材质、厚度、强度等级：厚 80mm C20 混凝土垫层，内配双向Φ 6@200 钢筋网 3. 踢脚板材质：高 120mm 面砖成品踢脚板，厚 10mm 1∶2 水泥砂浆粘贴，界面剂一道	m^2	18.31	
43	BT1404C13001	防静电地板地面	1. 地板材质、规格、品牌：高 380mm 全钢抗静电活动地板，厚 1～1.5mm 无溶剂环氧树脂面涂（漆，厚 0.5～1mm 无溶剂环氧腻子，强度达标后表面进行修补打磨，无溶剂环氧底料一道） 2. 垫层材质、厚度、强度等级：厚 20mm 1∶3 水泥砂浆，压实赶光，素水泥浆结合层一道（内掺建筑胶），厚 80mm C20 混凝土内配Φ 6 钢筋双向间距 200mm，厚 150mm 粒径 5～32mm 砾石灌 M2.5 混合砂浆分两步灌注，宽出面层 100mm 3. 踢脚板材质：高 120mm 面砖成品踢脚板，厚 10mm 1∶2 水泥砂浆粘贴，界面剂一道	m^2	106.17	
44	BT1404C11001	水泥基自流平	1. 面层材质、厚度、强度等级：厚 6～8mm 水泥基自流平一道，水泥基自流平界面剂两道 2. 垫层材质、厚度、强度等级：厚 40mm C20 细石混凝土，强度达标后，表面打磨或喷砂处理，厚 80mm C20 混凝土垫层，内配双向Φ 6@200 钢筋网 3. 踢脚板材质：厚 1mm 水泥基面层，厚 1mm 腻子刮平，厚 6mm 1∶0.5∶2 水泥砂浆打底划出纹道，素水泥浆一道，内掺建筑胶	m^2	864.75	
45	BT1404C15001	散水	1. 散水材质、厚度：厚 100mm C25 混凝土（内掺防裂纤维量为 1kg/m），采用清水混凝土工艺，厚 15mm M15 水泥砂浆找平 2. 垫层材质、厚度、强度等级：厚 150mm C20 细石混凝土垫层，3∶7 灰土厚 300mm	m^2	129.23	

续表

序号	项目编码	项目名称	项目特征	计量单位	工程量	备注
46	BT1404C14001	台阶	1. 面层材质、厚度、标号、配合比：厚30mm花岗岩石板铺面，背面及四周边满涂防污剂，灌稀1∶1水泥色浆擦缝（板材缝隙宽度不大于1mm），台口双层，加厚处粘贴与面层相同的石条，厚20mm DS M15砂浆（1∶3干硬性水泥砂浆）结合层，上撒素水泥（洒适量清水） 2. 台阶材质、混凝土强度等级：素水泥浆一道（内掺建筑胶），厚80mm C20混凝土，台阶面向外坡1% 3. 垫层材质、厚度、强度等级：厚300mm粒径10～40mm砾石灌DM M5砂浆（M5混合砂浆）混合砂浆分两步灌注，宽出面层100mm，3∶7灰土厚300mm	m^2	19.4	
47	BT1404C15002	坡道	1. 散水、坡道材质、厚度：厚100mm细石混凝土埋镀锌角钢50×50×5，间距50～100mm，素水泥一道（内掺建筑胶） 2. 垫层材质、厚度、强度等级：厚300mm C25混凝土垫层，内配Φ14@200双向钢筋网，厚30mm 1∶3∶6石灰、砂、碎石三合土，厚100mm沥青混凝土垫层	m^2	66.92	
48	BT1404H18002	其他钢结构	1. 品种、规格：玻璃雨篷 2. 种类：参见国家建筑标准设计图集06J505-1《外装修（一）》第M12页1做法	m^2	40.2	
49	BT1404H18003	其他钢结构	1. 品种、规格：钢梯 2. 种类：参见国家建筑标准设计图集15J401《钢梯》检修钢爬梯D4	t	0.684	
50	BT1404F11001	门	1. 门类型：乙级防火门 2. 材质及厚度：参见国家建筑标准设计图集17J610-1《特种门窗（一）》P3 3. 厂家定制，不设百叶	m^2	13.86	
51	BT1404F11002	门	1. 门类型：乙级防火门 2. 材质及厚度：参见国家建筑标准设计图集12J609《防火门窗》	m^2	65.28	
52	BT1404F12001	窗	1. 窗类型：70系列断桥铝合金窗（内平开） 2. 材质及厚度：参见国家建筑标准设计图集16J607《建筑节能门窗》 3. 有无纱扇：金刚网纱扇 4. 玻璃品种、厚度，五金特殊要求：6+12A+6中空玻璃 5. 窗台板材质及要求：人造石窗台板，参见国家建筑标准设计图集15J101《砖墙建筑、结构构造》C/A13	m^2	22.5	
53	BT1404F12002	窗	1. 窗类型：70系列断桥铝合金窗（内平开） 2. 材质及厚度：参见国家建筑标准设计图集16J607《建筑节能门窗》 3. 有无纱扇：金刚网纱扇 4. 玻璃品种、厚度，五金特殊要求：6+12A+6中空玻璃 5. 窗台板材质及要求：人造石窗台板，参见国家建筑标准设计图集15J101《砖墙建筑、结构构造》C/A13 6. 消防救援窗：供消防人员进入的窗扇采用厚2mm易击碎钢化玻璃，并满足最大许用面积要求，并应设置可在室外易于标识的明显标志	m^2	11.25	

续表

序号	项目编码	项目名称	项目特征	计量单位	工程量	备注
54	BT1404F12003	窗	1. 窗类型：铝合金百叶窗 2. 材质及厚度：参见国家建筑标准设计图集 05J624－1《百叶窗（一）》 3. 有无防盗窗：加不锈钢防鼠网和可拆卸防尘网	m^2	9.9	
55	BT1404M33001	井、池	1. 井池名称、材质：水落管雨水井 400mm×400mm×600mm 2. 井底井壁材质、厚度、混凝土强度等级：厚 150mm C30 3. 垫层材质、厚度、混凝土强度等级：厚 100mm C15 4. 顶板材质、厚度、混凝土强度等级：厚 50mm C30 5. 内壁和地板抹 15 厚防水砂浆：1∶2.5 水泥砂浆内掺 5%防水剂	m^3	0.608	
56	BT1404N11001	给排水	1. 给水管：De40 S4 级 2. 主要材料要求：PP－R	m	12	
57	BT1404N11002	给排水	1. 给水管：De32 S4 级 2. 主要材料要求：PP－R	m	3	
58	BT1404N11003	给排水	1. 给水管：De25 S4 级 2. 主要材料要求：PP－R	m	4	
59	BT1404N11004	给排水	1. 给水管：De20 S4 级 2. 主要材料要求：PP－R	m	3	
60	BT1404N11005	给排水	水表：LSL 型，DN40	支	1	
61	BT1404N11006	给排水	1. 截止阀：DN40，1.6MPa 2. 主要材料要求：钢镀铬	个	3	
62	BT1404N11007	给排水	1. 普通水龙头：DN15 2. 主要材料要求：钢镀铬	个	3	
63	BT1404N11008	给排水	止回阀（制或不锈钢）：DN15	个	1	
64	BT1404N11009	给排水	1. 排水管道：De110 2. 主要材料要求：UPVC	m	15	
65	BT1404N11010	给排水	1. 排水管道：De50 2. 主要材料要求：UPVC	m	14	
66	BT1404N11011	给排水	1. S 形存水套：De110 2. 主要材料要求：UPVC	个	2	
67	BT1404N11012	给排水	1. S 形存水弯：De50 2. 主要材料要求：UPVC	个	2	

续表

序号	项目编码	项目名称	项目特征	计量单位	工程量	备注
68	BT1404N11013	给排水	1. 圆形地漏：De50 2. 主要材料要求：UPVC	个	3	
69	BT1404N11014	给排水	1. 清扫口：De110 2. 主要材料要求：UPVC	个	4	
70	BT1404N11015	给排水	1. 洗脸盆 2. 主要材料要求：陶瓷	套	3	
71	BT1404N11016	给排水	1. 液压脚踏冲洗阀式蹲便器 2. 主要材料要求：陶瓷	套	2	
72	BT1404N11017	给排水	1. 成品拖布池（带托架）	个	1	
73	BT1404N11018	给排水	1. 淋浴喷头（含附件）	个	1	
74	BT1404N11019	给排水	1. 成品不锈钢洗涤盆	个	1	
75	BT1404N11020	给排水	1. 小便器	个	1	
76	BT1404N11021	给排水	1. 聚氨酯泡沫塑料瓦：厚度为20mm	m^2	50	
77	BT1404P11001	消防	1. 推车式干粉灭火器：MFTZ/ABC50型	辆	4	
78	BT1404P11002	消防	1. 手提式干粉灭火器：MFZ/ABC4型	具	38	
79	BT1404P11003	消防	1. 推车式干粉灭火器箱：50kg，2辆装	个	2	
80	BT1404P11004	消防	1. 手提式干粉灭火器箱：4kg，2具装	个	19	
81	BT1404P11005	消防	1. 消防砂箱：$1m^3$	个	2	
82	BT1404P11006	消防	1. 消防砂铲	把	5	
83	BT1404P11007	消防	1. 消防斧	把	2	
84	BT1404P11008	消防	1. 内外壁热浸镀锌钢管：DN65，PN1.6MPa	m	55	
85	BT1404P11009	消防	1. 蝶阀：DN65，PN1.6MPa	套	9	
86	BT1404P11010	消防	1. 消火栓箱：800mm×650mm×240mm（高×宽×厚），箱内均配置DN65消火栓1个，长25m麻质衬胶消防水带1条，DN65×419直流水枪1支，消火栓报警按钮和指示灯各1只	套	9	
87	BT1404P11011	消防	1. 阀门检查口	个	9	
88	BT1404P11012	消防	1. 橡塑保温厚20mm	m	60	

续表

序号	项目编码	项目名称	项目特征	计量单位	工程量	备注
89	BT1404P11013	消防	1. 电伴热保温	m	42	
90	BT1404P11014	消防	1. 火灾报警主机 2. 主要材料要求：布置二次设备室门口	台	1	
91	BT1404P11015	消防	1. 楼层接线箱 2. 主要材料要求：嵌墙安装，底边距地 0.5m	只	1	
92	BT1404P11016	消防	1. 光电感烟智能探测器 2. 主要材料要求：吸顶安装，带继电器底座	套	1	
93	BT1404P11017	消防	1. 双光电温烟感智能探测器 2. 主要材料要求：吸顶安装	套	20	
94	BT1404P11018	消防	1. 双光电温烟感智能探测器 2. 主要材料要求：吸顶安装，带继电器底座	套	4	
95	BT1404P11019	消防	1. 警铃 2. 主要材料要求：距地 2.5m	只	5	
96	BT1404P11020	消防	1. 智能手动报警按钮 2. 主要材料要求：距地 1.5m	只	8	
97	BT1404P11021	消防	1. 四输入/二输出模块 2. 主要材料要求：安装于控制柜	只	1	
98	BT1404P11022	消防	1. 四输入/二输出模块 2. 主要材料要求：带安装盒	只	3	
99	BT1404P11023	消防	1. 回路线 2. 主要材料要求：穿管暗敷	m	300	
100	BT1404P11024	消防	1. 电源线 2. 主要材料要求：穿管暗敷	m	200	
101	BT1404P11025	消防	1. 控制线 2. 主要材料要求：穿管暗敷	m	40	
102	BT1404P11026	消防	1. 镀锌钢管	m	300	
103	BT1404P11027	消防	1. 感温线缆 2. 主要材料要求：用于主变和活动地板内	m	250	

续表

序号	项目编码	项目名称	项目特征	计量单位	工程量	备注
104	BT1404P11028	消防	1. 红外对射探测器 2. 主要材料要求：距地7m	套	4	
105	BT1404P11029	消防	1. 檩条	m	30	
106	BT1404N13001	通风及空调	1. 分体壁挂式冷暖空调，制冷量2.60kW，制冷功率0.766kW，220V，能效等级2级	台	1	
107	BT1404N13002	通风及空调	1. 分体柜式工业冷暖空调，制冷量12kW，制冷功率4.25kW，380V，能效等级2级	台	2	
108	BT1404N13003	通风及空调	1. 分体柜式冷暖空调，制冷量26.50kW，制冷功率8.5kW	台	2	
109	BT1404N13004	通风及空调	1. 白色玻璃钢风管（标准厚度）	m^2	50	
110	BT1404N13005	通风及空调	1. 90°不锈钢防雨弯头ϕ150	个	1	
111	BT1404N13006	通风及空调	1. 防腐壁式低噪声玻璃钢轴流风机No.4.0型，风量3920m/h，全压68Pa，噪声<68dB，电机功率：0.12kW/380V	台	4	
112	BT1404N13007	通风及空调	1. 壁式低噪声玻璃钢轴流风机No.4.5型，风量5881m/h；全压113Pa，噪声<71dB，电机功率：0.25kW/380V	台	5	
113	BT1404N13008	通风及空调	1. 壁式低噪声玻璃钢轴流风机No.6.3型，风量12000m/h，全压118Pa，噪声<72dB，电机功率：0.75kW/380V	台	2	
114	BT1404N13009	通风及空调	1. 无机玻璃钢风管630mm×630mm，壁厚4.5mm	m	38	
115	BT1404N13010	通风及空调	1. 双层可调格栅铝合金风口1.2m×0.55m（长×宽）	套	5	
116	BT1404N13011	通风及空调	1. 外：双层防雨百叶风口，1500mm×600（h）mm，内：可开侧壁格式风口，1500mm×600（h）mm	套	10	
117	BT1404N12001	采暖	1. 电暖器，P=2.5kW，AC220V，电热膜加热方式，三挡功率可调，具备24h定时功能	台	21	
118	BT1404N14001	照明及动力	1. 一层照明箱ZM2	个	1	
119	BT1404N14002	照明及动力	1. 应急疏散照明电源箱ALEE	个	1	
120	BT1404N14003	照明及动力	1. LED节能双管灯 2. 主要材料要求：AC 220V，2×28W	套	54	
121	BT1404N14004	照明及动力	1. LED防眩泛光灯具 2. 主要材料要求：AC 220V，1×150W	套	17	
122	BT1404N14005	照明及动力	1. LED事故照明壁灯 2. 主要材料要求：AC 220V，32W	套	17	

续表

序号	项目编码	项目名称	项目特征	计量单位	工程量	备注
123	BT1404N14006	照明及动力	1. LED防水防潮吸顶灯 2. 主要材料要求：AC 220V，28W	套	11	
124	BT1404N14007	照明及动力	1. 消防应急灯 2. 主要材料要求：DC 36V，6+6W，120min，带蓄电池	套	12	
125	BT1404N14008	照明及动力	1. LED疏散方向指示灯 2. 主要材料要求：DC 36V，2W，120min，带蓄电池	套	21	
126	BT1404N14009	照明及动力	1. LED安全出口指示灯 2. 主要材料要求：DC 36V，2W，120min，带蓄电池	套	12	
127	BT1404N14010	照明及动力	1. 暗装单联防水防溅单控开关 2. 主要材料要求：AC 250V，16A，带指示灯	个	11	
128	BT1404N14011	照明及动力	1. 暗装单联单控翘板开关 2. 主要材料要求：AC 250V，16A，带指示灯	个	5	
129	BT1404N14012	照明及动力	1. 暗装单联三控翘板开关 2. 主要材料要求：AC 250V，16A，带指示灯	个	3	
130	BT1404N14013	照明及动力	1. 暗装单联单控翘板开关 2. 主要材料要求：AC 250V，16A，带指示灯	个	3	
131	BT1404N14014	照明及动力	1. 暗装单联双控翘板开关 2. 主要材料要求：AC 250V，16A，带指示灯	个	8	
132	BT1404N14015	照明及动力	1. 暗装单联三控翘板开关 2. 主要材料要求：AC 250V，16A，带指示灯	个	3	
133	BT1404N14016	照明及动力	1. 电力电缆 2. 主要材料要求：ZR-YJV22-0.6/1.0kV-4×16	m	30	
134	BT1404N14017	照明及动力	1. 电力电缆 2. 主要材料要求：ZR-YJV22-0.6/1.0kV-3×6	m	30	
135	BT1404N14018	照明及动力	1. 电力电缆 2. 主要材料要求：ZR-YJV22-0.6/1.0kV-3×4	m	400	
136	BT1404N14019	照明及动力	1. 铜芯聚氯乙烯绝缘电线 2. 主要材料要求：BV-0.75，2.5mm^2	m	200	
137	BT1404N14020	照明及动力	1. 铜芯聚氯乙烯绝缘电线 2. 主要材料要求：BV-0.75，4mm^2	m	1200	

续表

序号	项目编码	项目名称	项目特征	计量单位	工程量	备注
138	BT1404N14021	照明及动力	1. 耐火铜芯聚氯乙烯绝缘电线 2. 主要材料要求：NH-BV-0.75，2.5mm^2	m	600	
139	BT1404N14022	照明及动力	1. PVC 管 2. 主要材料要求：ϕ20	m	150	
140	BT1404N14023	照明及动力	1. PVC 管 2. 主要材料要求：ϕ25	m	600	
141	BT1404N14024	照明及动力	1. PVC 管 2. 主要材料要求：ϕ32	m	20	
142	BT1404N14025	照明及动力	1. 镀锌钢管 2. 主要材料要求：DN25	m	300	
143	BT1404N14026	照明及动力	1. 分线盒	个	200	
144	BT1404N14027	照明及动力	1. 一层动力箱 DL1	个	1	
145	BT1404N14028	照明及动力	1. 户内检修电源箱	个	11	
146	BT1404N14029	照明及动力	1. 柜式冷暖空调接线盒 2. 主要材料要求：380V，25A	个	1	
147	BT1404N14030	照明及动力	1. 暗装电暖气插座 2. 主要材料要求：AC 250V，16A，带开关	个	3	
148	BT1404N14031	照明及动力	1. 柜式冷暖空调、工业除湿机插座箱 2. 主要材料要求：内设 380V、25A 四孔插座及 1 个空开	个	6	
149	BT1404N14032	照明及动力	1. 电力电缆 2. 主要材料要求：ZR-YJV22-0.6/1.0kV-3×25+1×16	m	500	
150	BT1404N14033	照明及动力	1. 电力电缆 2. 主要材料要求：ZR-YJV22-0.6/1.0kV-3×50+1×25	m	30	
151	BT1404N14034	照明及动力	1. 铜芯聚氯乙烯绝缘电线 2. 主要材料要求：BV-0.75，6mm^2	m	1600	
152	BT1404N14035	照明及动力	1. 铜芯聚氯乙烯绝缘电线 2. 主要材料要求：BV-0.75，4mm^2	m	1200	
153	BT1404N14036	照明及动力	1. PVC 管 2. 主要材料要求：ϕ25	m	600	

续表

序号	项目编码	项目名称	项目特征	计量单位	工程量	备注
154	BT1404N14037	照明及动力	1. PVC 管 2. 主要材料要求：ϕ50	m	100	
155	BT1404N14038	照明及动力	1. PVC 管 2. 主要材料要求：ϕ70	m	30	
156	BT1404N14039	照明及动力	1. 分线盒 2. 主要材料要求：户内型	个	50	
157	BT1404B40001	沉降观测点		个	8	
		2　配电装置建筑				
		2.1　主变压器系统				
	BT2101	2.1.1　构支架及基础				
158	BT2101A13001	挖坑槽土方	1. 土壤类别：综合 2. 挖土深度：2m 以内	m^3	20.16	
159	BT2101A18001	回填方	1. 回填要求：夯填（碾压） 2. 回填材质及来源：级配砂石	m^3	12.96	
160	BT2101A19001	余方弃置	1. 废弃料品种：余土 2. 运距：投标单位依据现场情况自行考虑	m^3	20.16	
161	BT2101B17001	设备基础	1. 设备基础类型：母线桥支架 2. 垫层种类、混凝土强度等级、厚度：厚 100mm C15 素混凝土 3. 基础混凝土种类、混凝土强度等级：C30 钢筋混凝土	m^3	7.2	
162	BT2101G22001	普通钢筋	1. 种类：HPB400 2. 规格：ϕ10 以外	t	0.088	
163	BT2101K12001	钢管构支架		t	0.78	
164	BT2101K15001	钢结构构支架梁		t	0.748	
165	BT2101G21001	混凝土零星构件	1. 混凝土种类：保护帽 2. 混凝土强度等级：C20 细石混凝土 3. 结构形式：现浇	m^3	0.288	
166	BT2101G25001	预埋螺栓	1. 规格：地脚螺栓	t	0.403	
167	BT2101A13002	挖坑槽土方	1. 土壤类别：综合 2. 挖土深度：2m 以内	m^3	6.272	

续表

序号	项目编码	项目名称	项目特征	计量单位	工程量	备注
168	BT2101A18002	回填方	1. 回填要求：夯填（碾压） 2. 回填材质及来源：原土	m^3	4.832	
169	BT2101A19002	余方弃置	1. 废弃料品种：余土 2. 运距：投标单位依据现场情况自行考虑	m^3	1.44	
170	BT2101B17002	设备基础	1. 设备基础类型：中性点 2. 垫层种类、混凝土强度等级、厚度：厚100mm C15素混凝土 3. 基础混凝土种类、混凝土强度等级：C30钢筋混凝土	m^3	1.44	
171	BT2101G22002	普通钢筋	1. 种类：HPB400 2. 规格：ϕ10以内	t	0.048	
172	BT2101G22003	普通钢筋	1. 种类：HPB400 2. 规格：ϕ10以外	t	0.07	
173	BT2101G25002	预埋螺栓	1. 规格：地脚螺栓	t	0.044	
174	BT2101A13003	挖坑槽土方	1. 土壤类别：综合 2. 挖土深度：2m以内	m^3	10.08	
175	BT2101A18003	回填方	1. 回填要求：夯填（碾压） 2. 回填材质及来源：原土	m^3	4.28	
176	BT2101A19003	余方弃置	1. 废弃料品种：余土 2. 运距：投标单位依据现场情况自行考虑	m^3	5.8	
177	BT2101B17003	设备基础	1. 设备基础类型：电缆终端支架 2. 垫层种类、混凝土强度等级、厚度：厚100mm C15素混凝土 3. 基础混凝土种类、混凝土强度等级：C30钢筋混凝土	m^3	5.8	
178	BT2101G22004	普通钢筋	1. 种类：HPB400 2. 规格：ϕ10以内	t	0.4	
179	BT2101K12002	钢管构支架		t	3.256	
180	BT2101G21002	混凝土零星构件	1. 混凝土种类：保护帽 2. 混凝土强度等级：C35细石混凝土 3. 结构形式：现浇	m^3	0.6	
181	BT2101G25003	预埋螺栓	1. 规格：地脚螺栓	t	0.14	
182	BT2101A13004	挖坑槽土方	1. 土壤类别：综合 2. 挖土深度：2m以内	m^3	3.496	

续表

序号	项目编码	项目名称	项目特征	计量单位	工程量	备注
183	BT2101A18004	回填方	1. 回填要求：夯填（碾压） 2. 回填材质及来源：原土	m^3	1.311	
184	BT2101A19004	余方弃置	1. 废弃料品种：余土 2. 运距：投标单位依据现场情况自行考虑	m^3	2.185	
185	BT2101B17004	设备基础	1. 设备基础类型：检修箱、智能操作柜基础 2. 垫层种类、混凝土强度等级、厚度：厚 100mm C15 素混凝土 3. 基础混凝土种类、混凝土强度等级：C30 钢筋混凝土	m^3	7.408	
186	BT2101G22005	普通钢筋	1. 种类：HPB400 2. 规格：ϕ10 以内	t	0.014	
187	BT2101G22006	普通钢筋	1. 种类：HPB400 2. 规格：ϕ10 以外	t	0.027	
188	BT2101G24001	预埋铁件	1. 种类、规格：预埋铁件	t	0.016	
	BT2102	2.1.2　主变压器设备基础				
189	BT2102A13001	挖坑槽土方	1. 土壤类别：综合 2. 挖土深度：4m 以内	m^3	54.99	
190	BT2102A18001	回填方	1. 回填要求：夯填（碾压） 2. 回填材质及来源：原土	m^3	10.43	
191	BT2102A19001	余方弃置	1. 废弃料品种：余土 2. 运距：投标单位依据现场情况自行考虑	m^3	44.56	
192	BT2102B17001	设备基础	1. 设备基础类型：变压器 2. 垫层种类、混凝土强度等级、厚度：厚 100mm C15 素混凝土 3. 基础混凝土种类、混凝土强度等级：C30 钢筋混凝土	m^3	52.04	
193	BT2102G22001	普通钢筋	1. 种类：Q235 2. 规格：ϕ10 以外	t	2.914	
194	BT2102G24001	预埋铁件	1. 种类、规格：基础铁件 2. 防腐品种：镀锌	t	0.82	
	BT2103	2.1.3　主变压器油坑及卵石				
195	BT2103A13001	挖坑槽土方	1. 土壤类别：综合 2. 挖土深度：2m 以内	m^3	104.448	

续表

序号	项目编码	项目名称	项目特征	计量单位	工程量	备注
196	BT2103A18001	回填方	1. 回填要求：夯填（碾压） 2. 回填材质及来源：原土	m^3	7.41	
197	BT2103A19001	余方弃置	1. 废弃料品种：余土 2. 运距：投标单位依据现场情况自行考虑	m^3	97.038	
198	BT2103B18001	变压器油池	1. 10000mm×7120mm×600mm 2. 垫层种类、混凝土强度等级、厚度：厚100mm C15素混凝土 3. 底板厚度、混凝土强度等级：厚200mm C30，含集油坑500mm×500mm×600mm 4. 砌体种类、规格：砖砌油池壁 5. 卵石种类及体积：ϕ50～80的卵石层不小于厚250mm 6. 压顶类型：C30现浇混凝土	m^3	85.44	
199	BT2103B19001	变压器油池油箅子	1. 材质：ϕ16钢筋油箅子 2. 防腐要求：镀锌	m^2	0.72	
200	BT2103G22001	普通钢筋	1. 种类：Q235 2. 规格：ϕ10以内	t	2.188	
201	BT2103C15001	散水		m^2	46.26	
	BT2104	2.1.4 防火墙				
202	BT2104A13001	挖坑槽土方	1. 土壤类别：综合 2. 挖土深度：2m以内	m^3	73.92	
203	BT2104A18001	回填方	1. 回填要求：夯填（碾压） 2. 回填材质及来源：原土	m^3	51.76	
204	BT2104A19001	余方弃置	1. 废弃料品种：余土 2. 运距：投标单位依据现场情况自行考虑	m^3	22.16	
205	BT2104B11001	条型基础	1. 垫层种类、混凝土强度等级、厚度：厚100mm C15素混凝土 2. 基础混凝土种类、混凝土强度等级：C30混凝土	m^3	18.86	
206	BT2104M20001	防火墙	1. 材质、混凝土强度等级：C30钢筋混凝土	m^3	17.36	
207	BT2104G22001	普通钢筋	1. 种类：HPB400 2. 规格：ϕ10以内	t	0.852	
208	BT2104G22002	普通钢筋	1. 种类：HPB400 2. 规格：ϕ10以外	t	4.654	
209	BT2104G24001	预埋铁件	1. 种类、规格：预埋铁件	t	0.714	

续表

序号	项目编码	项目名称	项目特征	计量单位	工程量	备注
210	BT2104E18001	外墙面装饰	1. 面层材料品种、规格：纤维水泥板，板厚 80mm 2. 墙体类型：详见《纤维增强水泥外墙装饰挂板》(JC/T 2085—2011)	m^2	240	
211	BT2104E20001	梁柱面装饰	1. 面层材料品种、规格：1∶3 水泥砂浆抹灰	m^2	19.6	
	BT2105	2.1.5　事故油池				
212	BT2105A13001	挖坑槽土方	1. 土壤类别：综合 2. 挖土深度：6m 以内	m^3	185.9	
213	BT2105A18001	回填方	1. 回填要求：夯填（碾压） 2. 回填材质及来源：原土	m^3	135.97	
214	BT2105A19001	余方弃置	1. 废弃料品种：余土 2. 运距：投标单位依据现场情况自行考虑	m^3	1	
215	BT2105M33001	消防蓄水池	1. 垫层种类、混凝土强度等级、厚度：厚 100mm C20 素混凝土 2. 底板材质、厚度、混凝土强度等级：厚 400mm C30P6，含集水坑 500mm×500mm×500mm 3. 壁板材质、厚度、混凝土强度等级：厚 300mm C30P6 4. 顶板材质、厚度、混凝土强度等级：厚 300mm C30P6，井盖 5 个 5. 净空尺寸：4600mm×4000mm×2300mm	m^3	42.32	
216	BT2105G22001	普通钢筋	1. 种类：HPB300 2. 规格：ϕ10 以内	t	0.003	
217	BT2105G22002	普通钢筋	1. 种类：HPB400 2. 规格：ϕ10 以内	t	0.058	
218	BT2105G22003	普通钢筋	1. 种类：HPB400 2. 规格：ϕ10 以外	t	7.086	
219	BT2105B19001	池油箅子	1. 材质：铸铁油箅子 2. 防腐要求：镀锌	m^2	0.331	
220	BT2105H18001	其他钢结构	1. 品种、规格：铁爬梯 2. 种类：参见国家建筑标准设计图集 14S501－1《球墨铸铁单层井盖及踏步施工》第 35 页、第 36 页	t	0.12	
	BT2901	2.9　避雷针塔				
221	BT2901A13001	挖坑槽土方	1. 土壤类别：综合 2. 挖土深度：4m 以内	m^3	60.24	
222	BT2901A18001	回填方	1. 回填要求：夯填（碾压） 2. 回填材质及来源：原土	m^3	34.28	

续表

序号	项目编码	项目名称	项目特征	计量单位	工程量	备注
223	BT2901A19001	余方弃置	1. 废弃料品种：余土 2. 运距：投标单位依据现场情况自行考虑	m^3	25.96	
224	BT2901B17001	设备基础	1. 垫层种类、混凝土强度等级、厚度：厚 100mm C15 素混凝土 2. 设备基础类型：避雷针 3. 基础混凝土种类、混凝土强度等级：C30 钢筋混凝土	m^3	24.12	
225	BT2901G21001	混凝土零星构件	1. 混凝土种类：保护帽 2. 混凝土强度等级：C20 细石混凝土 3. 结构形式：现浇	m^3	0.36	
226	BT2901G22001	普通钢筋	1. 种类：HPB400 2. 规格：ϕ10 以内	t	0.12	
227	BT2901G22002	普通钢筋	1. 种类：HPB400 2. 规格：ϕ10 以外	t	0.9	
228	BT2901K16001	避雷针塔	1. 避雷针塔形式：35m 独立避雷针	t	8.066	
229	BT2901G25001	预埋螺栓	1. 规格：地脚螺栓	t	0.69	
	BT3001	2.10　电缆沟道				
230	BT3001C17001	室内混凝土沟道、隧道	1. 名称：一次电缆沟（含过路暗沟 14.8m，过水板 8 个） 2. 断面尺寸：1400mm×1800mm 3. 垫层材质、厚度：厚 100mm C15 混凝土 4. 底板混凝土强度等级：C30P6，C20 细石混凝土排水槽 5. 侧壁混凝土强度等级：C30P6，沟壁内两侧抹厚 20mm 水泥防水砂浆（内掺抗裂纤维），外露部分装修参见国家建筑标准设计图集 05J909《工程做法》外墙 11C-外涂 3（灰色） 6. 顶板：成品无机复合沟盖板 7. 伸缩缝：9m 设一道，参见《2022 年变电土建标准图集》第七章第二十二节	m	92.9	
231	BT3001C17002	室内混凝土沟道、隧道	1. 名称：一次电缆沟（含过路暗沟 12.0m） 2. 断面尺寸：1100mm×1400mm 3. 垫层材质、厚度：厚 100mm C15 混凝土 4. 底板混凝土强度等级：C30P6，C20 细石混凝土排水槽 5. 侧壁混凝土强度等级：C30P6，沟壁内两侧抹厚 20mm 水泥防水砂浆（内掺抗裂纤维），外露部分装修参见国家建筑标准设计图集 05J909《工程做法》外墙 11C-外涂 3（灰色） 6. 顶板：成品无机复合沟盖板 7. 伸缩缝：9m 设一道，参见《2022 年变电土建标准图集》第七章第二十二节	m	40.5	

续表

序号	项目编码	项目名称	项目特征	计量单位	工程量	备注
232	BT3001C17003	室内混凝土沟道、隧道	1. 名称：二次电缆沟（含过水板 9 个） 2. 断面尺寸：800mm×800mm 3. 垫层材质、厚度：厚 100mm C15 混凝土 4. 底板混凝土强度等级：C30P6，C20 细石混凝土排水槽 5. 侧壁混凝土强度等级：C30P6，沟壁内两侧抹厚 20mm 水泥防水砂浆（内掺抗裂纤维），外露部分装修参见国家建筑标准设计图集 05J909《工程做法》外墙 11C－外涂 3（灰色） 6. 顶板：成品无机复合沟盖板 7. 伸缩缝：9m 设一道，参见《2022 年变电土建标准图集》第七章第二十二节	m	47.6	
233	BT3001G22001	普通钢筋	1. 种类：HPB400 2. 规格：ϕ10 以内	t	0.117	
234	BT3001G22002	普通钢筋	1. 种类：HPB400 2. 规格：ϕ10 以外	t	0.335	
235	BT3001G24001	铁件	1. 种类、规格：电缆沟支架	t	2.959	
236	BT3001A13001	挖坑槽土方	1. 土壤类别：综合 2. 挖土深度：4m 以内	m^3	399.47	
237	BT3001A13002	挖坑槽土方	1. 土壤类别：综合 2. 挖土深度：2m 以内	m^3	180.243	
238	BT3001A18001	回填方	1. 回填要求：夯填（碾压） 2. 回填材质及来源：级配砂石	m^3	59.212	
239	BT3001A19001	余方弃置	1. 废弃料品种：余土 2. 运距：投标单位依据现场情况自行考虑	m^3	180.243	
		3　供水系统建筑				
	BT4101	3.1　站区供水管道				
240	BT4101N11001	给水	1. 衬塑镀锌钢管：De110，PN1.2 2. 主要材料要求：PE	m	40	
241	BT4101N11002	给水	1. 衬塑镀锌钢管：De40 2. 主要材料要求：PE	m	10	
242	BT4101N11003	给水	1. 蝶阀 2. 主要材料要求：DN100，PN10	个	3	

续表

序号	项目编码	项目名称	项目特征	计量单位	工程量	备注
243	BT4101N11004	给水	1. 倒流防止器 2. 主要材料要求：DN100，PN10	个	1	
244	BT4101N11005	给水	1. 螺翼式水表 2. 主要材料要求：DN100，PN10	个	1	
245	BT4101N11006	给水	1. 钢筋混凝土水表井：2.15m×1.10m×1.5m（长×宽×深） 2. 主要材料要求：轻型预制井盖及井座 ϕ700	座	1	
246	BT4101A20001	管沟土方	1. 土壤类别：综合	m^3	100	
247	BT4101A18001	回填方	1. 回填要求：夯填（碾压） 2. 回填材质及来源：原土	m^3	86	
248	BT4101A19001	余方弃置	1. 废弃料品种：余土 2. 运距：投标单位依据现场情况自行考虑	m^3	2	
		4　消防系统				
	BT5101	4.1　消防泵房				
249	BT5101G18001	混凝土墙	1. 墙类型：女儿墙 2. 墙厚度：250mm以内 3. 混凝土强度等级：C30	m^3	2.05	
250	BT5101G21001	混凝土零星构件	1. 混凝土种类：女儿墙压顶 2. 混凝土强度等级：C30 3. 结构形式：现浇	m^3	0.34	
251	BT5101G19001	钢筋混凝土板	1. 混凝土强度等级：C30 2. 结构形式：现浇	m^3	7.604	
252	BT5101G22001	普通钢筋	1. 种类：HPB300 2. 规格：ϕ10以内	t	0.276	
253	BT5101G22002	普通钢筋	1. 种类：HPB400 2. 规格：ϕ10以内	t	0.258	
254	BT5101G22003	普通钢筋	1. 种类：HPB400 2. 规格：ϕ10以外	t	0.475	
255	BT5101G21002	混凝土零星构件	1. 混凝土强度等级：C35 2. 混凝土种类：二次灌浆 3. 结构形式：现浇	m^3	0.044	

续表

序号	项目编码	项目名称	项目特征	计量单位	工程量	备注
256	BT5101H13001	钢柱	1. 品种：Q355B 2. 规格：型钢	t	0.827	
257	BT5101H14001	钢梁	1. 品种：Q355B 2. 规格：型钢	t	2.277	
258	BT5101H18001	其他钢结构	1. 品种、规格：Q355B	t	0.656	
259	BT5101H22001	钢结构防腐	1. 防腐要求：防锈等级：不应低于Sa2.5；底层涂料：环氧富锌底漆2道，总厚度75μm；中间涂料：环氧云铁中间漆2道，总厚度110μm；面层涂料：氟碳金属面漆3道，总厚度100μm（灰色）	t	3.76	
260	BT5101H21001	钢结构防火	1. 防火要求：钢柱，耐火极限2.5h 2. 涂料种类、涂刷遍数：室内厚涂型非膨胀型钢结构防火涂料厚度40mm	t	0.827	
261	BT5101H21002	钢结构防火	1. 防火要求：钢梁，耐火极限1.5h 2. 涂料种类、涂刷遍数：室内厚涂型非膨胀型钢结构防火涂料厚度20mm	t	2.277	
262	BT5101H21003	钢结构防火	1. 防火要求：屋顶承重构件，耐火极限1h 2. 涂料种类、涂刷遍数：室内薄涂型膨胀型钢结构防火涂料厚度5.5mm	m^2	63.37	
263	BT5101G24001	预埋铁件	1. 种类、规格：螺栓	t	0.284	
264	BT5101G25001	栓钉	1. 规格：ϕ16	个	140	
265	BT5101D12001	钢筋桁架楼承板	1. 板材料种类、板厚度：TD3-90，上弦钢筋三级钢10，下弦钢筋三级钢8，腹杆钢筋4.5，ht90，底模钢板0.5mm厚镀锌板，1.5mm厚镀锌钢板封边 2. 油漆防腐、防火要求、品种、刷漆遍数：防锈等级：不应低于Sa2.5；底层涂料：环氧富锌底漆2道，总厚度75μm；中间涂料：环氧云铁中间漆2道，总厚度110μm，防火涂料：室内薄涂型膨胀型钢结构防火涂料厚度5.5mm，耐火极限1.45h；面层涂料：氟碳金属面漆3道，总厚度100μm（灰色）	m^2	63.37	
266	BT5101B17001	设备基础	1. 基础混凝土种类、混凝土强度等级：C30	m^3	0.888	
267	BT5101C18001	室内砌体沟道	1. 沟道名称：排水沟 2. 砌体材质、厚度、强度等级：实心砖 3. 断面尺寸：300mm×300mm 4. 混凝土强度等级：C15	m	14.77	
268	BT5101E25001	外墙-1	1. 饰面板材质：26mm纤维水泥饰面板 2. 龙骨材料种类、规格：厂家配套龙骨（由厂家二次设计，需防锈处理） 3. 防水透气膜 4. 轻钢龙骨2×12mm纤维增强硅酸钙板+100mm厚岩棉+2×12mm纤维增强硅酸钙板 5. 厚6mm纤维水泥饰面板	m^2	146.019	

续表

序号	项目编码	项目名称	项目特征	计量单位	工程量	备注
269	BT5101E18001	勒脚（仿石砖）	1. 1∶1 水泥砂浆勾缝 2. 厚 2.8mm 外墙面砖，在砖粘贴面上随贴随涂刷一遍混凝土界面剂 3. 厚 8mm 聚合物抗裂砂浆 4. 一层耐碱网格布，用塑料锚栓与基层墙体锚固 5. 厚 5mm 厚聚合物抗裂砂浆 6. 厚 50mm 憎水性岩棉保温层 7. 胶黏剂一道（粘贴面积不小于保温板面积的 40%） 8. 厚 8mm 1∶3 水泥砂浆打底抹平 9. 基层处理	m^2	9.06	
270	BT5101D18001	屋面保温	1. 防护材料种类：厚 50mm C30 细石混凝土保护层，内配Φ6@100 双向焊接钢筋网片，粉面亚光 2. 黏结材料种类：土工布隔离层 3. 找平层材质、厚度、配合比：厚 20mm 1∶3 水泥砂浆找平层 4. 保温隔热面层材料品种、规格：厚 50mm 挤塑聚苯乙烯隔热保温板（燃烧等级 B1 级）	m^2	60.87	
271	BT5101D19001	屋面防水	1. 防水材料材质、品种、规格：采用厚 1.5mm 聚氨酯隔气层，合成高分子防水卷材（不小于 1.2mm，高分子卷材做法标号为 D）一层结合层，合成高分子防水涂膜（最小厚度不小于 1.5mm） 2. 找平层厚度、配合比：厚 20mm 1∶3 水泥砂浆找平层	m^2	79.61	
272	BT5101D17001	屋面排水	1. 排水方式：有组织外排水 2. 排水管道材质、规格：UPVC 塑料 3. 水斗及雨水管安装参见国家建筑标准设计图集 12J201《平屋面建筑构造》1/H6，雨水口做法参见国家建筑标准设计图集 12J201《平屋面建筑构造》1/A20	m^2	60.87	
273	BT5101D13001	细石混凝土楼面	1. 面层材质、规格：厚 15mm 1∶2.5 水泥砂浆抹面压实赶光，厚 35mm C15 细石混凝土 2. 找平层材质、厚度、强度等级：厚 1.5mm 聚氨酯防水层（两道），最薄处厚 30mm C20 细石混凝土找平层抹平，水胶比为 0.5 水泥砂浆一道（内掺建筑胶），厚 80mm C20 混凝土垫层，内配双向Φ6@200 钢筋网 3. 踢脚板材质：踢 1D 120 高水泥踢脚	m^2	53.37	
274	BT5101C15001	散水	1. 散水材质、厚度：厚 150mm C25 混凝土面层撒 1∶1 水泥砂子压实赶光（内掺抗裂纤维），采用清水混凝土 2. 垫层材质、厚度、强度等级：厚 300mm 粒径 10～40mm 砾石灌 M2.5 混合砂浆	m^2	32.6	
275	BT5101C15002	坡道	1. 散水、坡道材质、厚度：厚 100mm 细石混凝土埋镀锌角钢 50mm×50mm×5mm 间距 50～100mm，素水泥一道（内掺建筑胶） 2. 垫层材质、厚度、强度等级：厚 300mm C25 混凝土垫层，内配Φ14@200 双向钢筋网，厚 30mm 1∶3∶6 石灰、砂、碎石三合土，厚 100mm 沥青混凝土垫层	m^2	7.92	

续表

序号	项目编码	项目名称	项目特征	计量单位	工程量	备注
276	BT5101H18002	其他钢结构	1. 品种、规格：玻璃雨篷 2. 种类：参见国家建筑标准设计图集 06J505－1《外装修（一）》第 M12 页 1 做法	m^2	1.98	
277	BT5101H18003	其他钢结构	1. 品种、规格：钢梯 2. 种类：参见国家建筑标准设计图集 15J401《钢梯》检修钢爬梯 D4	t	0.342	
278	BT5101F11001	门	1. 门类型：木模压板防火门 2. 材质及厚度：12J4－2－11	m^2	3.6	
279	BT5101F11002	门	1. 门类型：乙级防火门 2. 材质及厚度：12J4－2－3 3. 无玻璃上亮	m^2	2.88	
280	BT5101F11003	门	1. 门类型：甲级防火门 2. 材质及厚度：12J4－2－3 3. 无玻璃上亮	m^2	2.88	
281	BT5101F12001	窗	1. 窗类型：70 系列断桥铝合金窗（内平开） 2. 材质及厚度：参见国家建筑标准设计图集 16J607《建筑节能门窗》 3. 有无纱扇：金刚网纱扇 4. 玻璃品种、厚度，五金特殊要求：6＋12A＋6 中空玻璃 5. 窗台板材质及要求：人造石窗台板，参见国家建筑标准设计图集 15J101《砖墙建筑、结构构造》C/A13	m^2	2.25	
282	BT5101F12002	窗	1. 窗类型：70 系列断桥铝合金窗（内平开） 2. 材质及厚度：参见国家建筑标准设计图集 16J607《建筑节能门窗》 3. 有无纱扇：金刚网纱扇 4. 玻璃品种、厚度，五金特殊要求：6＋12A＋6 中空玻璃 5. 窗台板材质及要求：人造石窗台板，参见国家建筑标准设计图集 15J101《砖墙建筑、结构构造》C/A13 6. 消防救援窗：供消防人员进入的窗扇采用厚 2mm 易击碎钢化玻璃，并满足最大许用面积要求，同时设置可在室外易于标识的明显标志	m^2	2.25	
283	BT5101M33001	井、池	1. 井池名称、材质：水落管雨水井 400mm×400mm×600mm 2. 井底井壁材质、厚度、混凝土强度等级：厚 150mm C30 3. 垫层材质、厚度、混凝土强度等级：厚 100mm C15 4. 顶板材质、厚度、混凝土强度等级：厚 50mm C30 5. 内壁和地板抹厚 15mm 防水砂浆：1∶2.5 水泥砂浆内掺 5%防水剂	m^3	0.076	
284	BT5101N14001	照明及动力	1. 配电柜 2. 主要材料要求：镀锌暗装	台	3	

续表

序号	项目编码	项目名称	项目特征	计量单位	工程量	备注
285	BT5101N14002	照明及动力	1. 照明配电箱 2. 主要材料要求：镀锌暗装	台	1	
286	BT5101N14003	照明及动力	1. 应急照明箱 2. 主要材料要求：镀锌暗装	台	1	
287	BT5101N14004	照明及动力	1. 控制配电箱 2. 主要材料要求：镀锌暗装	台	2	
288	BT5101N14005	照明及动力	1. 吸顶装平灯口 2. 主要材料要求：1/22W	个	1	
289	BT5101N14006	照明及动力	1. 防水照明灯（自带蓄电池） 2. 主要材料要求：1/36W	个	4	
290	BT5101N14007	照明及动力	1. 防水开关 2. 主要材料要求：86系列，白色面板，10A/250V	个	1	
291	BT5101N14008	照明及动力	1. 暗装单相二、三孔防水型插座 2. 主要材料要求：86系列，白色面板，10A/250V	个	4	
292	BT5101N14009	照明及动力	1. 暗装总等电位联结端子箱 2. 主要材料要求：铁制暗装450mm×300mm×180mm	个	1	
293	BT5101N14010	照明及动力	1. A型安全出口标志灯 2. 主要材料要求：1/1W	个	1	
294	BT5101N14011	照明及动力	1. 多信息复合标志灯 2. 主要材料要求：1/1W	个	1	
295	BT5101N14012	照明及动力	1. A型应急照明灯 2. 主要材料要求：1/2W	个	3	
296	BT5101N14013	照明及动力	1. 电源引入管 2. 主要材料要求：RC100	m	20	
297	BT5101N14014	照明及动力	1. 消防引入管 2. 主要材料要求：RC50	m	32	
298	BT5101N14015	照明及动力	1. 电力干线 2. 主要材料要求：SC40	m	50	
299	BT5101N14016	照明及动力	1. 电力干线 2. 主要材料要求：JDG20	m	81	

续表

序号	项目编码	项目名称	项目特征	计量单位	工程量	备注
300	BT5101N14017	照明及动力	1. 电力电缆 2. 主要材料要求：YJV22 - 4×95	m	50	
301	BT5101N14018	照明及动力	1. 电力干线 2. 主要材料要求：WDZN - YJV - 4×16	m	64	
302	BT5101N14019	照明及动力	1. 电力干线 2. 主要材料要求：WDZN - 5×6	m	40	
303	BT5101N14020	照明及动力	1. 插座线 2. 主要材料要求：NH - BV - 5×4	m	60	
304	BT5101N14021	照明及动力	1. 照明线 2. 主要材料要求：NH - EV - 3×2.5	m	135	
305	BT5101N14022	照明及动力	1. －40×4 镀锌扁钢	m	45	
306	BT5101P11001	消防	1. 轴流深井电动消防泵 $Q=45\text{L/s}$，$H=50\text{m}$，$N=45$，50Hz，$S=1450\text{r/min}$，AC 380V 2. 主要材料要求：Y 系列鼠笼电机，防护等级 IP55，绝缘等级 F	台	2	
307	BT5101P11002	消防	1. 消防稳压机组 包括立式电动消防稳压泵 2 台和 ϕ1000 - 1.0 型消防隔膜气压罐 1 套 2. 主要材料要求：立式电动消防稳压泵参数：$Q=1\text{L/s}$，$H=65\text{m}$，$S=3.0\text{kW}$，50Hz，AC 380V，Y 系列鼠笼电机，防护等级 IP55，绝缘等级 F	套	1	
308	BT5101P11003	消防	1. 压力表 0～1.6MPa	个	4	
309	BT5101P11004	消防	1. 压力表 0～0.6MPa	个	2	
310	BT5101P11005	消防	1. 电接点压力开关 0～1.0MPa	个	1	
311	BT5101P11006	消防	1. 电动单轨吊车 起重量 2t 起升高度 11m 2. 主要材料要求：起升电动机功率 3.0kW，电压 380V，运行电动机功率 0.4kW，电压 380V	个	1	
312	BT5101P11007	消防	1. 潜水排污泵 $Q=43\text{m}^3/\text{h}$，$H>13\text{m}$，$S=3\text{kW}$，50Hz，AC 380V	台	2	
313	BT5101P11008	消防	1. 消防蓄水池液位传感器	套	1	
314	BT5101P11009	消防	1. 闸阀 DN200，PN1.6	个	5	
315	BT5101P11010	消防	1. 蝶阀 DN100，PN0.6	个	2	
316	BT5101P11011	消防	1. 闸阀 DN100，PN1.0	个	1	
317	BT5101P11012	消防	1. 闸阀 DN150，PN1.6	个	1	

续表

序号	项目编码	项目名称	项目特征	计量单位	工程量	备注
318	BT5101P11013	消防	1. 闸阀 DN80，PN0.6	个	2	
319	BT5101P11014	消防	1. 闸阀 DN65，PN1.6	个	2	
320	BT5101P11015	消防	1. 闸阀 DN50，PN1.6	个	1	
321	BT5101P11016	消防	1. 持压泄压阀 DN150，PN1.6	个	1	
322	BT5101P11017	消防	1. 试水阀 DN65，PN1.6	个	2	
323	BT5101P11018	消防	1. 液位控制阀 DN100，PN1.0	个	1	
324	BT5101P11019	消防	1. 微阻缓闭止回阀 DN200，PN1.6	个	2	
325	BT5101P11020	消防	1. 止回阀 DN50，PN1.6	个	1	
326	BT5101P11021	消防	1. 止回阀 DN100，PN0.6	个	2	
327	BT5101P11022	消防	1. 消防流量计 DN65，PN1.6 计量精度 0.4 级	套	1	
328	BT5101P11023	消防	1. 压力控制器 0～1.6MPa	个	1	
329	BT5101P11024	消防	1. 压力检测装置 计量精度 0.5 级	个	1	
330	BT5101P11025	消防	1. 可曲挠橡胶接头 DN250，PN1.0	个	2	
331	BT5101P11026	消防	1. 可曲挠橡胶接头 DN200，PN1.6	个	2	
332	BT5101P11027	消防	1. 可曲挠橡胶接头 DN100，PN0.6	个	2	
333	BT5101P11028	消防	1. 可曲挠橡胶接头 DN80，PN0.6	个	2	
334	BT5101P11029	消防	1. 90°等径三通 DN200	个	2	
335	BT5101P11030	消防	1. 90°等径三通 DN80	个	1	
336	BT5101P11031	消防	1. 90°等径三通 DN65	个	1	
337	BT5101P11032	消防	1. 异径三通 DN150/100	个	1	
338	BT5101P11033	消防	1. 异径三通 DN200/65	个	2	
339	BT5101P11034	消防	1. 异径三通 DN200/80	个	1	
340	BT5101P11035	消防	1. 偏心异径管 DN50/80	个	2	
341	BT5101P11036	消防	1. 同心异径管 DN150/100	个	1	
342	BT5101P11037	消防	1. 同心异径管 DN150/200	个	2	
343	BT5101P11038	消防	1. 溢流喇叭口 DN150	个	1	

续表

序号	项目编码	项目名称	项目特征	计量单位	工程量	备注
344	BT5101P11039	消防	1. 90°弯头 DN250	个	2	
345	BT5101P11040	消防	1. 90°弯头 DN200	个	6	
346	BT5101P11041	消防	1. 90°弯头 DN150	个	7	
347	BT5101P11042	消防	1. 90°弯头 DN100	个	5	
348	BT5101P11043	消防	1. 90°弯头 DN80	个	3	
349	BT5101P11044	消防	1. 90°弯头 DN65	个	2	
350	BT5101P11045	消防	1. 90°弯头 DN50	个	1	
351	BT5101P11046	消防	1. 内外热镀锌钢管 DN250	m	5	
352	BT5101P11047	消防	1. 内外热镀锌钢管 DN200	m	13	
353	BT5101P11048	消防	1. 内外热镀锌钢管 DN150	m	11	
354	BT5101P11049	消防	1. 内外热镀锌钢管 DN100	m	6	
355	BT5101P11050	消防	1. 内外热镀锌钢管 DN80	m	4	
356	BT5101P11051	消防	1. 内外热镀锌钢管 DN65	m	8	
357	BT5101P11052	消防	1. 内外热镀锌钢管 DN50	m	3	
358	BT5101P11053	消防	1. 给水钢丝网骨架 PE 复合管 DN100	m	1	
359	BT5101N12001	采暖	1. 壁挂式电暖器（防水型）电功率 2kW，AC 220V	台	4	
360	BT5101N13001	通风及空调	壁式低噪声玻璃钢轴流风机 No.4.5 型，风量 5881m/h；全压 113Pa，噪声<71dB，电机功率：0.25kW/380V	台	1	
	BT5102	4.5　消防水池				
361	BT5102A11001	场地平整	土壤类别：综合	m^2	72	
362	BT5102A13001	挖坑槽土方	1. 土壤类别：综合 2. 挖土深度：6m 以内	m^3	1070.16	
363	BT5102A18001	回填方	1. 回填要求：夯填（碾压） 2. 回填材质及来源：原土	m^3	597.2	
364	BT5102A18002	回填方	1. 回填要求：夯填（碾压） 2. 回填材质及来源：2∶8 灰土	m^3	196.8	

续表

序号	项目编码	项目名称	项目特征	计量单位	工程量	备注
365	BT5102A19001	余方弃置	1. 废弃料品种：余土 2. 运距：投标单位依据现场情况自行考虑	m^3	276.16	
366	BT5102M33001	消防蓄水池	1. 垫层种类、混凝土强度等级、厚度：厚 100mm C15 素混凝土 2. 底板材质、厚度、混凝土强度等级：厚 500mm C30P8，含集水坑 2000mm×4000mm×1700mm，1500mm×2800mm×1000mm 3. 壁板材质、厚度、混凝土强度等级：厚 300mm C30P8 4. 顶板材质、厚度、混凝土强度等级：厚 150mm C30P8 5. 净空尺寸：7800mm×16200mm×4100mm	m^3	518.076	
367	BT5102G15001	钢筋混凝土梁	1. 混凝土强度等级：C30P8 2. 结构形式：现浇	m^3	17.07	
368	BT5102G13001	钢筋混凝土柱	1. 混凝土强度等级：C30P8 2. 结构形式：现浇	m^3	5.28	
369	BT5102G21001	混凝土零星构件	1. 混凝土种类：栏板 2. 混凝土强度等级：C30P8 3. 结构形式：现浇	m^3	1.62	
370	BT5102G22001	普通钢筋	1. 种类：HPB300 2. 规格：ϕ10 以内	t	0.177	
371	BT5102G22002	普通钢筋	1. 种类：HPB400 2. 规格：ϕ10 以内	t	0.186	
372	BT5102G22003	普通钢筋	1. 种类：HPB400 2. 规格：ϕ10 以外	t	26.086	
373	BT5102M31001	基础底板防水	1. 厚 50mm C25 细石混凝土 2. 干铺石油沥青纸胎油毡一层 3. 厚 4mm SBS 改性沥青防水卷材 4. 刷基层处理剂一遍 5. 厚 20mm 1：3 水泥砂浆抹平层	m^2	124.29	
374	BT5102M31002	基础外壁防水	1. 厚 20mm 1：2.5 水泥砂浆找平层 2. 刷基层处理剂一遍 3. 厚 4mm SBS 改性沥青防水卷材 4. 厚 20mm 1：2.5 水泥砂浆保护层	m^2	268.8	

续表

序号	项目编码	项目名称	项目特征	计量单位	工程量	备注
375	BT5102M31003	基础顶板防水	1. 厚 20mm 1：2.5 水泥砂浆找平层 2. 刷基层处理剂一遍 3. 厚 4mm SBS 改性沥青防水卷材 4. 干铺石油沥青纸胎油毡一层 5. 厚 70mm C25 细石混凝土Φ6 钢筋双向间距 200mm	m^2	195.92	
	BT5401	4.6　站区消防				
376	BT5401P11001	消防	1. 内外热镀锌钢管 DN200	m	240	
377	BT5401P11002	消防	1. 内外热镀锌钢管 DN100	m	8	
378	BT5401P11003	消防	1. 内外热镀锌钢管 DN65	m	55	
379	BT5401P12001	消火栓	1. 型号、规格：室外地下式消火栓 SA100/65－1.6 型	套	4	
380	BT5401P12002	消火栓	1. 型号、规格：挤塑苯板保温　厚度 100mm	m^2	80	
381	BT5401M33001	井、池	1. 井池名称、材质：阀门井 ϕ1200 砖砌 2. 盖板材质：重型井盖及井座 ϕ700	座	2	
382	BT5401P12003	消防	1. 型号、规格：蝶阀 DN200，PN16	个	2	
383	BT5401P12004	消防	1. 型号、规格：柔性橡胶接头 DN200	套	2	
384	BT5401M33002	井、池	1. 井池名称、材质：消火栓井 ϕ1500 2. 盖板材质：轻型复合保温井盖及井座 ϕ700	座	4	
385	BT5401P12005	消防	1. 型号、规格：柔性橡胶接头 DN200	套	2	
386	BT5401P12006	消防	1. 型号、规格：防坠网	套	6	
387	BT5401A20001	管沟土方	1. 土壤类别：综合	m^3	606	
388	BT5401A18001	回填方	1. 回填要求：夯填（碾压） 2. 回填材质及来源：原土	m^3	582	
389	BT5401A19001	余方弃置	1. 废弃料品种：余土 2. 运距：投标单位依据现场情况自行考虑	m^3	24	
		二、辅助生产工程				
		1　辅助生产建筑				
	BT5801	1.2　警卫室				
390	BT5801A11001	场地平整	1. 土壤类别：综合	m^2	45	

续表

序号	项目编码	项目名称	项目特征	计量单位	工程量	备注
391	BT5801A13001	挖坑槽土方	1. 土壤类别：综合 2. 挖土深度：4m以内	m^3	166.11	
392	BT5801A18001	回填方	1. 回填要求：夯填（碾压） 2. 回填材质及来源：原土	m^3	137.53	
393	BT5801A19001	余方弃置	1. 废弃料品种：余土 2. 运距：投标单位依据现场情况自行考虑	m^3	28.58	
394	BT5801B12001	独立基础	1. 垫层种类、混凝土强度等级、厚度：厚100mm C20素混凝土 2. 基础混凝土种类、混凝土强度等级：C30混凝土	m^3	10.14	
395	BT5801B11001	条型基础	1. 垫层种类、混凝土强度等级、厚度：厚250mm C15素混凝土 2. 砌体种类、规格：MU20烧结普通砖（非黏土砖）或MU25蒸压灰砂砖 3. 砂浆强度等级：M10水泥砂浆	m^3	14.74	
396	BT5801B11002	隔墙基础	1. 基础混凝土种类、混凝土强度等级：C20素混凝土	m^3	40.46	
397	BT5801G15001	钢筋混凝土圈梁	1. 混凝土强度等级：C30 2. 结构形式：现浇	m^3	2.4	
398	BT5801G13001	钢筋混凝土柱	1. 混凝土强度等级：C30 2. 结构形式：现浇	m^3	2.22	
399	BT5801G18001	混凝土墙	1. 墙类型：女儿墙 2. 墙厚度：250mm以内 3. 混凝土强度等级：C30	m^3	1.48	
400	BT5801G21001	混凝土零星构件	1. 混凝土种类：女儿墙压顶 2. 混凝土强度等级：C30 3. 结构形式：现浇	m^3	0.42	
401	BT5801G19001	钢筋混凝土板	1. 混凝土强度等级：C30 2. 结构形式：现浇	m^3	3.968	
402	BT5801G21002	混凝土零星构件	1. 混凝土强度等级：C35 2. 混凝土种类：二次灌浆 3. 结构形式：现浇	m^3	0.044	
403	BT5801H13001	钢柱	1. 品种：Q355B 2. 规格：型钢	t	3.48	

续表

序号	项目编码	项目名称	项目特征	计量单位	工程量	备注
404	BT5801H14001	钢梁	1. 品种：Q355B 2. 规格：型钢	t	1.87	
405	BT5801H18001	其他钢结构	1. 品种、规格：Q355B	t	0.97	
406	BT5801H22001	钢结构防腐	1. 防腐要求：防锈等级：不应低于 Sa2.5；底层涂料：环氧富锌底漆 2 道，总厚度 75μm；中间涂料：环氧云铁中间漆 2 道，总厚度 110μm；面层涂料：氟碳金属面漆 3 道，总厚度 100μm（灰色）	t	6.32	
407	BT5801H21001	钢结构防火	1. 防火要求：钢柱，耐火极限 2.5h 2. 涂料种类、涂刷遍数：室内厚涂型非膨胀型钢结构防火涂料厚度 40mm	t	3.48	
408	BT5801H21002	钢结构防火	1. 防火要求：钢梁，耐火极限 1.5h 2. 涂料种类、涂刷遍数：室内厚涂型非膨胀型钢结构防火涂料厚度 20mm	t	1.87	
409	BT5801H21003	钢结构防火	1. 防火要求：支撑防火墙的钢梁、钢柱，耐火极限 3.0h 2. 涂料种类、涂刷遍数：室内厚涂型非膨胀型钢结构防火涂料厚度 50mm	t	0.97	
410	BT5801H21004	钢结构防火	1. 防火要求：屋顶承重构件，耐火极限 1.45h 2. 涂料种类、涂刷遍数：室内薄涂型膨胀型钢结构防火涂料厚度 5.5mm	m^2	39.68	
411	BT5801G24001	预埋铁件	1. 种类、规格：螺栓	t	0.179	
412	BT5801G24002	预埋铁件	1. 种类、规格：预埋铁件	t	0.046	
413	BT5801G25001	栓钉	1. 规格：ϕ16	个	144	
414	BT5801D12001	钢筋桁架楼承板	1. 板材料种类、板厚度：TD3-90，上弦钢筋三级钢 ϕ10，下弦钢筋三级钢 ϕ8，腹杆钢筋 ϕ4.5，ht90，底模钢板厚 0.5mm 镀锌板，厚 1.5mm 镀锌钢板封边 2. 油漆防腐、防火要求、品种、刷漆遍数：防锈等级：不应低于 Sa2.5；底层涂料：环氧富锌底漆 2 道，总厚度 75μm；中间涂料：环氧云铁中间漆 2 道，总厚度 110μm，防火涂料：室内薄涂型膨胀型钢结构防火涂料厚度 5.5mm，耐火极限 1.45h；面层涂料：氟碳金属面漆 3 道，总厚度 100μm（灰色）	m^2	39.68	
415	BT5801G22001	普通钢筋	1. 种类：HPB300 2. 规格：ϕ10 以内	t	0.041	
416	BT5801G22002	普通钢筋	1. 种类：HPB400 2. 规格：ϕ10 以内	t	0.283	
417	BT5801G22003	普通钢筋	1. 种类：HPB400 2. 规格：ϕ10 以外	t	0.621	

续表

序号	项目编码	项目名称	项目特征	计量单位	工程量	备注
418	BT5801E25001	装配式外墙一	1. 饰面板材质：26mm 纤维水泥饰面板 2. 龙骨材料种类、规格：厂家配套龙骨（由厂家二次设计，需防锈处理） 3. 防水透气膜 4. 轻钢龙骨 2×12mm 纤维增强硅酸钙板＋厚 100mm 岩棉＋2×12mm 纤维增强硅酸钙板 5. 厚 6mm 纤维水泥饰面板	m^2	42.84	
419	BT5801E25002	装配式外墙二	1. 饰面板材质：26mm 纤维水泥饰面板 2. 龙骨材料种类、规格：厂家配套龙骨（由厂家二次设计，需防锈处理） 3. 防水透气膜 4. 轻钢龙骨 2×12mm 纤维增强硅酸钙板＋厚 150mm 岩棉＋2×12mm 纤维增强硅酸钙板	m^2	41.54	
420	BT5801E15001	隔（断）墙	1. 隔板材料品种、规格、品牌、颜色：中间保温采用厚 150mm 轻质条板 2. 面层装饰：两侧采用厚 6mm 纤维水泥成品饰面板 3. 检修箱、应急照明箱、风机箱等需开洞处墙体增加厚度：中间保温层采用双层厚 75mm 轻质条板，中间预留空隙	m^2	55.55	
421	BT5801E18001	勒脚（仿石砖）	1. 1∶1 水泥砂浆勾缝 2. 厚 10mm 仿石砖，在砖粘贴面上随贴随涂刷一遍混凝土界面剂 3. 厚 8mm 聚合物抗裂砂浆 4. 一层耐碱网格布，用塑料锚栓与基层墙体锚固 5. 厚 5mm 聚合物抗裂砂浆 6. 厚 50mm 憎水性岩棉保温层 7. 胶黏剂一道（粘贴面积不小于保温板面积的 40%） 8. 厚 8mm 1∶3 水泥砂浆打底抹平 9. 基层处理	m^2	5.54	
422	BT5801D18001	屋面保温	1. 保温隔热面层材料品种、规格：厚 80mm 挤塑聚苯乙烯泡沫塑料板（耐火等级 B1 级） 2. 黏结材料种类：厚 1.5mm 聚氨酯防水涂料 3. 找平层材质、厚度、配合比：厚 20mm DS M15 砂浆（1∶3 水泥砂浆）找平层	m^2	36.72	
423	BT5801D19001	屋面防水	1. 厚 50mm C30 刚性防水混凝土，内配双向Φ6@100 钢筋网，设置间距不大于 3m，缝宽 12mm 的分格缝，钢筋网片至分格缝处断开，粉面亚光 2. 厚 10mm 低标号砂浆隔离层 3. 防水材料材质、品种、规格：3＋厚 3mm SBS 卷材防水层（PY）聚酯胎 4. 找平层厚度、配合比：厚 20mm DS M15 砂浆（1∶3 水泥砂浆）找平层 5. 女儿墙泛水参见国家建筑标准设计图集 12J201《平屋面建筑构造》1/B6	m^2	51.26	

续表

序号	项目编码	项目名称	项目特征	计量单位	工程量	备注
424	BT5801D17001	屋面排水	1. 排水方式：有组织外排水 2. 排水管道材质、规格：UPVC塑料 3. 水斗及雨水管安装参见国家建筑标准设计图集12J201《平屋面建筑构造》1/H6，雨水口做法参见国家建筑标准设计图集12J201《平屋面建筑构造》1/A20	m^2	36.72	
425	BT5801C12001	地砖地面	1. 块料面层材质、规格：8mm厚600mm×600mm地砖，专用勾缝剂勾缝，厚30mm 1∶3干硬性水泥砂浆结合层，表面撒水泥粉；水胶比为1∶0.5水泥浆一道（内掺建筑胶） 2. 垫层材质、厚度、强度等级：厚80mm C20混凝土垫层，内配双向Φ6@200钢筋网 3. 踢脚板材质：高120mm面砖成品踢脚板，厚10mm 1∶2水泥砂浆粘贴，界面剂一道	m^2	21.62	
426	BT5801C12002	防滑地砖地面	1. 块料面层材质、规格：8mm厚300mm×300mm地砖，干水泥擦缝，厚30mm 1∶3干硬性水泥砂浆结合层，表面撒水泥粉；厚1.5mm聚氨酯防水层（两道）；1∶3水泥砂浆或最薄处厚30mm C20细石混凝土找坡层抹平；水胶比为1∶0.5水泥浆一道（内掺建筑胶） 2. 垫层材质、厚度、强度等级：厚80mm C20混凝土垫层，内配双向Φ6@200钢筋网	m^2	18.91	
427	BT5801E19001	内墙面装饰	1. 面层材料品种、规格：白水泥擦缝（或专用勾缝剂勾缝），厚5～7mm内墙瓷砖（粘贴前先将瓷砖浸水2h以上），厚4mm强力胶粉泥黏结层，揉挤压实 2. 墙体类型：厚1.5mm聚合物水泥基复合防水涂料防水层，厚9mm M10水泥砂浆打底压实抹平，素水泥浆一道甩毛（内掺建筑胶）	m^2	54.88	
428	BT5801C15001	散水	1. 散水材质、厚度：厚100mm C25混凝土（内掺防裂纤维量为1kg/m），采用清水混凝土工艺，厚15mm M15水泥砂浆找平 2. 垫层材质、厚度、强度等级：厚150mm C20细石混凝土垫层，3∶7灰土厚300mm	m^2	20.52	
429	BT5801C14001	台阶	1. 面层材质、厚度、标号、配合比：厚30mm花岗岩石板铺面，背面及四周边满涂防污剂，灌稀1∶1水泥砂浆擦缝（板材缝隙宽度不大于1mm），台口双层，加厚处粘贴与面层相同的石条，20mm厚DS M15砂浆（1∶3干硬性水泥砂浆）结合层，上撒素水泥（洒适量清水） 2. 台阶材质、混凝土强度等级：素水泥浆一道（内掺建筑胶），厚80mm C20混凝土，台阶面向外坡1% 3. 垫层材质、厚度、强度等级：厚300mm粒径10～40mm砾石灌DM M5砂浆（M5混合砂浆）混合砂浆分两步灌注，宽出面层100mm，3∶7灰土厚300mm	m^2	9.1	
430	BT5801H18002	其他钢结构	1. 品种、规格：玻璃雨篷 2. 种类：参见国家建筑标准设计图集06J505-1《外装修（一）》第M12页1做法	m^2	9.9	
431	BT5801F11001	门	1. 门类型：乙级防火门 2. 材质及厚度：参见国家建筑标准设计图集12J609《防火门窗》	m^2	10.5	

续表

序号	项目编码	项目名称	项目特征	计量单位	工程量	备注
432	BT5801F12001	窗	1. 窗类型：70系列断桥铝合金窗（内平开） 2. 材质及厚度：参见国家建筑标准设计图集16J607《建筑节能门窗》 3. 有无纱扇：金刚网纱扇 4. 玻璃品种、厚度，五金特殊要求：6+12A+6中空玻璃 5. 窗台板材质及要求：人造石窗台板，参见国家建筑标准设计图集15J101《砖墙建筑、结构构造》C/A13	m^2	2.88	
433	BT5801F12002	窗	1. 窗类型：70系列断桥铝合金窗（内平开） 2. 材质及厚度：参见国家建筑标准设计图集16J607《建筑节能门窗》 3. 有无纱扇：金刚网纱扇 4. 玻璃品种、厚度，五金特殊要求：6+12A+6中空玻璃 5. 窗台板材质及要求：人造石窗台板，参见国家建筑标准设计图集15J101《砖墙建筑、结构构造》C/A13 6. 消防救援窗：供消防人员进入的窗扇采用厚2mm易击碎钢化玻璃并满足最大许用面积要求，并应设置可在室外易于标识的明显标志	m^2	1.44	
434	BT5801M33001	井、池	1. 井池名称、材质：水落管雨水井400mm×400mm×600mm 2. 井底井壁材质、厚度、混凝土强度等级：厚150mm C30 3. 垫层材质、厚度、混凝土强度等级：厚100mm C15 4. 顶板材质、厚度、混凝土强度等级：厚50mm C30 5. 内壁和地板抹厚15mm防水砂浆：1∶2.5水泥砂浆内掺5%防水剂	m^3	0.076	
435	BT5801N12001	采暖	1. 壁挂式电暖器（防水型）电功率1500W，AC 220V	台	4	
436	BT5801N12002	采暖	1. 电暖器，P=2.5kW，AC 220V，电热膜加热方式，三挡功率可调，具备24h定时功能	台	3	
437	BT5801N13001	通风及空调	1. 分体壁挂式冷暖空调，制冷量2.60kW，制冷功率0.766kW，220V，能效等级2级	台	1	
438	BT5801N13002	通风及空调	1. 吊顶式卫生间通风器，风量250m^3/h，电功率32W，AC 220V	台	3	
439	BT5801N13003	通风及空调	1. 无机玻璃钢不燃圆形风管ϕ150	m	8	
440	BT5801N13004	通风及空调	1. 90°不锈钢防雨弯头ϕ150	个	2	
441	BT5801N14001	照明及动力	1. 警卫室照明箱ZM1 2. 主要材料要求：PXT（R）-800×800×200	个	1	
442	BT5801N14002	照明及动力	1. 电动大门控制箱	只	1	
443	BT5801N14003	照明及动力	1. 户外检修电温箱 2. 主要材料要求：XW-1（改）	个	3	

续表

序号	项目编码	项目名称	项目特征	计量单位	工程量	备注
444	BT5801N14004	照明及动力	1. LED 泛光灯 2. 主要材料要求：AC 220V，150W	套	13	
445	BT5801N14005	照明及动力	1. LED 投光灯 2. 主要材料要求：AC 220V，250W	套	6	
446	BT5801N14006	照明及动力	1. 门铃及按钮 2. 主要材料要求：AC 250V，6A	套	1	
447	BT5801N14007	照明及动力	1. LED 节能双管灯 2. 主要材料要求：AC 220V，2×28W	套	2	
448	BT5801N14008	照明及动力	1. LED 防水防潮灯 2. 主要材料要求：AC 220V，28W	套	8	
449	BT5801N14009	照明及动力	1. 暗装单联防水防溅单控开关 2. 主要材料要求：AC 250V，16A	套	7	
450	BT5801N14010	照明及动力	1. 暗装单联单控翘板开关 2. 主要材料要求：AC 250V，16A	套	2	
451	BT5801N14011	照明及动力	1. 暗装壁挂空调、热水器插座 2. 主要材料要求：AC 250V，16A，带开关	个	2	
452	BT5801N14012	照明及动力	1. 暗装电暖气插座 2. 主要材料要求：AC 250V，16A，带开关	个	4	
453	BT5801N14013	照明及动力	1. 二、三孔暗装插座 2. 主要材料要求：AC 250V，16A	个	7	
		2　站区性建筑				
	BT6101	2.2　站区道路及广场				
454	BT6101M11001	道路	1. 面层材质、厚度、强度等级：厚 220mm C30 混凝土面层，内掺防裂纤维（0.05％重量比），1∶0.4～1∶0.5（水泥∶水）素水泥浆结合层（含缩胀缝） 2. 垫层材质、厚度、强度等级：厚 150mm C25 混凝土稳定层 3. 基层材质、厚度、强度等级：厚 300mm 碎石基层	m^2	1250	
455	BT6101M11002	场地硬化	1. 面层材质、厚度、强度等级：厚 180mm C30 混凝土面层（压光四遍）内掺防裂纤维，1∶0.4～1∶0.5（水泥∶水）素水泥浆结合层（含缩胀缝） 2. 垫层材质、厚度、强度等级：厚 150mm C20 混凝土垫层 3. 基层材质、厚度、强度等级：厚 300mm 级配碎石	m^2	396	

续表

序号	项目编码	项目名称	项目特征	计量单位	工程量	备注
456	BT6101M13001	场地硬化	1. 面层材质、厚度、强度等级：200mm×100mm×50mm厚透水砖，缝宽2mm，沙填充或者干石灰砂灌封，1∶5干硬性水泥砂浆厚30mm 2. 垫层材质、厚度、强度等级：厚150mm级配透水级配碎石 3. 基层材质、厚度、强度等级：厚150mm级配透水级配碎石	m^2	1032	
457	BT6101M39001	路缘石	1. 垫层材质、厚度：碎石或砾石，石灰砂浆 2. 路缘石材质：C25混凝土预制路缘石120mm×300mm×490mm	m	509	
		2.3 站区排水				
	BT6201	2.3.1 排水管道				
458	BT6201N11001	给排水	1. HDPE双壁波纹管 2. 主要材料要求：De225	m	35	
459	BT6201N11002	给排水	1. 机制离心铸铁管 2. 主要材料要求：DN100	m	4	
460	BT6201M33001	井、池	1. 井池名称、材质：2级钢筋混凝土，容积 $4m^3$，参见国家建筑标准设计图集03S702《钢筋混凝土化粪池》	座	1	
461	BT6201M33002	井、池	1. 井池名称、材质：混凝土污水检查井 ϕ1000 2. 盖板材质：轻型预制井盖及井座 ϕ700	座	2	
462	BT6201N11003	给排水	1. 内外热镀锌钢管 2. 主要材料要求：DN200 ϕ219×6	m	94	
463	BT6201N11004	给排水	1. 内外热镀锌钢管 2. 主要材料要求：DN100 ϕ114×4	m	6	
464	BT6201N11005	给排水	1. 内外热镀锌90°弯头 2. 主要材料要求：DN200 ϕ219×6	个	3	
465	BT6201M33003	井、池	1. 井池名称、材质：混凝土污水检查井 ϕ1000 2. 盖板材质：重型预制井盖及井座 ϕ700	座	6	
466	BT6201N11006	给排水	1. 主要材料要求：HDPE双壁波纹管De225	m	154	
467	BT6201N11007	给排水	1. 主要材料要求：HDPE双壁波纹管De315	m	215	
468	BT6201N11008	给排水	1. 主要材料要求：HDPE双壁波纹管De400	m	10	
469	BT6201M33004	井、池	1. 井池名称、材质：混凝土雨水检查井 ϕ1000 2. 盖板材质：预制井盖及井座 ϕ700，重型2套，轻型17套	座	19	

续表

序号	项目编码	项目名称	项目特征	计量单位	工程量	备注
470	BT6201M33005	井、池	1. 井池名称、材质：预制雨水口380mm×680mm 2. 盖板材质：雨水箅750mm×450mm	座	26	
471	BT6201N11009	给排水	1. 主要材料要求：活动排水泵 $Q=10m^3/h$，$H=10m$，$P=0.75kW$	台	1	
472	BT6201N11010	给排水	1. 主要材料要求：衬胶水带DN65	m	60	
473	BT6201N11011	给排水	1. 主要材料要求：内外热镀锌钢管DN150 $\phi159\times4.5$	m	15	
474	BT6201N11012	给排水	1. 主要材料要求：内外热镀锌90°弯头DN150 $\phi159\times4.5$	个	6	
475	BT6201N11013	给排水	1. 一体化泵站 2. 主要材料要求：雨水泵：$150m^3/h$，扬程15m，功率15kW，2台	套	1	
476	BT6201A20001	管沟土方	1. 土壤类别：综合	m^3	930.72	
477	BT6201A18001	回填方	1. 回填要求：夯填（碾压） 2. 回填材质及来源：原土	m^3	805.72	
478	BT6201A19001	余方弃置	1. 废弃料品种：余土 2. 运距：投标单位依据现场情况自行考虑	m^3	125	
		2.4 站区照明				
479	N14001	照明及接地	1. 电力电缆 2. 主要材料要求：ZR-YJV22-0.6/1.0kV-5×6	m	500	
480	N14002	照明及接地	1. 电力电缆 2. 主要材料要求：ZR-YJV22-0.6/1.0kV-3×4	m	50	
481	N14003	照明及接地	1. 电力电缆 2. 主要材料要求：ZR-YJV22-0.6/1.0kV-4×16	m	60	
482	N14004	照明及接地	1. 电力电缆 2. 主要材料要求：ZR-YJV22-0.6/1.0kV-3×185+1×95	m	100	
483	N14005	照明及接地	1. 铜芯聚氯乙烯绝缘电线 2. 主要材料要求：BV-0.75，$6mm^2$	m	60	
484	N14006	照明及接地	1. 铜芯聚氯乙烯绝缘电线 2. 主要材料要求：BV-0.75，$4mm^2$	m	100	
485	N14007	照明及接地	1. 铜芯聚氯乙烯绝缘电线 2. 主要材料要求：BV-0.75，$2.5mm^2$	m	20	

续表

序号	项目编码	项目名称	项目特征	计量单位	工程量	备注
486	N14008	照明及接地	1. PVC管 2. 主要材料要求：ϕ25	m	200	
487	N14009	照明及接地	1. 镀锌钢管 2. 主要材料要求：DN32	m	300	
488	N14010	照明及接地	1. 镀锌钢管 2. 主要材料要求：DN50	m	50	
489	N14011	照明及接地	1. 分线盒 2. 主要材料要求：户内、户外各40个	个	80	
490	N14012	照明及接地	1. 扁紫铜排 2. 主要材料要求：—40×4	m	2000	
491	N14013	照明及接地	1. 紫铜棒 2. 主要材料要求：ϕ25×2500	根	160	
492	N14014	照明及接地	1. 铜排 2. 主要材料要求：—30×4铜排	m	270	
493	N14015	照明及接地	1. 绝缘子 2. 主要材料要求：WX-01	个	340	
494	N14016	照明及接地	放热焊点	个	360	
495	N14017	照明及接地	1. 扁钢 2. 主要材料要求：—60×8热镀锌	m	1000	
496	N14018	照明及接地	1. 多股软铜芯电缆 2. 主要材料要求：截面$4mm^2$，配铜鼻子	m	300	
497	N14019	照明及接地	1. 多股软铜芯电缆 2. 主要材料要求：截面$50mm^2$，配铜鼻子	m	8	
498	N14020	照明及接地	1. 多股软铜芯电缆 2. 主要材料要求：截面$100mm^2$，配铜鼻子	m	300	
499	N14021	照明及接地	1. 多股软铜芯电缆 2. 主要材料要求：截面$120mm^2$，配铜鼻子	m	30	
500	N14022	照明及接地	1. 断线卡及断线头保护盒 2. 主要材料要求：附专用保护箱，建议尺寸300mm×210mm×120mm（高×宽×深）	套	18	

续表

序号	项目编码	项目名称	项目特征	计量单位	工程量	备注
501	N14023	照明及接地	1. 临时试验接地端子 2. 主要材料要求：附专用保护箱，建议尺寸300mm×210mm×120mm（高×宽×深）	套	31	
502	A20001	管沟土方	土壤类别：综合	m^3	220	
503	A18001	回填方	1. 回填要求：夯填（碾压） 2. 回填材质及来源：原土	m^3	220	
	BT6301	2.5 围墙及大门				
504	BT6301A13001	挖坑槽土方	1. 土壤类别：综合 2. 挖土深度：4m以内	m^3	730.301	
505	BT6301A18001	回填方	1. 回填要求：夯填（碾压） 2. 回填材质及来源：原土	m^3	222.893	
506	BT6301A19001	余方弃置	1. 废弃料品种：余土 2. 运距：投标单位依据现场情况自行考虑	m^3	507.408	
507	BT6301B11001	条型基础	1. 垫层种类、混凝土强度等级、厚度：厚100mm C15素混凝土 2. 基础混凝土种类、混凝土强度等级：厚300mm C30混凝土 3. 砌体种类、规格：砖 4. 砂浆强度等级：M7.5	m^3	65.472	
508	BT6301G15001	钢筋混凝土梁	1. 混凝土强度等级：C30 2. 结构形式：现浇	m^3	24.225	
509	BT6301G14001	钢筋混凝土异形柱	1. 混凝土强度等级：C30 2. 结构形式：预制成品	m^3	25.76	
510	BT6301G21001	混凝土压顶	1. 混凝土强度等级：C30 2. 结构形式：预制成品	m^3	3.726	
511	BT6301G21002	混凝土勒脚	1. 混凝土强度等级：C30 2. 结构形式：预制成品 3. 1∶2.5水泥砂浆坐浆	m^3	14.404	
512	BT6301G24001	预埋铁件	1. 种类、规格：埋件 2. 防腐品种：热镀锌防腐	t	0.729	
513	BT6301M15001	围墙	1. 围墙类型：装配式围墙 2. 围墙材质、厚度：预制，厚60mm 3. 砌筑砂浆种类与强度等级：内外采用铝合金工字铝喷塑嵌缝	m^2	552	

续表

序号	项目编码	项目名称	项目特征	计量单位	工程量	备注
514	BT6301B12001	独立基础		m^3	1.536	
515	BT6301G13001	钢筋混凝土柱		m^3	3.024	
516	BT6301G22001	普通钢筋	1. 种类：HPB400 2. 规格：ϕ10 以内	t	0.388	
517	BT6301G22002	普通钢筋	1. 种类：HPB400 2. 规格：ϕ10 以外	t	0.487	
518	BT6301M18001	围墙大门	1. 门材质、框外围尺寸：不锈钢单向电动推拉门 2. 参见国家建筑标准设计图集 15J001《围墙大门》DTMD-6021	m^2	17.5	
519	BT6301E18001	外墙面装饰		m^2	14.4	
520	BT6301M37001	站区标示墙		项	1	
521	BT6301C15001	散水	1. 散水、坡道材质、厚度：C15 混凝土封闭层	m^2	272.8	
522	BT6301M24001	室外砌体沟道	1. 名称：排水沟 2. 砌体材质、厚度、强度等级：MU30 块石 M7.5 水泥砂浆，1：2 水泥砂浆勾平缝 3. 断面尺寸：600mm×600mm	m	272.8	
		三、与站址有关的单项工程				
		6 临时工程				
	BT7301	6.1 临时施工电源				
523	BT7301Q12001	临时施工电源		项	1	
	BT7302	6.2 临时施工水源				
524	BT7302Q17001	临时施工水源		项	1	
	BT7304	6.4 临时施工通信线路				
525	BT7304Q15001	临时施工视频通信		项	1	

清单封-2

安装分部分项工程量清单

工程名称：110kV智能变电站模块化建设

序号	项目编码	项　目　名　称	项　目　特　征	计量单位	工程量	备　注
		变电站安装工程				
		一　主要生产工程				
		1　主变压器系统				
	BA1601	1.6　110kV主变压器				
1	BA1601A11001	变压器	1. 电压等级：110kV 2. 名称：一体式三相三绕组油浸自冷式有载调压 3. 型号规格、容量：SSZ11-50000/110 4. 电压比：110±8×1.25%/38.5±2×2.5%/10.5kV 5. 冷却方式：ONAN 6. 安装方式：户外	台	2	
2	BA1601B27001	中性点接地成套设备	1. 电压等级：110kV 2. 型号规格：中性点CT 1 5P/5P 200/1A 15VA 3. 安装方式：户外	套	2	
3	BA1601C15001	引下线、跳线及设备连引线	1. 电压等级：110kV 2. 名称：主变110kV侧引线 3. 单导线型号规格：LGJ-300/40 4. 金具：90°铜铝过渡设备线夹SYG-300/40C，130mm×110mm（长×宽），6套；90°铜铝过渡设备线夹SYG-300/40C，90mm×90mm（长×宽），6套	组/三相	2	
4	BA1601C15002	引下线、跳线及设备连引线	1. 电压等级：110kV 2. 名称：主变110kV侧引线 3. 单导线型号规格：LGJ-240/30 4. 金具：90°铜铝过渡设备线夹SYG-240/30C，110mm×130mm（长×宽），2套；90°铝设备线夹SY-240/30C，130mm×110mm（长×宽），2套	组/单相	2	
5	BA1601C16001	带形母线	1. 电压等级：35kV 2. 单片母线型号规格：TMY-80×10 3. 金具：矩形母线固定金具MWP-102T/ϕ127（4-M16）24套；母线伸缩节MST-100×1012套	m	120	

续表

序号	项目编码	项目名称	项目特征	计量单位	工程量	备注
6	BA1601C12001	支柱绝缘子	1. 电压等级：35kV 2. 型号规格：ZSW-40.5/12.5 3. 安装方式：户外	个	24	
7	BA1601B18001	避雷器	1. 电压等级：35kV 2. 型号规格：HY5WZ-51/134 3. 安装方式：户外	组	2	
8	BA1601D25001	铁构件	1. 名称：支架 2. 型号规格：型钢构件 3. 用途：支持型钢	t	0.975	
9	BA1601C16002	带形母线	1. 电压等级：10kV 2. 单片母线型号规格：3×（TMY-125×10） 3. 金具：矩形母线固定金具 MWP-204T/ϕ140（4-M12）30套；母线伸缩节 MST-125×1236套；母线间隔垫 MJG-04120套	m	160	
10	BA1601C12002	支柱绝缘子	1. 电压等级：10kV 2. 型号规格：ZSW-24/12.5 3. 安装方式：户外	个	30	
11	BA1601B18002	避雷器	1. 电压等级：10kV 2. 型号规格：HY5WZ-17/45 3. 安装方式：户外	组	2	
12	BA1601C15003	引下线、跳线及设备连引线	1. 电压等级：35kV/10kV 2. 名称：35kV、10kV避雷器引上接母排 3. 单导线型号规格：TMY-30×4	m	12	
13	BA1601C15004	引下线、跳线及设备连引线	1. 名称：引线 2. 单导线型号规格：YJY-1×70	m	60	
14	BA1601G16001	电缆桥架	1. 名称：不锈钢槽盒	m	40	
		2 配电装置				
		2.1 屋内配电装置				
	BA2104	2.1.4 110kV屋内配电装置				
15	BA2104B12001	组合电器	1. 电压等级：110kV 2. 名称：SF_6气体绝缘全密封（GIS），三相共箱布置（电缆出线） 3. 型号规格：126kV，3150A，40kA/3s，100kA 4. 安装方式：户内	台	1	

续表

序号	项目编码	项　目　名　称	项　目　特　征	计量单位	工程量	备　注
16	BA2104B12002	组合电器	1. 电压等级：110kV 2. 名称：SF_6 气体绝缘全密封（GIS），三相共箱布置（架空出线） 3. 型号规格：126kV，3150A，40kA/3s，100kA 4. 安装方式：户内	台	1	
17	BA2104B12003	组合电器	1. 电压等级：110kV 2. 名称：SF_6 气体绝缘全密封（GIS），三相共箱布置（主变进线间隔） 3. 型号规格：126kV，3150A，40kA/3s，100kA 4. 安装方式：户内	台	2	
18	BA2104B12004	组合电器	1. 电压等级：110kV 2. 名称：SF_6 气体绝缘全密封（GIS），三相共箱布置（桥分段间隔） 3. 型号规格：126kV，3150A，40kA/3s，100kA 4. 安装方式：户内	台	1	
19	BA2104B12005	组合电器	1. 电压等级：110kV 2. 名称：SF_6 气体绝缘全密封（GIS），三相共箱布置（母线设备间隔） 3. 型号规格：126kV，3150A，40kA/3s，100kA 4. 安装方式：户内	台	2	
20	BA2104B18001	避雷器	1. 电压等级：110kV 2. 型号规格：Y10WZ－102/266 3. 安装方式：户内	组	1	
21	BA2104C15001	引下线、跳线及设备连引线	1. 电压等级：110kV 2. 名称：110kV 侧出线套管引下线及避雷器引下线 3. 单导线型号规格：LGJ－300/40 4. 金具：30°铝设备线夹 SY－300/40B－110×1103 套；T 型线夹 TY－300/406 套；30°铝设备线夹 SY－300/40B－140×1103 套	组/三相	2	
22	BA2104C15002	引下线、跳线及设备连引线	1. 电压等级：110kV 2. 名称：110kV 避雷器引上接母排 3. 单导线型号规格：TMY－30×4	m	1	
	BA2106	2.1.6　35kV 屋内配电装置				
23	BA2106B26001	成套高压配电柜（主变进线断路器柜）	1. 电压等级：35kV 2. 型号规格：金属铠装移开式高压开关柜，40.5kV，1250A，31.5kA/3s	台	2	
24	BA2106B26002	成套高压配电柜（电缆出线断路器柜）	1. 电压等级：35kV 2. 型号规格：金属铠装移开式高压开关柜，40.5kV，1250A，31.5kA/3s	台	4	

续表

序号	项目编码	项目名称	项目特征	计量单位	工程量	备注
25	BA2106B26003	成套高压配电柜（分段断路器柜）	1. 电压等级：35kV 2. 型号规格：金属铠装移开式高压开关柜，40.5kV，1250A，31.5kA/3s	台	1	
26	BA2106B26004	成套高压配电柜（分段隔离柜）	1. 电压等级：35kV 2. 型号规格：金属铠装移开式高压开关柜，40.5kV，1250A，31.5kA/3s	台	1	
27	BA2106B26005	成套高压配电柜（母线设备柜）	1. 电压等级：35kV 2. 型号规格：金属铠装移开式高压开关柜，40.5kV，1250A，31.5kA/3s	台	2	
28	BA2106C21001	封闭母线桥	1. 型号规格：AC35kV1250A三相	m	19	
29	BA2106C13001	穿墙套管	1. 电压等级：35kV 2. 型号规格：CWW－40.5/1250	个	6	
	BA2108	2.1.8　10kV屋内配电装置				
30	BA2108B26001	成套高压配电柜（主变进线断路器柜）	1. 电压等级：10kV 2. 型号规格：金属铠装移开式高压开关柜，12kV，3150A，40kA/3s	台	2	
31	BA2108B26002	成套高压配电柜（主变进线隔离柜）	1. 电压等级：10kV 2. 型号规格：金属铠装移开式高压开关柜，12kV，3150A，40kA/3s	台	2	
32	BA2108B26003	成套高压配电柜（分段断路器柜）	1. 电压等级：10kV 2. 型号规格：金属铠装移开式高压开关柜，12kV，3150A，40kA/3s	台	1	
33	BA2108B26004	成套高压配电柜（分段隔离柜）	1. 电压等级：10kV 2. 型号规格：金属铠装移开式高压开关柜，12kV，3150A，40kA/3s	台	2	
34	BA2108B26005	成套高压配电柜（电缆出线断路器柜）	1. 电压等级：10kV 2. 型号规格：金属铠装移开式高压开关柜，12kV，3150A，40kA/3s	台	16	
35	BA2108B26006	成套高压配电柜（母线设备柜）	1. 电压等级：10kV 2. 型号规格：金属铠装移开式高压开关柜，12kV，3150A，40kA/3s	台	2	
36	BA2108B26007	成套高压配电柜（电容器电缆出线断路器柜）	1. 电压等级：10kV 2. 型号规格：金属铠装移开式高压开关柜，12kV，3150A，40kA/3s	台	4	
37	BA2108B26008	成套高压配电柜（接地变出线断路器柜）	1. 电压等级：10kV 2. 型号规格：金属铠装移开式高压开关柜，12kV，3150A，40kA/3s	台	2	
38	BA2108C21001	10kV封闭母线桥箱	1. 型号规格：12kV，3150A，40kA	m	31	
39	BA2108C13001	穿墙套管	1. 电压等级：24kV 2. 型号规格：CWW－24/3150	个	6	

续表

序号	项目编码	项 目 名 称	项 目 特 征	计量单位	工程量	备 注
40	BA2108C15001	引下线、跳线及设备连引线	1. 电压等级：10kV 2. 名称：用于隔离开关接线端子与电缆终端连接 3. 单导线型号规格：TMY－80×8 含绝缘护套	m	1	
		3　无功补偿				
		3.3　低压电容器				
	BA3305	3.3.5　10kV 电容器				
41	BA3305B19001	电容器	1. 电压等级：10kV 2. 名称：10kV 框架式并联电容器组成套装置 3. 型号规格：TBB10－6000/334－AC（12%）	组	4	
		4　控制及直流系统				
		4.1　计算机监控系统				
	BA4101	4.1.1　计算机监控系统				
42	BA4101D11001	计算机监控系统	1. 变电站电压等级：110kV 2. 名称：监控主机兼一键顺控主机柜 3. 型号及规格：含监控主机兼一键顺控主机 2 台	台	1	
	BA4102	4.1.2　智能设备				
43	BA4102D18001	智能辅助控制系统	1. 变电站电压等级：110kV 2. 系统名称：备自投装置	套	1	
44	BA4102D13001	控制及保护盘台柜	1. 名称：桥保护测控装置 2. 型号规格：110kV	台	1	
45	BA4102D18002	智能辅助控制系统	1. 变电站电压等级：35kV 2. 系统名称：备自投装置	套	1	
46	BA4102D18003	智能辅助控制系统	1. 变电站电压等级：10kV 2. 系统名称：备自投装置	套	1	
	BA4103	4.1.3　同步时钟				
47	BA4103D14001	时间同步系统柜	1. 变电站电压等级：110kV 2. 包含的同步网设备名称：GPS/北斗互为备用主时钟及高精度守时主机单元，且输出口数量满足站内设备远景使用需求	套	1	
	BA4201	4.2　继电保护				

续表

序号	项目编码	项　目　名　称	项　目　特　征	计量单位	工程量	备　注
48	BA4201D13001	控制及保护盘台柜	1. 名称：主变保护柜 2. 型号规格：每面含主变保护装置 2 台，过程层交换机 1 台	块	2	
	BA4301	4.3　直流系统及不间断电源				
49	BA4301E13001	交流电源柜	1. 型号规格：含事故照明回路	套	3	
50	BA4301E13002	第一组并联直流电源柜	1. 型号规格：共 17 个模块，每个模块输出电流 2A、电压 12V	套	3	
51	BA4301E13003	直流馈电柜	1. 型号规格：每面含 40A 空开 8 个，32A 空开 8 个，25A 空开 8 个，16A	套	2	
52	BA4301E13004	第二组并联直流电源柜	1. 型号规格：共 21 个模块，每个模块输出电流 2A、电压 12V	套	3	
53	BA4301E13005	第三组并列直流电源柜	1. 型号规格：共 6 个模块，每个模块输出电流 10A、电压 12V	套	1	
54	BA4301E13006	通信电源馈出屏		套	1	
55	BA4301D13001	UPS 电源柜	1. 型号规格：含 UPS 装置 1 套，10kVA	块	1	
56	BA4301E13007	事故照明电源屏	1. 型号规格：3kVA 集成一体化监控	套	1	
	BA4401	4.4　智能辅助控制系统				
57	BA4401D11001	高级应用软件	1. 变电站电压等级：110kV	套	1	
58	BA4401D12001	防误闭锁系统	1. 变电站电压等级：智能防误主机柜 2. 包含的防误设备名称：智能防误主机 1 台，显示器 1 台，打印机 1 台。	台	1	
59	BA4401D23001	低压成套配电柜	1. 名称：数据通信网关机柜 2. 型号规格：含Ⅰ区远动网关机（兼图形网关机）2 台、Ⅱ区远动网关机 1 台，Ⅳ区通信网管机 1 台及硬件防火墙 2 台；正、反向隔离 2 台	台	2	
60	BA4401D18001	综合应用服务器	1. 变电站电压等级：110kV 2. 包含的子系统名称：含综合应用服务器 1 台	套	1	
61	（费）BA4401D24001	辅助设备与设施	1. 名称：打印机	台	1	
62	BA4401D23002	低压成套配电柜	1. 名称：站控层Ⅰ区交换机/站控层Ⅱ区交换机 2. 型号规格：百兆、24 电口、2 光口	台	6	
63	BA4401D23003	低压成套配电柜	1. 名称：公用测控柜 2. 型号规格：含公用测控装置 1 台，110kV 母线测控装置 2 台，110kV 间隔层交换机 2 台	台	1	
64	BA4401D23004	低压成套配电柜	1. 名称：主变测控柜 2. 型号规格：1 号主变压器测控柜含主变测控装置 4 台，2 号主变压器测控柜含主变测控装置 4 台	台	2	

续表

序号	项目编码	项目名称	项目特征	计量单位	工程量	备注
65	BA4401D13001	控制及保护盘台柜	1. 名称：线路测控装置 2. 型号规格：110kV	台	2	
66	BA4401D13002	控制及保护盘台柜	1. 名称：母线测控装置 2. 型号规格：35kV	台	2	
67	BA4401D13003	控制及保护盘台柜	1. 名称：电压并列装置 2. 型号规格：35kV	台	1	
68	BA4401D13004	控制及保护盘台柜	1. 名称：分段保护测控装置 2. 型号规格：35kV	台	1	
69	BA4401D13005	控制及保护盘台柜	1. 名称：线路保护测控装置 2. 型号规格：35kV	台	4	
70	BA4401D13006	控制及保护盘台柜	1. 名称：公用测控装置 2. 型号规格：35kV	台	2	
71	BA4401D13007	控制及保护盘台柜	1. 名称：间隔层交换机 2. 型号规格：35kV	块	4	
72	BA4401D13008	控制及保护盘台柜	1. 名称：线路测控装置 2. 型号规格：10kV	台	16	
73	BA4401D13009	控制及保护盘台柜	1. 名称：母线测控装置 2. 型号规格：10kV	台	2	
74	BA4401D13010	控制及保护盘台柜	1. 名称：电容器保护测控装置 2. 型号规格：10kV	台	4	
75	BA4401D13011	控制及保护盘台柜	1. 名称：接地变保护测控装置 2. 型号规格：10kV	台	2	
76	BA4401D13012	控制及保护盘台柜	1. 名称：电压并列装置 2. 型号规格：10kV	台	2	
77	BA4401D13013	控制及保护盘台柜	1. 名称：分段保护测控装置 2. 型号规格：10kV	台	1	
78	BA4401D13014	控制及保护盘台柜	1. 名称：公用测控装置 2. 型号规格：10kV	台	2	
79	BA4401D16001	二次安全防护系统	1. 变电站电压等级：110kV 2. 包含的安全防护设备名称：10kV间隔层交换机	站	1	

续表

序号	项目编码	项 目 名 称	项 目 特 征	计量单位	工程量	备 注
80	BA4401D16002	二次安全防护系统	1. 变电站电压等级：110kV 2. 名称：调度数据网设备柜 3. 包含的安全防护设备名称：含路由器1台，交换机2台，纵向加密装置2台，网络安全监测装置1套	站	1	
81	BA4401D22001	信息安全测评（等级保护测评）系统接入变电站	1. 变电站电压等级：110kV 2. 包含的各级调度端及其相应各数据主站测评设备名称：等保测评费	站	1	
82	BA4401D11002	电力监控系统安全加固	1. 变电站电压等级：110kV 2. 名称：电力监控系统安全加固 3. 型号及规格：第三方机构安全加固	套	1	
83	BA4401D13015	控制及保护盘台柜	1. 名称：主变本体智能控制柜（随主变本体供应） 2. 型号规格：每面含主变中性点合并单元2台，主变本体智能终端1台，相应预制电缆及附件	块	2	
84	BA4401D13016	控制及保护盘台柜	1. 名称：110kV GIS智能控制柜（随110kV GIS供应） 2. 型号规格：母线间隔智能控制柜2面，每面含母线智能终端1台、母线合并单元1台、相应预制电缆及附件；线路、桥间隔智能控制柜3面，每面含110kV智能终端合并单元集成装置2台、相应预制电缆及附件；桥间隔智能控制柜内安装过程层交换机2台，配置主变进线智能控制柜2面，每面配置2台智能终端合并单元集成装置	面	7	
85	BA4401D18002	智能辅助控制系统	1. 变电站电压等级：35kV 2. 包含的子系统名称：35kV智能终端合并单元集成装置（随35kV开关柜供应）	套	4	
86	BA4401D18003	智能辅助控制系统	1. 变电站电压等级：10kV 2. 包含的子系统名称：10kV智能终端合并单元集成装置（随10kV开关柜供应）	套	4	
87	BA4401R14001	故障录波器柜	1. 变电站电压等级：110kV 2. 规格型号：含故障录波器1台	套	1	
88	BA4401D13017	控制及保护盘台柜	1. 名称：网络分析柜 2. 型号规格：含网络记录仪1台，网络分析仪2台，过程层中心交换机1台	台	1	
89	BA4401D13018	控制及保护盘台柜	1. 名称：集中接线柜	面	2	
90	BA4401D13019	控制及保护盘台柜	1. 名称：35kV消弧线圈控制柜（随一次设备供货） 2. 型号规格：含控制器2台	面	2	
91	BA4401D13020	控制及保护盘台柜	1. 名称：10kV消弧线圈控制柜（随一次设备供货） 2. 型号规格：含控制器2台	面	2	

续表

序号	项目编码	项　目　名　称	项　目　特　征	计量单位	工程量	备　注
	BA4501	4.5　在线监测系统				
92	BA4501D19001	一次设备在线监测子系统	1. 变电站电压等级：110kV 2. 安装 IED 的设备：变压器在线监测系统、GIS 在线监测系统、开关柜在线监测、独立避雷器监测	套	1	
93	BA4501D19002	火灾消防子系统	1. 变电站电压等级：110kV 2. 包含的设备：消防信息传输控制单元含柜体 1 面、模拟量变送器等设备，配合火灾自动报警系统，实现站内火灾报警信息的采集、传输和联动控制；火灾报警主机 1 台	套	1	
94	BA4501D19003	安全防卫子系统	1. 变电站电压等级：110kV 2. 包含的设备：配置安防监控终端、防盗报警控制器、门禁控制器、电子围栏、红外双鉴探测器、红外对射探测器、声光报警器、紧急报警按钮等	套	1	
95	BA4501D19004	动环子系统	1. 变电站电压等级：110kV 2. 包含的设备：环监控终端、空调控制器、照明控制器、除湿机控制箱、风机控制器、水泵控制器、温湿度传感器、微气象传感器、水浸传感器、水位传感器、绝缘气体监测传感器等	套	1	
96	BA4501D19005	智能锁控子系统	1. 变电站电压等级：110kV 2. 包含的设备名称：由锁控监控终端、电子钥匙、锁具等配套设备组成。1 台锁控控制器、2 把电子钥匙集中部署，并配置 1 把备用机械紧急解锁钥匙	套	1	
97	BA4501D19006	智能巡视子系统	1. 变电站电压等级：110kV 2. 包含的设备：含智能巡视主机、硬盘录像机及摄像机等前端设备，支持枪型摄像机、球形摄像机、高清视频摄像机、红外热成像摄像机、声纹监测装置及巡检机器人等设备的接入，实现变电站巡视数据的集中采集和智能分析	套	1	
	BA4601	4.6　辅助设备与设施				
98	BA4601D23001	低压成套配电柜	1. 名称：主变电能表及电量采集柜 2. 型号规格：含主变考核关口表 6 只，电能数据采集终端 1 台	台	1	
99	BA4601D23002	低压成套配电柜	1. 名称：110kV 线路多功能电能表 2. 型号规格：0.2S 级三相四线制数字式	台	2	
100	BA4601D23003	低压成套配电柜	1. 名称：35kV 多功能电能表 2. 型号规格：0.2S 级三相三线制电子式	台	4	
101	BA4601D23004	低压成套配电柜	1. 名称：10kV 多功能电能表 2. 型号规格：0.2S 级三相三线制电子式	台	22	

续表

序号	项目编码	项目名称	项目特征	计量单位	工程量	备注
		5 站用电系统				
	BA5101	5.1 站用变压器				
102	BA5101A11001	变压器	1. 电压等级：10kV 2. 名称：接地变、消弧线圈成套装置 3. 型号规格、容量：10kV，干式，有外壳，接地变容量 800/200kVA，消弧线圈容量 630kVA	台	2	
		6 电缆及接地				
		6.1 全站电缆				
	BA6101	6.1.1 电力电缆				
103	BA6101G11001	电力电缆（主变部分）	1. 名称：回流线 2. 型号规格：ZC-YJV-8.7/10-1×240	m	120	
104	BA6101G11002	电缆终端（主变部分）	1. 电压等级：110kV 2. 终端型号规格：电缆终端，1×400，户外终端，复合套管，铜	只	6	
105	BA6101G11003	电力电缆（110kV 配电装置）	1. 型号规格：ZC-YJLW03-64/110kV-1×400	m	560	
106	BA6101G11004	电缆终端（110kV 配电装置）	1. 电压等级：110kV 2. 终端型号规格：电缆终端，1×400，GIS 终端，预制，铜	只	6	
107	BA6101G11005	电力电缆（10kV 配电装置）	1. 型号规格：ZC-YJV22-8.7/10-3×300	m	240	
108	BA6101G11006	电力电缆（10kV 配电装置）	1. 电压等级：10kV 2. 终端型号规格：电缆终端，3×300，户内终端，冷缩，铜	套	8	
109	BA6101G11007	电力电缆（10kV 配电装置）	1. 型号规格：ZC-YJV22-8.7/10-3×240	m	200	
110	BA6101G11008	电力电缆（10kV 配电装置）	1. 电压等级：10kV 2. 终端型号规格：电缆终端，3×300，户内终端，冷缩，铜	套	4	
111	BA6101G11009	电力电缆（10kV 配电装置）	1. 型号规格：ZC-YJY-0.6/1-4×240	m	200	
112	BA6101G11010	电力电缆	1. 型号规格：ZR-YJV22-4×16+1×10	m	825	
113	BA6101G11011	电力电缆	1. 型号规格：ZR-YJV22-4×10+1×6	m	233	
114	BA6101G11012	电力电缆	1. 型号规格：ZR-YJV22-2×10	m	500	
115	BA6101G11013	电力电缆	1. 型号规格：ZR-YJV22-4×120+1×95	m	200	
116	BA6101G11014	电力电缆	1. 型号规格：WDZB2N-KYJY-P2-234×4	m	100	

续表

序号	项目编码	项　目　名　称	项　目　特　征	计量单位	工程量	备　注
	BA6102	6.1.2　控制电缆				
117	BA6102G13001	控制电缆	1. 型号规格：ZR－KVVP2－22－4×1.5	m	2279	
118	BA6102G13002	控制电缆	1. 型号规格：ZR－KVVP2－22－7×1.5	m	1720	
119	BA6102G13003	控制电缆	1. 型号规格：ZR－KVVP2－22－10×1.5	m	306	
120	BA6102G13004	控制电缆	1. 型号规格：ZR－KVVP2－22－14×1.5	m	176	
121	BA6102G13005	控制电缆	1. 型号规格：ZR－KVVP2－22－7×2.5	m	322	
122	BA6102G13006	控制电缆	1. 型号规格：ZR－KVVP2－22－4×4	m	5148	
123	BA6102G13007	控制电缆	1. 型号规格：ZR－KVVP2－22－7×4	m	528	
124	BA6102N13001	管道光缆	1. 型号规格：铠装多模预制光缆	km	2170	
125	BA6102N13002	铠装多模尾缆	1. 型号规格：铠装多模尾缆（监控厂家提供）	km	681	
126	BA6102C18001	免熔接光配箱	1. 型号、规格：MR－3S/12ST，5 台；MR－2S/24ST3 2 台	套	37	
127	BA6102N19001	光缆连接器		头	72	
128	BA6102R11001	布放线缆	1. 名称：铠装超五类屏蔽双绞线（监控厂家提供）	m	1558	
129	BA6102G17001	辅助系统及火灾报警用埋管	1. 材质：镀锌钢管 ϕ32	m	1800	
	BA6103	6.1.3　电缆辅助设施				
130	BA6103G15001	电缆支架	1. 材质：钢质 2. 型号规格：∠63×63×6，∠50×50×5，∠40×40×5	t	7.827	
131	BA6103G16001	电缆桥架	1. 名称：水平电缆（光缆）槽盒（带盖） 2. 型号规格：250mm×100mm 3. 转接头：电缆槽盒用，“＋”形、“T”形、“L”形 20 个	m	150	
132	BA6103G18001	电缆防火设施	1. 材料名称：L 型防火隔板 2. 型号规格：300mm×80mm×10mm	m^2	114	
	BA6104	6.1.4　电缆防火				
133	BA6104G18001	电缆防火设施	1. 材料名称：无机速固防火堵料 2. 型号规格：WSZD	t	2	
134	BA6104G18002	电缆防火设施	1. 材料名称：有机可塑性软质防火堵料 2. 型号规格：RZD	t	1.5	

续表

序号	项目编码	项 目 名 称	项 目 特 征	计量单位	工程量	备 注
135	BA6104G18003	电缆防火设施	1. 材料名称：阻火模块 2. 型号规格：240mm×120mm×60mm	m^3	10	
136	BA6104G18004	电缆防火设施	1. 材料名称：防火涂料	t	0.5	
137	BA6104G18005	电缆防火设施	1. 材料名称：防火隔板	mm^2	100	
138	BA6104G18006	电缆防火设施	1. 材料名称：防火网	mm^2	10	
139	BA6104D25001	铁构件	1. 名称：支架 2. 型号规格：型钢构件 3. 用途：支持型钢	t	0.66	
	BA6201	6.2　全站接地				
140	BA6201G11001	电力电缆（主变部分）	1. 名称：接地电缆 2. 型号规格：ZC－YJV－8.7/10－1×150	m	120	
141	BA6201H13001	配电箱（主变部分）	1. 名称：110kV 电缆接地箱 2. 型号规格：三线直接接地 JDX－3	台	4	
142	BA6201H13002	配电箱（110kV 配电装置）	1. 名称：110kV 电缆接地箱 2. 型号规格：带护层保护器 JDXB－3	台	4	
143	BA6201H14001	接地母线	1. 材质：扁紫铜排 2. 型号规格：—40×4	m	2000	
144	BA6201C14001	接地极安装	1. 材质：紫铜棒 2. 规格：ϕ25×2500	根	80	
145	BA6201H14002	接地母线	1. 材质：铜排 2. 型号规格：—30×4	m	270	
146	BA6201C12001	绝缘子	1. 型号规格：WX－01	个	340	
147	BA6201C12002	放热焊点		个	600	
148	BA6201H14003	接地母线	1. 材质：镀锌扁钢 2. 型号规格：—60×8	m	1000	
149	BA6201H15001	全站接地引下线	1. 名称：多股软铜芯电缆 2. 型号规格：$120mm^2$	m	30	

续表

序号	项目编码	项目名称	项目特征	计量单位	工程量	备注
150	BA6201H15002	全站接地引下线	1. 名称：多股软铜芯电缆 2. 型号规格：$100mm^2$	m	300	
151	BA6201H15003	全站接地引下线	1. 名称：多股软铜芯电缆 2. 型号规格：$50mm^2$	m	8	
152	BA6201H15004	全站接地引下线	1. 名称：多股软铜芯电缆 2. 型号规格：$4mm^2$	m	300	
153	BA6201H13003	断线卡及断线头保护盒	1. 名称：断线卡及断线头保护盒 2. 型号规格：附专用保护箱建议尺寸300mm×210mm×120mm（高×宽×深）	台	18	
154	BA6201H19001	临时接地端子		套	31	
		7 通信及远动系统				
	BA7101	7.1 通信系统				
155	BA7101A12001	光纤数字传输设备接口单元盘（SDH）	型号规格：A/B子平面，2.5G，含公务板、业务板、光路板	块	2	
156	BA7101B11001	通信数字同步网设备	1. 名称：数据通信网路由器	台	1	
157	BA7101B11002	通信数字同步网设备	1. 名称：数据通信网交换机	台	1	
158	BA7101B11003	IAD设备	1. 名称：IAD 2. 型号规格：32线	台	3	
159	BA7101P12001	机架、分配架、敞开式音频配线架	1. 名称：ODF 2. 型号规格：144线	架	1	
160	BA7101P12002	机架、分配架、敞开式音频配线架	1. 名称：VDF 2. 型号规格：50回	架	1	
161	BA7101P12003	机架、分配架、敞开式音频配线架	1. 名称：DDF 2. 型号规格：128线	架	1	
162	BA7101X12001	模块	1. 名称：网络配模块 2. 型号规格：24线	只	2	
163	BA7101D23001	低压成套配电柜	1. 名称：通用机柜 2. 型号规格：2260mm×600mm×600mm/2260mm×600mm×800mm	台	10	
164	BA7101N12001	普通光缆	型号规格：非金属阻燃，48芯	km	0.6	

续表

序号	项目编码	项 目 名 称	项 目 特 征	计量单位	工程量	备 注
165	BA7101N19001	光缆接续	1. 名称：光缆接头盒 2. 型号规格：48芯	头	2	
166	BA7101A22001	余缆架	1. 名称：余缆架 2. 型号规格：内盘式	架	2	
167	BA7101B13001	防火槽盒	1. 型号、规格：50mm×50mm	m	600	
168	BA7101N13001	管道	1. 型号规格：PVC管 ϕ32	km	1.5	
169	BA7101F12001	电缆保护管敷设	1. 管径：ϕ50 2. 管材材质：镀锌钢管	m	200	
170	BA7101C15001	接地体敷设	1. 材质：镀锌扁钢 2. 规格：4mm×40mm	m	30	
171	BA7101H14001	接地母线	1. 材质：接地线	m	50	
172	BA7101G12001	网络设备接口板	1. 名称：信息面板 2. 型号规格：双孔，含电话出线盒、网络出线盒	块	10	
173	BA7101R11001	布放线缆	1. 名称：电话软线 2. 型号规格：BPV-2×0.5	m	300	
174	BA7101R11002	布放线缆	1. 名称：网线 2. 型号规格：超五类屏蔽双绞线	m	500	
175	BA7101E11001	电话机	1. 名称：模拟话机	台	10	
176	BA7101E11002	电话分接箱	1. 名称：电话分接箱	个	1	
177	BA7101R11003	布放线缆	1. 名称：音频电缆 2. 型号规格：HYA-10×2×0.5	m	200	
178	BA7101R13001	跳纤	1. 名称：跳纤 2. 型号规格：单模，30m	条	40	
179	BA7101C15002	接地体敷设	1. 材质：地线 2. 规格：TRJ-1×50，黄绿	m	300	
180	BA7101G11001	电力电缆	1. 型号规格：电力电缆ZR-ZVV-2×16	m	300	
181	BA7101G11002	电力电缆	1. 型号规格：电力电缆ZR-ZVV-2×10	m	200	

续表

序号	项目编码	项目名称	项目特征	计量单位	工程量	备注
		8 全站调试				
	BA8101	8.1 分系统调试				
182	BA8101R11001	变压器系统调试	1. 变压器型号规格、容量：SSZ11-50000/110	系统	2	
183	BA8101S19001	直流控制、保护系统调试	1. 控制、保护装置名称：110kV 2. 控制、保护装置型号规格：保护测控装置	套	4	
184	BA8101S19002	直流控制、保护系统调试	1. 控制、保护装置名称：35kV 2. 控制、保护装置型号规格：保护测控装置	套	6	
185	BA8101S19003	直流控制、保护系统调试	1. 控制、保护装置名称：10kV 2. 控制、保护装置型号规格：保护测控装置	套	4	
186	BA8101S19004	直流控制、保护系统调试	1. 控制、保护装置名称：变压器保护装置	套	2	
187	BA8101R12001	交流供电系统调试	1. 间隔电压等级：110kV 2. 间隔类型：出线	系统	2	
188	BA8101R12002	交流供电系统调试	1. 间隔电压等级：110kV 2. 间隔类型：进线	系统	2	
189	BA8101R12003	交流供电系统调试	1. 间隔电压等级：110kV 2. 间隔类型：母联	系统	2	
190	BA8101R12004	交流供电系统调试	1. 间隔电压等级：35kV 2. 间隔类型：进线	系统	2	
191	BA8101R12005	交流供电系统调试	1. 间隔电压等级：35kV 2. 间隔类型：出线	系统	4	
192	BA8101R12006	交流供电系统调试	1. 间隔电压等级：10kV 2. 间隔类型：进线	系统	4	
193	BA8101R12007	交流供电系统调试	1. 间隔电压等级：10kV 2. 间隔类型：出线	系统	27	
194	BA8101R13001	母线系统调试	1. 母线电压等级：110kV	段	2	
195	BA8101R13002	母线系统调试	1. 母线电压等级：35kV	段	2	
196	BA8101R13003	母线系统调试	1. 母线电压等级：10kV	段	2	

续表

序号	项目编码	项　目　名　称	项　目　特　征	计量单位	工程量	备　注
197	BA8101R14001	故障录波系统调试	1. 变电站电压等级：110kV	站	1	
198	BA8101R15001	同步相量系统（PMU）调试	1. 变电站电压等级：110kV	站	1	
199	BA8101R17001	直流电源系统调试	1. 变电站电压等级：110kV	站	1	
200	BA8101R18001	事故照明及不间断电源系统调试	1. 变电站电压等级：110kV 2. 不间断电源型号规格、容量：含 UPS 装置 1 套，10kVA	站	1	
201	BA8101R20001	微机监控、“五防”系统调试	1. 变电站电压等级：110kV	站	1	
202	BA8101R21001	保护故障信息系统调试	1. 变电站电压等级：110kV	站	1	
203	BA8101R22001	电网调度自动化系统调试	1. 变电站电压等级：110kV 2. 变电站接入的相应调度端名称：地调 3. 相应调度端包含的各数据主站名称：调度自动化	站	1	
204	BA8101R22002	电网调度自动化系统调试	1. 变电站电压等级：110kV 2. 变电站接入的相应调度端名称：地调 3. 相应调度端包含的各数据主站名称：继电保护和保障录波信息管理系统	站	1	
205	BA8101R22003	电网调度自动化系统调试	1. 变电站电压等级：110kV 2. 变电站接入的相应调度端名称：地调 3. 相应调度端包含的各数据主站名称：配电自动化系统	站	1	
206	BA8101R22004	电网调度自动化系统调试	1. 变电站电压等级：110kV 2. 变电站接入的相应调度端名称：地调 3. 相应调度端包含的各数据主站名称：电能量计量系统大客户负荷管理系统	站	1	
207	BA8101R23001	二次系统安全防护系统调试	1. 变电站电压等级：110kV	站	1	
208	BA8101R25001	信息安全测评系统（等级保护测评）调试	1. 变电站电压等级：110kV	站	1	
209	BA8101R26001	信息安全测评系统（等级保护测评）接入变电站调试	1. 变电站电压等级：110kV 2. 变电站接入的相应调度端名称：地调 3. 相应调度端包含的各数据主站名称：信息安全测评系统（等级保护测评）	站	1	
210	BA8101R28001	智能辅助系统调试	1. 变电站电压等级：110kV	站	1	
211	BA8101R30001	交直流电源一体化系统调试	1. 变电站电压等级：110kV	站	1	

续表

序号	项目编码	项 目 名 称	项 目 特 征	计量单位	工程量	备 注
212	BA8101R31001	信息一体化平台调试	1. 变电站电压等级：110kV	站	1	
213	BA8101S20001	监控系统调试	1. 电压等级：110kV	站	1	
214	BA8101S21001	远动系统调试	1. 电压等级：110kV	站	1	
215	BA8101S22001	保护信息子站系统调试	1. 电压等级：110kV	站	1	
216	BA8101S28001	接地装置系统调试	1. 电压等级：110kV	站	1	
	BA8201	8.2 特殊项目调试				
217	BA8201U11001	试运行	1. 变电站电压等级：110kV 2. 新建变压器台（组）数：2	站	1	
218	BA8201U12001	监控调试	1. 变电站电压等级：110kV 2. 新建变压器台（组）数：2	站	1	
219	BA8201U13001	电网调度自动化系统调试	1. 变电站电压等级：110kV 2. 新建变压器台（组）数：2	站	1	
220	BA8201U14001	二次系统安全防护调试	1. 变电站电压等级：110kV	站	1	
	BA8301	8.3 整套启动调试				
221	BA8301T11001	变压器感应耐压试验带局部放电试验	1. 变压器型号规格：SSZ11-50000/110	台（三相）	1	
222	BA8301T29001	GIS（HGIS）交流耐压试验	1. GIS（HGIS）型号规格：户内，SF_6 气体绝缘全密封（GIS），三相共箱布置	间隔	7	
223	BA8301T30001	GIS（HGIS）局部放电带电检测	1. GIS（HGIS）型号规格：户内，SF_6 气体绝缘全密封（GIS），三相共箱布置	间隔	7	

清单封－3.1

措施项目清单（一）

工程名称：110kV 智能变电站模块化建设

序　号	项　目　名　称	备　　注
一	建筑措施项目	
1	冬雨季施工增加费	238%
2	夜间施工增加费	018%
3	施工工具用具使用费	101%
4	特殊地区施工增加费	
5	临时设施费	423%
6	施工机构迁移费	063%
7	安全文明施工费	639%
二	安装措施项目	
1	冬雨季施工增加费	1789%
2	夜间施工增加费	153%
3	施工工具用具使用费	959%
4	特殊地区施工增加费	
5	临时设施费	1060%
6	施工机构迁移费	1678%
7	安全文明施工费	639%

清单封－3.2

措施项目清单（二）

工程名称：110kV 智能变电站模块化建设

序　号	项目编码	项目名称	项目特征	计量单位	工程量	备　注

清单封-4

其他项目清单

工程名称：110kV智能变电站模块化建设　　　　金额单位：元

序　号	项　目　名　称	金　额	备　　注
1	暂列金额		暂列金额按分部分项工程费的5%～10%计取
2	暂估价		
2.1	材料、工程设备暂估单价		材料暂估单价计入清单项目综合单价，此处不汇总
2.2	专业工程暂估价		
3	计日工		
4	施工总承包服务项目		
5	其他		
5.1	拆除工程项目清单		
5.2	招标人供应设备、材料卸车保管费		
5.2.1	设备保管费		
5.2.2	材料保管费		
5.3	施工企业配合调试费		
5.4	建设场地征占用及清理费		
5.4.1	土地征占用费		
5.4.2	施工场地租用费		
5.4.3	迁移补偿费		
5.4.3.1	房屋拆迁补偿费		
5.4.4	余物清理费		
5.4.5	输电线路走廊清理费		
5.4.6	输电线路跨越补偿费		
5.4.7	通信设施防输电线路干扰措施费		
5.4.8	水土保持补偿费		

清单封－4.1

暂列金额明细表

工程名称：110kV 智能变电站模块化建设　　　　金额单位：元

序号	项目名称	计量单位	金额	备注
1	暂列金额			暂列金额按分部分项工程费的 5%～10%计取

清单封－4.2

材料、工程设备暂估单价表

工程名称：110kV 智能变电站模块化建设　　　　金额单位：元

序号	材料、工程设备名称	规格、型号	计量单位	单　价	备　　注

清单封－4.3

专业工程暂估价表

工程名称：110kV 智能变电站模块化建设　　　　金额单位：元

序　号	工　程　名　称	工　程　内　容	金　　额	备　　注
1	暂估价			
1.1	专业工程暂估价			

清单封－4.4

计 日 工 表

工程名称：110kV 智能变电站模块化建设

编　号	项　目　名　称	计量单位	暂定数量	备　　注
一	人工			
二	材料			
三	施工机械			

清单封-4.5

施工总承包服务项目内容表

工程名称：110kV智能变电站模块化建设　　　　金额单位：元

序　号	工　程　名　称	项目价值	服务内容	备　　注
一	招标人发包专业工程			
1	施工总承包服务项目			

清单封－4.6

拆除工程项目清单

工程名称：110kV 智能变电站模块化建设

序　号	项　目　名　称	项目特征	计量单位	工 程 量	备　　注

清单封－4.7

建设场地征用及清理项目表

工程名称：110kV 智能变电站模块化建设

序　　号	项　目　名　称	备　　注
1	其他	
1.1	建设场地征占用及清理费	
1.1.1	土地征占用费	
1.1.2	施工场地租用费	
1.1.3	迁移补偿费	
1.1.3.1	房屋拆迁补偿费	
1.1.4	余物清理费	
1.1.5	输电线路走廊清理费	
1.1.6	输电线路跨越补偿费	
1.1.7	通信设施防输电线路干扰措施费	
1.1.8	水土保持补偿费	

清单封－5

规费、税金项目清单

工程名称：110kV 智能变电站模块化建设

序　号	项　目　名　称	备　注
一	规费	
	建筑规费项目	
1	社会保险费	
1.1	养老保险费	
1.2	失业保险费	
1.3	医疗保险费	
1.4	生育保险费	
1.5	工伤保险费	
2	住房公积金	
二	安装规费项目	
1	社会保险费	
1.1	养老保险费	
1.2	失业保险费	
1.3	医疗保险费	
1.4	生育保险费	
1.5	工伤保险费	
2	住房公积金	
三	税金	

清单封-6

投标人采购材料（设备）表（样表）

工程名称：110kV智能变电站模块化建设

序号	材料（设备）名称	型号规格	计量单位	数量	备注
一	材料				
	尾纤	双头	m	1200	
	以太网线	超五类屏蔽双绞线	m	500	
	电话软线	BPV-2×0.5	m	300	
	镀锌焊接钢管	DN50（2″）	t	1.02	
	电缆保护管	PVC ϕ32	m	1500	
	普通光缆	非金属阻燃，48芯	km	0.6	
	扁钢	综合	t	3.806	
	紫铜棒	综合	t	1.747	
	扁紫铜排	综合	t	3.136	
	防火发泡砖	（240mm×120mm×60mm）	mm^3	10	
	角钢	综合	t	8.062	
	镀锌钢管	综合	t	5.887	
	铠装多模预制光缆	24芯GYFTY	km	2.17	
	控制电缆	ZR-KVVP2-22-7×4	km	0.528	
	控制电缆	ZR-KVVP2-22-4×4	km	5.148	
	控制电缆	ZR-KVVP2-22-7×2.5	km	0.322	
	控制电缆	ZR-KVVP2-22-14×1.5	km	0.176	
	控制电缆	ZR-KVVP2-22-10×1.5	km	0.306	
	控制电缆	ZR-KVVP2-22-7×1.5	km	1.72	
	控制电缆	ZR-KVVP2-22-4×1.5	km	2.279	
	电缆	WDZB2N-KYJY-P2-23-4×4	km	0.1	

续表

序号	材料（设备）名称	型号规格	计量单位	数量	备注
	电力电缆	ZC-YJY-0.6/1-4×240	km	0.202	
	10kV电缆终端	电缆终端，3×300，户内终端，冷缩，铜	套	12	
	110kV电缆终端	电缆终端，1×400，GIS终端，预制，铜	套	6	
	阻燃交联聚乙烯绝缘波纹铝护套电力电缆	ZR-YJLW，110kV，单芯，400	km	0.566	
	110kV电缆终端	电缆终端，1×400，户外终端，复合套管，铜	套	3	
	10kV封闭母线桥箱	12kV，3150A，40kA	m	31	
	穿墙套管	CWW-40.5/1250	只	6	
	封闭母线桥	AC35kV 1250A 三相	m	19	
	T型线夹	TY-300/40	件	6	
	铜排	TMY-30×4	m	14	
	10kV母排	3×（TMY-125×10）	m	120	
	35kV母排	TMY-80×10	m	120	
	地线	TRJ-1×50，黄绿	m	300	
	音频电缆	HYA-10×2×0.5	m	200	
	临时接地端子		个	31	
	防火网		m^2	10	
	转接头	电缆槽盒用，“+”形、“T”形、“└”形	个	20	
	槽盒	250mm×100mm	m	150	
	不锈钢槽盒		m	40	
	型钢		t	1.635	
	绝缘子	WX-01	只	346.8	
	高压棒式支柱绝缘子	ZSW-24/12.5	只	30	
	高压棒式支柱绝缘子	ZSW-40.5/12.5	只	24	
	穿墙套管	CWW-24/3150	只	6	
	并沟线夹		件	10.15	
	绝缘线夹		件	20	

续表

序号	材料（设备）名称	型 号 规 格	计量单位	数量	备 注
	30°铝设备线夹	SY-300/40B-140×110	件	3	
	变电90°铝设备线夹	SY-240/30C-130×110	件	2	
	30°铝设备线夹	SY-300/40B-110×110	件	3	
	变电90°铜铝过渡设备线夹	SYG-300/40C-90×90	件	6	
	变电90°铜铝过渡设备线夹	SYG-300/40C-130×110	件	6	
	变电90°铜铝过渡设备线夹	SYG-240/30C-110×130	件	2	
	变电矩形母线平放固定金具（户外）	MWP-204T/ϕ140（4-M12）	件	30	
	变电矩形母线平放固定金具（户外）	MWP-102T/ϕ127（4-M16）	件	24	
	变电矩形母线间隔垫	MJG-04	件	120	
	变电（铜）母线伸缩节	MST-100×10	件	12	
	变电（铜）母线伸缩节	MST-125×12	件	36	
	光缆金具及附件接头盒卧式	接头盒卧式	件	2.03	
	断线卡及断线头保护盒		件	18.27	
	光缆连接器		件	73.08	
	电力电缆	YJY-1×70	km	0.061	
	电力电缆	ZC-YJV-8.7/10-1×150	km	0.121	
	电力电缆	ZC-YJV-8.7/10-1×240	km	0.121	
	电力电缆	ZC-YJV22-8.7/10-3×240	km	0.202	
	电力电缆	ZC-YJV22-8.7/10-3×300	km	0.242	
	电力电缆	ZR-YJV22-2×10	km	0.505	
	电力电缆	ZR-YJV22-4×10+1×6	km	0.235	
	电力电缆	ZR-YJV22-4×16+1×10	km	0.833	
	电力电缆	ZR-YJV22-4×120+1×95	km	0.202	
	电缆防火涂料	改性氨基酸	t	0.5	
	有机可塑性软质防火堵料	RZD	t	1.5	
	无机速固防火堵料	WSZD	t	2	

续表

序号	材料（设备）名称	型　号　规　格	计量单位	数量	备　注
	防火槽盒	直线型	m	600	
	防火隔板	BF	m^2	114	
	防火隔板	EF	m^2	100	
	钢芯铝绞线	LGJ240/30	t	0.027	
	钢芯铝绞线	LGJ300/40	t	0.135	
	多股软铜芯电缆	4	m	300	
	多股软铜芯电缆	50	m	8	
	多股软铜芯电缆	100	m	300	
	多股软铜芯电缆	120	m	30	
二	设备				
	电话机		台	10	
	信息面板	双孔，含电话出线盒、网络出线盒	块	10	
	余缆架	内盘式	套	2	
	通用机柜	2260mm×600mm×600mm/2260mm×600mm×800mm	台	10	
	网络配模块	24 线	块	2	
	数字配线架（DDF）	128 线	套	1	
	光纤配线架（VDF）	50 回	套	1	
	光纤配线架（ODF）	≥144 芯	套	1	
	IAD 接入设备	24 口	套	3	
	交换机	数据通信网交换机	块	1	
	路由器	数据通信网路由器	块	1	
	SDH 设备	A/B 子平面，2.5G，含公务板、业务板、光路板	套	2	
	110kV 电缆接地箱	带护层保护器 JDXB－3	台	2	
	110kV 电缆接地箱	三线直接接地 JDX－3	台	2	
	免熔接光配箱	MR－2S/24ST	台	32	
	免熔接光配箱	MR－3S/12ST	台	5	

续表

序号	材料（设备）名称	型　号　规　格	计量单位	数量	备　注
	消弧线圈接地变压器及成套装置	AC10kV，630kVA，干式，100A，调匝	套	2	
	35kV 线路多功能电能表	0.2S 级三相三线制电子式	个	26	
	110kV 线路多功能电能表	0.2S 级三相四线制数字式	个	2	
	主变电能表及电量采集柜		套	1	
	智能巡视子系统	含智能巡视主机、硬盘录像机及摄像机等前端设备，支持枪型摄像机、球形摄像机、高清视频摄像机、红外热成像摄像机、声纹监测装置及巡检机器人等设备的接入，实现变电站巡视数据的集中采集和智能分析	套	1	
	智能锁控子系统	由锁控监控终端、电子钥匙、锁具等配套设备组成。1 台锁控控制器、2 把电子钥匙集中部署，并配置 1 把备用机械紧急解锁钥匙	套	1	
	动环子系统	包括环监控终端、空调控制器、照明控制器、除湿机控制箱、风机控制器、水泵控制器、温湿度传感器、微气象传感器、水浸传感器、水位传感器、绝缘气体监测传感器等设备	套	1	
	安全防卫子系统	配置安防监控终端、防盗报警控制器、门禁控制器、电子围栏、红外双鉴探测器、红外对射探测器、声光报警器、紧急报警按钮等设备	套	1	
	火灾消防子系统	包括消防信息传输控制单元含柜体 1 面、模拟量变送器等设备，配合火灾自动报警系统，实现站内火灾报警信息的采集、传输和联动控制；火灾报警主机 1 台	套	1	
	一次设备在线监测子系统	含变压器在线监测系统、GIS 在线监测系统、开关柜在线监测、独立避雷器监测	套	1	
	集中接线柜		台	2	
	网络分析柜	含网络记录仪 1 台，网络分析仪 2 台，过程层中心交换机 1 台	台	1	
	故障录波器柜	含故障录波器 1 台	套	1	
	调度数据网设备柜	含路由器 1 台、交换机 2 台，纵向加密装置 2 台，网络安全监测装置 1 套	台	2	
	10kV 间隔层交换机		台	4	
	10kV 公用测控装置		台	2	
	10kV 分段保护测控装置		台	1	
	10kV 接地变保护测控装置		台	4	
	10kV 电容器保护测控装置		台	4	
	10kV 母线测控装置		台	2	
	10kV 线路测控装置		台	16	
	35kV 间隔层交换机		台	4	

续表

序号	材料（设备）名称	型号规格	计量单位	数量	备注
	35kV公用测控装置		台	2	
	35kV线路保护测控装置		台	4	
	35kV分段保护测控装置		台	1	
	35kV电压并列装置		台	1	
	35kV母线测控装置		台	2	
	110kV线路测控装置		台	2	
	主变测控柜	2号主变测控柜含主变测控装置4台	台	1	
	主变测控柜	1号主变测控柜含主变测控装置4台	台	1	
	公用测控柜	含公用测控装置1台，110kV母线测控装置2台，110kV间隔层交换机2台	台	1	
	网络交换机	96Mpps，2个千兆光，24个千兆电	台	6	
	数据通信网关机柜	含Ⅰ区远动网关机（兼图形网关机）2台、Ⅱ区远动网关机1台，Ⅳ区通信网管机1台及硬件防火墙2台；正、反向隔离2台	台	2	
	智能防误主机柜	含智能防误主机1台，显示器1台，打印机1台。	台	1	
	事故照明电源屏	3kVA集成一体化监控	套	1	
	UPS电源柜	含UPS装置1套，10kVA	套	1	
	通信电源馈出屏		套	1	
	直流馈电柜	共6个模块，每个模块输出电流10A、电压12V	套	1	
	第二组并联直流电源柜	共21个模块，每个模块输出电流2A、电压12V	套	3	
	直流馈电柜	每面含40A空开8个，32A空开8个，25A空开8个，16A	套	2	
	第一组并联直流电源柜	共17个模块，每个模块输出电流2A、电压12V	套	3	
	交流电源柜	含事故照明回路	套	3	
	主变保护柜	每面含主变保护装置2台，过程层交换机1台	台	2	
	时间同步系统柜	GPS/北斗互备主时钟及高精度守时主机单元，且输出口数量满足站内设备远景使用需求	台	1	
	10kV备自投装置		套	1	
	35kV备自投装置		套	1	
	110kV桥保护测控装置		台	1	
	110kV备自投装置		套	1	

续表

序号	材料（设备）名称	型 号 规 格	计量单位	数量	备 注
	监控主机兼一键顺控主机柜	含监控主机兼一键顺控主机 2 台	套	1	
	高压开关柜	AC 10kV，接地变压器柜，1250A，31.5kA	台	2	
	高压开关柜	AC 10kV，电容器电缆出线断路器柜，1250A，31.5kA	台	4	
	高压开关柜	AC 10kV，母线设备柜，1250A，31.5kA	台	2	
	高压开关柜	AC 10kV，电缆出线断路器柜，1250A，31.5kA	台	16	
	高压开关柜	AC 10kV，分段隔离柜，1250A，无开关	台	2	
	高压开关柜	AC 10kV，分段断路器柜，1250A，31.5kA	台	1	
	高压开关柜	AC 10kV，主变进线隔离柜，1250A，无开关	台	2	
	高压开关柜	AC 10kV，主变进线开关柜，1250A，31.5kA	台	2	
	高压开关柜	AC 35kV，母线设备柜，1250A，31.5kA	台	2	
	高压开关柜	AC 35kV，分段隔离柜，1250A，无开关	台	1	
	高压开关柜	AC 35kV，分段断路器开关柜，1250A，31.5kA	台	1	
	高压开关柜	AC 35kV，电缆出线开关柜，1250A，31.5kA	台	4	
	高压开关柜	AC 35kV，主变进线开关柜，1250A，31.5kA	台	2	
	避雷器	Y10WZ－102/266	台	3	
	气体绝缘封闭式组合电器（GIS）	AC 110kV，母线设备间隔	间隔	2	
	气体绝缘封闭式组合电器（GIS）	AC 110kV，桥分段间隔	间隔	1	
	气体绝缘封闭式组合电器（GIS）	AC 110kV，主变进线间隔	间隔	2	
	气体绝缘封闭式组合电器（GIS）	AC 110kV，架空出线	间隔	1	
	气体绝缘封闭式组合电器（GIS）	AC 110kV，电缆出线	间隔	1	
	避雷器	HY5WZ－17/45	台	6	
	避雷器	HY5WZ－51/134	台	6	
	中性点成套装置	AC 110kV，72.5kV，硅橡胶，户外	套	2	
	110kV 变压器	110kV，50MVA，110/35/10，有载，三绕组	台	2	

清单封－7

招标人采购材料（设备）表（样表）

工程名称：110kV 智能变电站模块化建设　　　　金额单位：元

序号	材料（设备）名称	型号规格	计量单位	数　量	单　价	交货地点及方式	备　　注

第10章 JB－110－A3－3智能变电站工程量清单

清单封－1

冀北110kV智能变电站新建 工程

招标工程量清单

招 标 人：＿＿＿＿＿＿＿＿
（单位盖章）

法定代表人
或其授权人：＿＿＿＿＿＿＿＿
（签字或盖章）

工程造价
咨 询 人：＿＿＿＿＿＿＿＿
（单位资质专用章）

法定代表人
或其授权人：＿＿＿＿＿＿＿＿
（签字或盖章）

编 制 人：＿＿＿＿＿＿＿＿
（签字、盖执业专用章）

复 核 人：＿＿＿＿＿＿＿＿
（签字、盖执业专用章）

编制时间： 年 月 日

复核时间： 年 月 日

清单封-2

填 表 须 知

1 工程量清单应由具有编制招标文件能力的招标人、受其委托具有相应资质的电力工程造价咨询人或招标代理人进行编制。

2 招标人提供的工程量清单的任何内容不应删除或涂改。

3 工程量清单格式的填写应符合下列规定：

3.1 工程量清单中所有要求签字、盖章的地方，应由规定的单位和人员签字、盖章。

3.2 总说明应按下列内容填写：

3.2.1 工程概况应包括工程建设性质、本期容量、规划容量、电气主接线、配电装置、补偿装置、设计单位、建设地点、线路（电缆）亘长、回路数、起止塔（杆）号、设计气象条件、沿线地形比例、沿线地质条件、杆塔类型与数量、导线型号规格（电缆型号规格）、地线型号规格、光缆型号规格、电缆敷设方式等内容。

3.2.2 其他说明应按如下内容填写：

（1）工程招标和分包范围；

（2）工程量清单编制依据；

（3）工程质量、材料等要求；

（4）施工特殊要求；

（5）交通运输情况、健康环境保护和安全文明施工；

（6）其他需要说明的内容。

3.3 分部分项工程量清单、措施项目清单（二）按序号、项目编码、项目名称、项目特征、计量单位、工程量、备注等内容填写。

3.4 措施项目清单（一）按序号、项目名称等内容填写。

3.5 其他项目清单按序号、项目名称等内容填写。

3.6 规费、税金项目清单按序号、项目名称等内容填写。

3.7 投标人采购材料（设备）表按序号、材料（设备）名称、型号规格、计量单位、数量、单价等内容填写。

3.8 招标人采购材料（设备）表按序号、材料（设备）、型号规格、计量单位、数量、单价、交货地点及方式等内容填写。

4 如有需要说明其他事项可增加条款。

清单封-1

总　说　明

工程名称：冀北 110kV 智能变电站新建工程

<table>
<tr><td rowspan="3">工
程
概
况</td><td>工程名称</td><td>冀北 110kV 智能变电站新建工程</td><td>建设性质</td><td>变电站新建</td></tr>
<tr><td>设计单位</td><td></td><td>建设地点</td><td></td></tr>
<tr><td colspan="4">（1）主变压器：本期 2 台 50MVA 主变，远期 3 台 50MVA 主变；
（2）110kV 出线：本期 2 回，远期 3 回，电缆出线；
（3）10kV 出线：本期 24 回出线，远期 36 回出线，全电缆出线；
（4）每台主变压器 10kV 侧本期及远期配置 2 组无功补偿装置，按照 2×6Mvar 电容器配置；
（5）10kV 接地变及消弧线圈成套装置：本期建设 2 组，远期 3 组</td></tr>
<tr><td>其
他
说
明</td><td colspan="4">1. 工程招标和分包范围：详见招标文件。
2. 工程量清单编制依据：国家电网公司下发的新版工程量清单（国家电网企管〔2015〕106 号），《中电联关于〈电力建设工程定额和费用计算规定（2018 年版）〉实施有关事项的通知》（中电联定额〔2020〕45 号）、《转发定额总站〈电力工程造价与定额管理总站关于调整电力工程计价依据增值税税率的通知〉的通知》（国家电网电定〔2019〕13 号）、《输变电工程工程量清单计价规范》（Q/GDW 11337—2014）、《变电工程工程量计算规范》（Q/GDW 11338—2014）。清单工程量为设计用量，其相关费用由投标人在报价时自行考虑并报入综合单价。
3.《招标人材料设备表》材料设备单价为含税价，除招标人采购材料设备外［详见招标人采购材料（设备）表］，其余材料设备均为投标人采购。
4. 投标人采购材料（设备）表、招标人采购材料（设备）表中的量与分部分项工程量清单中的量不符时均以分部分项工程量清单中的量为准，投标人采购材料（设备）表、招标人采购材料（设备）表中的量不做修改，投标人采购材料（设备）表、招标人采购材料（设备）表中的材料数量不包含损耗。
5. 招标工程量清单与计价表中列明的所有需要填写的单价和合价项目，投标人均应填写且只允许有一个报价。未填写单价与合价的项目，视为此项费用已包含在招标工程量清单中其他项目的单价和合价之中。竣工结算时，此项目不得重新组价予以调整。
6. 招标人采购的材料（甲供材料）单价不计入相应项目的综合单价，投标人在确定工程量清单中的每一项综合单价时，均应结合招标文件、技术规范、设计施工图纸和现场勘察情况确定，其中：①清单中涉及有关标准图集的，以标准图集做法为准，投标综合单价应包含标准图集做法中所有工作内容；②设计总说明与设计详图描述有冲突时，投标人应按设计详图要求报价；③设计图纸未明确者，投标人应按清单明确内容报价。
7. 临时设施费、安全文明施工费、社会保险费、住房公积金属不可竞争费用。
8.“其他项目清单”承包范围：详见其他项目清单。招标量中明确数量的，施工单位综合考虑后按单价乘以数量报价，结算时单价不做调整。招标量中未明确数量的，施工单位踏勘后综合考虑总价报价，结算时总价不做调整。
9. 工程地形、运输距离：由投标人依据地质勘查报告及现场踏勘情况自行确定，所需费用投标人须综合在相应综合单价的投标报价中。
10. 招标人采购材料设备由投标人负责卸车、保管。
11. 招标代理服务费由投标人在报价时自行考虑。
12. 厂家配合费由投标人自行考虑</td></tr>
</table>

目　录

清单封－2

建筑分部分项工程量清单

工程名称：冀北 110kV 智能变电站新建工程

序号	项目编码	项　目　名　称	项　目　特　征	计量单位	工程量	备　注
		变电站建筑工程				
		一、主要生产工程				
		1　主要生产建筑				
	BT1101	1.1　主控通信楼				
1	BT1101A12001	挖一般土方	1. 土壤类别：详见地勘报告 2. 挖土平均厚度：/ 3. 含水率：详见地勘报告	m^3	2533.86	
2	BT1101A18001	回填方	1. 回填要求：夯填（碾压） 2. 回填材质及来源：原土	m^3	1865.66	
3	BT1101A19001	余方弃置	1. 废弃料品种：余土场内倒运 2. 运距：投标人自行考虑	m^3	668.2	
4	BT1101B12001	独立基础	1. 垫层种类、混凝土强度等级、厚度：厚 100mm C15 素混凝土 2. 基础混凝土种类、混凝土强度等级：C30 现浇混凝土	m^3	79.299	
5	BT1101G22001	普通钢筋	1. 种类：螺纹钢 HPB400 级 2. 规格：/	t	47.488	含楼承板钢桁架
6	BT1101G22002	普通钢筋	1. 种类：螺纹钢 HPB300 级	t	2.198	
7	BT1101G13001	钢筋混凝土柱	1. 混凝土强度等级：C30 2. 混凝土种类：现浇混凝土 3. 结构形式：现浇	m^3	26.69	含柱帽部分
8	BT1101G15001	钢筋混凝土梁	1. 混凝土强度等级：C30 2. 混凝土种类：现浇混凝土	m^3	14.688	地圈梁
9	BT1101B11001	条形基础	1. 基础混凝土种类、混凝土强度等级：C20 现浇混凝土	m^3	5.355	室内隔断墙下
10	BT1101B11002	条形基础	1. 基础混凝土种类、混凝土强度等级：C20 现浇混凝土	m^3	30.464	外围护墙内侧墙下基础

续表

序号	项目编码	项　目　名　称	项　目　特　征	计量单位	工程量	备　注
11	BT1101B11003	条型基础	1. 基础混凝土种类、混凝土强度等级：C15现浇混凝土	m^3	19.079	外围护墙下
12	BT1101C15001	室外坡散水	1. 散水、坡道材质、厚度：宽800mm预制混凝土散水，厚100mm C25混凝土（内掺防裂纤维量为1kg/m）；厚15mm M15水泥砂浆找平 2. 垫层材质、厚度、强度等级：厚150mm C20细石混凝土垫层	m^2	93.132	
13	BT1101C14001	台阶	1. 台阶材质、混凝土强度等级：厚80mm C20混凝土 2. 面层材质、厚度、标号、配合比：厚30mm花岗岩石板铺面 3. 垫层材质、厚度、强度等级：碎（砾）石300mm	m^2	18.815	
14	BT1101C15002	室外坡道	1. 散水、坡道材质、厚度：厚100mm细石混凝土 2. 垫层材质、厚度、强度等级：厚300mm C25混凝土，内配Φ14@200双向钢筋，厚100mm沥青混凝土垫层	m^2	15.956	
15	BT1101H18001	雨篷	1. 品种、规格：玻璃雨篷，钢支架	m^2	36.42	按面积
16	BT1101F12001	窗	1. 窗类型：70系列断桥铝合金窗（内平开）（含五金及油漆） 2. 材质及厚度：石材窗台板 3. 有无纱扇：有金刚网纱窗 4. 玻璃品种、厚度，五金特殊要求：6+12A+6中空玻璃 5. 有无防盗窗：有防盗	m^2	24.75	
17	BT1101F12002	窗	1. 窗类型：70系列断桥铝合金窗（内平开）消防救援窗（含五金及油漆） 2. 材质及厚度：石材窗台板 3. 有无纱扇：有金刚网纱窗 4. 玻璃品种、厚度，五金特殊要求：8厚易击碎钢化玻璃 5. 有无防盗窗：有防盗	m^2	9	
18	BT1101F12003	窗	1. 窗类型：百叶窗（含五金及油漆） 2. 有无纱扇：加不锈钢防鼠网和可拆卸防尘网	m^2	8.1	
19	BT1101F11001	门	1. 门类型：普通钢质保温门，样式参照防火门 2. 材质及厚度：钢质 3. 有无纱扇：无纱扇	m^2	2.4	
20	BT1101F11002	门	1. 门类型：乙级防火门（含五金及油漆） 2. 材质及厚度：钢质 3. 有无纱扇：无纱扇	m^2	30.96	

续表

序号	项目编码	项目名称	项目特征	计量单位	工程量	备注
21	BT1101F11003	门	1. 门类型：乙级防火门（含五金及油漆）无玻璃上亮 2. 材质及厚度：钢质 3. 有无纱扇：无纱扇	m^2	29.7	
22	BT1101H13001	钢柱	1. 品种：钢柱 2. 规格：Q355B钢材	t	36.16	
23	BT1101H14001	钢梁	1. 品种：钢梁 2. 规格：Q355B钢材	t	77.304	
24	BT1101H16001	钢支撑桁梁	1. 品种：钢檩条 2. 规格：Q355B钢材	t	18	板处横檩（预估）
25	BT1101B20001	地角螺栓	1. 钢材品种、规格：Q355B钢材	t	0.257	
26	BT1101H21001	钢结构防火	1. 防火要求：2级，耐火极限2.5h 2. 涂料种类、涂刷遍数：柱子采用岩棉+防火板外包	t	18.209	柱（分开2.5h和3.0h，柱子采用岩棉+防火板外包）
27	BT1101H21002	钢结构防火	1. 防火要求：2级，支撑防火墙的钢柱耐火极限3.0h 2. 涂料种类、涂刷遍数：柱子采用岩棉+防火板外包	t	18.209	柱（分开2.5h和3.0h，柱子采用岩棉+防火板外包）
28	BT1101H21003	钢结构防火	1. 防火要求：2级，耐火极限1.5h 2. 涂料种类、涂刷遍数：防火漆	t	61.304	梁（分开防火墙处及普通处）
29	BT1101H21004	钢结构防火	1. 防火要求：2级，支撑防火墙的钢梁耐火极限3.0h 2. 涂料种类、涂刷遍数：防火漆	t	16	梁（分开防火墙处及普通处）
30	BT1101H21005	钢结构防火	1. 防火要求：2级，耐火极限1.0h 2. 涂料种类、涂刷遍数：防火漆	t	18	板处横檩（预估）
31	BT1101H22001	钢结构防腐	1. 防腐要求：表面净化处理，抛丸砂除锈，水性无机富锌底漆，环氧云母中间漆，可覆涂聚氨酯面漆	t	131.721	
32	BT1101E11001	金属墙板	1. 墙板材质、规格、厚度：纤维水泥复合墙板，外侧采用钢龙骨外挂26mm纤维水泥饰面板 2. 复合板夹芯材料种类、层数、型号、规格：内侧墙体采用轻钢龙骨12mm纤维增强硅酸钙板+厚100mm岩棉+12mm纤维增强硅酸钙板+厚6mm纤维水泥饰面板，岩棉容重120kg/m^3 3. 其他：墙板龙骨及相关连接件等，考虑包梁包柱，含外墙门窗、女儿墙等外墙洞口收边；雨篷包裹	m^2	589.52	

续表

序号	项目编码	项目名称	项目特征	计量单位	工程量	备注
33	BT1101E11002	金属墙板	1. 墙板材质、规格、厚度：纤维水泥复合墙板，外侧采用钢龙骨外挂26mm纤维水泥饰面板 2. 复合板夹芯材料种类、层数、型号、规格：内侧墙体采用轻钢龙骨2×12mm纤维增强硅酸钙板+厚100mm岩棉+2×12mm纤维增强硅酸钙板+厚6mm纤维水泥饰面板，岩棉容重120kg/m^3 3. 其他：墙板龙骨及相关连接件等，考虑包梁包柱，含外墙门窗、女儿墙等外墙洞口收边；雨篷包裹	m^2	483.14	
34	BT1101E15001	隔（断）墙	1. 骨架、边框材料种类、规格：轻钢龙骨 2. 隔板材料品种、规格、品牌、颜色：中间保温采用厚150mm轻质条板。检修箱、应急照明箱、风机箱等需开洞处墙体增加厚度，中间保温层采用双层厚75mm轻质条板，中间预留空隙 3. 面层装饰：两侧采用厚6mm纤维水泥成品饰面板	m^2	278.8	
35	BT1101E13001	砌体外墙	1. 砌体材质、规格、强度等级：砖 2. 砂浆强度等级：MU20非黏土烧结实心砖 3. 墙体类型：实心墙 4. 墙体厚度：370mm	m^3	20.03	外围护墙下砌体
36	BT1101E13002	砌体外墙	1. 砌体材质、规格、强度等级：砖 2. 砂浆强度等级：MU20非黏土烧结实心砖 3. 墙体类型：实心墙 4. 墙体厚度：370mm	m^3	115.79	外墙下条形基础
37	BT1101E14001	砌体内墙	1. 砌体材质、规格、强度等级：灰砂蒸压砖内隔墙	m^3	2.12	
38	BT1101E18001	外墙面装饰	1. 面层材料品种、规格：厚10mm仿石砖，厚50mm憎水性岩棉保温层 2. 墙体类型：砖墙	m^2	127.679	勒脚
39	BT1101D12001	压型钢板底模	1. 板材料种类、板厚度：厚0.5mm镀锌钢板底模 2. 油漆防腐、防火要求、品种、刷漆遍数：/	m^2	733	
40	BT1101G19001	钢筋混凝土板	1. 混凝土强度等级：C30 2. 结构形式：现浇 3. 混凝土种类：钢模板自承式楼板	m^3	93.625	
41	BT1101G18001	女儿墙	1. 墙类型：女儿墙（含伸缩缝） 2. 墙厚度：120mm 3. 混凝土强度等级：C30 4. 混凝土种类：/	m^3	28.612	

续表

序号	项目编码	项目名称	项目特征	计量单位	工程量	备注
42	BT1101D17001	屋面排水	1. 排水方式：有组织外排水 2. 排水管道材质、规格：UPVC 塑料	m^2	733	
43	BT1101D19001	屋面防水	1. 防水材料材质、品种、规格：两道 3mm SBS 防水卷材及一道 1.5mm 聚氨酯涂膜防水层	m^2	733	
44	BT1101D18001	屋面保温	1. 保温隔热面层材料品种、规格：厚 80mm 挤塑聚苯乙烯泡沫塑料板 2. 找平层材质、厚度、配合比：厚 20mm，DS M15 砂浆（1∶3 水泥砂浆）找平层 3. 防护材料种类：厚 50mm C30 刚性防水混凝土，内配双向Φ6@100 钢筋网	m^2	733	
45	BT1101C11001	地面整体面层	1. 面层材质、厚度、强度等级：水泥基自流平地面 2. 垫层材质、厚度、强度等级：厚 80mm C20 混凝土，内配双向Φ6@200 钢筋网 3. 踢脚板材质：水泥基踢脚	m^2	562.88	
46	BT1101C11002	地面整体面层	1. 面层材质、厚度、强度等级：通体砖地面 2. 垫层材质、厚度、强度等级：厚 80mm C20 混凝土，内配双向Φ6@200 钢筋网 3. 踢脚板材质：面砖踢脚	m^2	28.358	
47	BT1101C13001	地面地板	1. 地板材质、规格、品牌：高 380mm 全钢抗静电活动地板，做法参见：BDTJ－2/14 2. 垫层材质、厚度、强度等级：厚 80mm C20 混凝土，内配双向Φ6@200 钢筋网 3. 踢脚板材质：面砖踢脚	m^2	105.879	
48	BT1101H18002	其他钢结构	1. 品种、规格：爬梯 2. 种类：加装护笼、接地爬梯	t	0.615	
49	BT1101G24001	预埋铁件	1. 种类、规格：型钢	t	0.312	二次室
50	BT1101B40001	沉降观测点	1. 类型、材质：国网标准沉降观测点	个	7	
51	BT1101N13001	通风及空调	1. 通风及空调部位：110kV 配电装置楼 2. 主要材料：低噪声玻璃钢轴流风机（墙内侧带不锈钢丝网）、防水型壁挂式电暖器、单层可调格栅风口（带固定百叶窗）、镀锌铁皮风管、分体柜式冷暖空调（带电辅热，预留插座，带断电记忆、来电自启功能）、分体壁挂式冷暖空调（带电辅热，预留插座）、不燃帆布接头、壁挂式电暖器、防爆分体壁挂式冷暖空调、套管制作安装、镀锌型钢管道支架、60°玻璃钢弯头（出风侧带不锈钢丝网）、屋顶防爆玻璃钢轴流风机（风机底部侧带不锈钢丝网及活动风门）、墙体自垂式 70℃防火阀（带 15mm×15mm 不锈钢钢丝网）、铝合金固定百叶风口	m^2	733	

续表

序号	项目编码	项目名称	项目特征	计量单位	工程量	备注
52	BT1101N14001	照明及接地	1. 照明部位：配电装置室 2. 内容及范围：配电箱，配管配线，电力电缆，灯具，开关，插座等	m^2	733	
53	BT1101N12001	采暖	1. 采暖部位：配电装置室 2. 建筑物高度：5.7m 3. 主要材料要求：电暖器	m^2	733	
54	BT1101P15001	电伴热系统	1. 名称：电伴热1kW	套	9	
		1.4　配电装置室				
	BT1404	1.4.4　110kV配电装置室				GIS室
55	BT1404C17001	室内混凝土沟道、隧道	1. 名称：钢筋混凝土沟道 2. 断面尺寸：800mm×800mm 3. 垫层材质、厚度：厚100mm C15素混凝土 4. 底板混凝土强度等级：C30，抗渗等级P6 5. 侧壁混凝土强度等级：C30，抗渗等级P6	m	9.8	
56	BT1404C19001	室内沟道、隧道盖板	1. 盖板材质：花纹钢盖板 2. 规格：495mm×900mm	m^2	8.82	
57	BT1404B17001	设备基础	1. 垫层种类、混凝土强度等级、厚度：厚100mm C15素混凝土 2. 设备基础类型：柜下基础 3. 基础混凝土种类、混凝土强度等级：钢筋混凝土，C30	m^3	10.29	
58	BT1404C17002	室内混凝土沟道、隧道	1. 名称：钢筋混凝土沟道 2. 断面尺寸：2000mm×2500mm 3. 垫层材质、厚度：厚100mm C15素混凝土 4. 底板混凝土强度等级：C30，抗渗等级P6 5. 侧壁混凝土强度等级：C30，抗渗等级P6 6. 顶板混凝土强度等级：C30，抗渗等级P6	m	11.9	电缆沟盖板，GIS基础
59	BT1404G15001	钢筋混凝土梁（电缆沟道梁）	1. 混凝土强度等级：C30，抗渗等级P6	m^3	0.64	
60	BT1404G22001	普通钢筋	1. 种类：螺纹钢HRB400级 2. 规格：/	t	7.871	
61	BT1404G24001	预埋铁件	1. 种类、规格：型钢	t	1.867	0.789t电缆支架放安装
	BT1407	20(10)kV配电装置室				10kV开关室

续表

序号	项目编码	项目名称	项目特征	计量单位	工程量	备注
62	BT1407B17001	设备基础	1. 垫层种类、混凝土强度等级、厚度：厚 100mm C15 素混凝土 2. 设备基础类型：配电室 3. 基础混凝土种类、混凝土强度等级：钢筋混凝土 C30	m^3	59.275	J1 基础＋柜下部分
63	BT1407C17001	室内混凝土沟道、隧道	1. 名称：钢筋混凝土沟道 2. 断面尺寸：800mm×800mm 3. 垫层材质、厚度：厚 100mm C15 混凝土 4. 底板混凝土强度等级：C30，抗渗等级 P6 5. 侧壁混凝土强度等级：C30，抗渗等级 P6	m	31.07	
64	BT1407C19001	室内沟道、隧道盖板	1. 盖板材质：花纹钢盖板 2. 规格：495mm×900mm	m^2	27.963	
65	BT1407C17002	室内混凝土沟道、隧道	1. 名称：钢筋混凝土沟道 2. 断面尺寸：1100mm×1400mm 3. 垫层材质、厚度：厚 100mm C15 混凝土 4. 底板混凝土强度等级：C30，抗渗等级 P6 5. 侧壁混凝土强度等级：C30，抗渗等级 P6	m	70.33	
66	BT1407C19002	室内沟道、隧道盖板	1. 盖板材质：花纹钢盖板 2. 规格：495mm×1200mm	m^2	84.396	
67	BT1407G15001	钢筋混凝土梁（电缆沟道梁）	1. 混凝土强度等级：C30，抗渗等级 P6	m^3	15.43	
68	BT1407G22001	普通钢筋	1. 种类：HRB400 2. 规格：ϕ10 以外	t	26.154	
69	BT1407G24001	预埋铁件	1. 种类、规格：型钢	t	2.172	4.322t 电缆支架放安装
		2　配电装置建筑				
		2.1　主变压器系统				
	BT2101	2.1.1　构支架及基础				母线桥及支架，电缆头支架，检修箱，智能控制柜、中性点基础
70	BT2101A13001	挖坑槽土方	1. 土壤类别：详见地勘报告 2. 挖土深度：/ 3. 含水率：详见地勘报告	m^3	64.193	

续表

序号	项目编码	项目名称	项目特征	计量单位	工程量	备注
71	BT2101A18001	回填方	1. 回填要求：夯填（碾压） 2. 回填材质及来源：原土	m^3	44.26	
72	BT2101A19001	余方弃置	1. 废弃料品种：余土场内倒运 2. 运距：投标人自行考虑	m^3	19.933	
73	BT2101K12001	钢管构支架	1. 构支架名称：母线桥支架	t	1.101	
74	BT2101B12001	独立基础	1. 垫层种类、混凝土强度等级、厚度：厚100mm C15素混凝土 2. 基础混凝土种类、混凝土强度等级：C30素混凝土	m^3	4.294	母线桥及支架
75	BT2101K12002	钢管构支架	1. 构支架名称：主变电缆终端支架	t	2.732	
76	BT2101B12002	独立基础	1. 垫层种类、混凝土强度等级、厚度：厚100mm C15素混凝土 2. 基础混凝土种类、混凝土强度等级：C30素混凝土	m^3	7.81	电缆头支架
77	BT2101B12003	独立基础	1. 垫层种类、混凝土强度等级、厚度：厚100mm C15素混凝土 2. 基础混凝土种类、混凝土强度等级：C30素混凝土	m^3	1.21	检修箱
78	BT2101B12004	独立基础	1. 垫层种类、混凝土强度等级、厚度：厚100mm C15素混凝土 2. 基础混凝土种类、混凝土强度等级：C30素混凝土	m^3	2.09	智能控制柜
79	BT2101B12005	独立基础	1. 垫层种类、混凝土强度等级、厚度：厚100mm C15素混凝土 2. 基础混凝土种类、混凝土强度等级：C30素混凝土	m^3	2.268	中性点
80	BT2101G24001	预埋铁件	1. 种类、规格：型钢 2. 防腐品种：热镀锌	t	0.051	
81	BT2101G22001	普通钢筋	1. 种类：螺纹钢 HRB400级 2. 规格：/	t	0.215	
	BT2102	2.1.2 主变压器设备基础				
82	BT2102A13001	挖坑槽土方	1. 土壤类别：详见地勘报告 2. 挖土深度：/ 3. 含水率：详见地勘报告	m^3	71.808	
83	BT2102A18001	回填方	1. 回填要求：夯填（碾压） 2. 回填材质及来源：原土	m^3	26.079	
84	BT2102A19001	余方弃置	1. 废弃料品种：余土场内倒运 2. 运距：投标人自行考虑	m^3	45.729	

续表

序号	项目编码	项 目 名 称	项 目 特 征	计量单位	工程量	备 注
85	BT2102B15001	筏形基础	1. 垫层种类、混凝土强度等级、厚度：厚100mm C15素混凝土 2. 基础混凝土种类、混凝土强度等级：C30钢筋混凝土 3. 筏形基础形式（有梁、无梁）：无梁式	m^3	34.234	
86	B2102B17001	设备基础	1. 垫层种类、混凝土强度等级、厚度：厚100mm C15素混凝土 2. 设备基础类型：主变基础 3. 基础混凝土种类、混凝土强度等级：C30钢筋混凝土	m^3	4.199	
87	BT2102G22001	普通钢筋	1. 种类：螺纹钢HRB400级 2. 规格：/	t	2.335	
88	BT2102G24001	预埋铁件	1. 种类、规格：型钢 2. 防腐品种：热镀锌	t	1.044	
	BT2103	2.1.3 主变压器油坑及卵石				
89	BT2103A13001	挖坑槽土方	1. 土壤类别：详见地勘报告 2. 挖土深度：/ 3. 含水率：详见地勘报告	m^3	75.4	
90	BT2103A18001	回填方	1. 回填要求：夯填（碾压） 2. 回填材质及来源：原土	m^3	39.613	
91	BT2103A19001	余方弃置	1. 废弃料品种：余土场内倒运 2. 运距：投标人自行考虑	m^3	35.787	
92	BT2103B18001	变压器油池	1. 垫层种类、混凝土强度等级、厚度：厚100mm C15素混凝土 2. 混凝土种类：钢筋混凝土 3. 底板厚度、混凝土强度等级：厚200mm C30 4. 侧壁材质、厚度、混凝土强度等级：砖砌油池壁 5. 抹灰、底板找坡材料种类、强度等级：厚20mm 1：20水泥砂浆 6. 卵石种类及体积：鹅卵石，直径50～80mm 7. 压顶类型：预制	m^3	32.431	
93	BT2103M33001	井、池	1. 井池名称、材质：油污检查井 2. 底板材质、厚度、混凝土强度等级：C30现浇混凝土 3. 壁板材质、厚度、混凝土强度等级：C30现浇混凝土 4. 顶板材质、厚度、混凝土强度等级：C30现浇混凝土	m^3	2.721	
94	BT2103G22001	普通钢筋	1. 种类：螺纹钢HRB400级 2. 规格：/	t	2.239	

续表

序号	项目编码	项 目 名 称	项 目 特 征	计量单位	工程量	备 注
95	BT2103B19001	变压器油池油箅子	1. 材质：钢油箅子，钢筋 Φ16 2. 防腐要求：热镀锌防腐	m^2	165.869	
96	BT2103G21001	混凝土零星构件	1. 混凝土强度等级：200mm×200mm，C30 混凝土	m^3	3.165	预估
	BT2104	2.1.4　防火墙				
97	BT2104A13001	挖坑槽土方	1. 土壤类别：详见地勘报告 2. 挖土深度：/ 3. 含水率：详见地勘报告	m^3	85.98	
98	BT2104A18001	回填方	1. 回填要求：夯填（碾压） 2. 回填材质及来源：原土	m^3	65.162	
99	BT2104A19001	余方弃置	1. 废弃料品种：余土场内倒运 2. 运距：投标人自行考虑	m^3	20.82	
100	BT2104E12001	预制墙板（防火墙）	1. 墙板材质、厚度：纤维水泥板，板厚 80mm，耐火极限不少于 3h	m^3	23.215	
101	BT2104B11001	条形基础	1. 基础混凝土种类、混凝土强度等级：C30 现浇混凝土	m^3	16.39	
102	BT2104G12001	钢筋混凝土基础梁	1. 混凝土强度等级：C30 现浇混凝土 2. 结构形式：现浇	m^3	9.24	
103	BT2104G15001	钢筋混凝土框架梁	1. 混凝土强度等级：C30 2. 混凝土种类：/ 3. 结构形式：现浇	m^3	7.136	
104	BT2104G13001	钢筋混凝土框架柱	1. 混凝土强度等级：C30 2. 混凝土种类：/ 3. 结构形式：现浇	m^3	9.36	
105	BT2104G22001	普通钢筋	1. 种类：螺纹钢 HRB400 级 2. 规格：/	t	5.476	
106	BT2104G24001	预埋铁件	1. 种类、规格：型钢 2. 防腐品种：热镀锌	t	1.025	
	BT2105	2.1.5　事故油池				
107	BT2105A13001	挖坑槽土方	1. 土壤类别：详见地勘报告 2. 挖土深度：/ 3. 含水率：详见地勘报告	m^3	166.608	

续表

序号	项目编码	项目名称	项目特征	计量单位	工程量	备注
108	BT2105A18001	回填方	1. 回填要求：夯填（碾压） 2. 回填材质及来源：原土	m^3	92.5	
109	BT2105A19001	余方弃置	1. 废弃料品种：余土场内倒运 2. 运距：投标人自行考虑	m^3	74.108	
110	BT2105M33001	井、池	1. 井池名称、材质：事故油池（含穿墙套管：预埋柔性防水套管DN200，镀锌） 2. 底板材质、厚度、混凝土强度等级：厚300mm C30混凝土，抗渗等级P6 3. 壁板材质、厚度、混凝土强度等级：厚250mm C30混凝土，抗渗等级P6 4. 顶板材质、厚度、混凝土强度等级：厚250mm C30预制盖板混凝土 5. 盖板材质：混凝土	m^3	30.092	
111	BT2105G21001	混凝土零星构件	1. 混凝土强度等级：C30混凝土 2. 混凝土种类：钢筋混凝土	m^3	3.169	井上墙
112	BT2105G18001	池壁抹灰	1. 墙类型：内外池壁 2. 面层材料品种、规格：厚20mm预拌砂浆	m^2	156	
113	BT2105G18002	盖板抹灰	1. 盖板：盖板 2. 面层材料品种、规格：厚20mm预拌砂浆	m^2	11.933	
114	BT2105G18003	池底抹灰	1. 墙类型：池底 2. 面层材料品种、规格：厚20mm预拌砂浆	m^2	27.166	
115	BT2105H18001	其他钢结构	1. 品种、规格：钢爬梯	t	0.175	
116	BT2105C19001	人孔盖板	1. 盖板材质：承重铸铁 2. 规格：直径800mm，带井圈	套	2	
117	BT2105G21002	上人孔	1. 混凝土强度等级：C30钢筋混凝土	m^3	3.169	
118	BT2105G22001	普通钢筋	1. 种类：螺纹钢HRB400级 2. 规格：/	t	10.514	
119	BT2105M29001	钢管	1. 管道材质、型号、规格：内外热镀锌钢管，直径200mm	m	80	含事故油池排出管
	BT2601	2.1.6 低压电容器				
120	BT2601B17001	电容器基础	1. 垫层种类、混凝土强度等级、厚度：厚100mm C15素混凝土 2. 设备基础类型：电容器基础 3. 基础混凝土种类、混凝土强度等级：C30素混凝土	m^3	42.33	预估
121	BT2601G24001	预埋铁件	1. 种类、规格：型钢 2. 防腐品种：热镀锌	t	1.447	0.849t电缆支架放安装

续表

序号	项目编码	项目名称	项目特征	计量单位	工程量	备注
122	BT2601C17001	室内混凝土沟道、隧道	1. 名称：钢筋混凝土沟道 2. 断面尺寸：1100mm×1400mm 3. 垫层材质、厚度：厚100mm C15混凝土 4. 底板混凝土强度等级：C30，抗渗等级P6 5. 侧壁混凝土强度等级：C30，抗渗等级P6	m	16.1	
123	BT2601C19001	室内沟道、隧道盖板	1. 盖板材质：花纹钢盖板 2. 规格：495mm×1200mm	m^2	19.32	
124	BT2601G22001	普通钢筋	1. 种类：螺纹钢HRB400级 2. 规格：/	t	2.039	
	BT2901	2.9 避雷针塔				
125	BT2901A13001	挖坑槽土方	1. 土壤类别：详见地勘报告 2. 挖土深度：/ 3. 含水率：详见地勘报告	m^3	67.392	
126	BT2901A18001	回填方	1. 回填要求：夯填（碾压） 2. 回填材质及来源：原土	m^3	51.512	
127	BT2901A19001	余方弃置	1. 废弃料品种：余土场内倒运 2. 运距：投标人自行考虑	m^3	15.88	
128	BT2901K16001	避雷针塔	1. 避雷针塔形式：变、配电避雷针塔，高30m	t	6.36	后续改图
129	BT2901B12001	独立基础	1. 垫层种类、混凝土强度等级、厚度：厚100mm C15素混凝土 2. 基础混凝土种类、混凝土强度等级：C30钢筋混凝土，添加阻锈剂	m^3	14.38	
130	BT2901G22001	普通钢筋	1. 种类：螺纹钢HRB400级 2. 规格：/	t	0.672	
131	BT2901G24001	预埋铁件	1. 种类、规格：地脚螺栓35号优质碳素钢	t	0.364	
	BT3001	2.10 电缆沟道				室外部分
132	BT3001A13001	挖坑槽土方	1. 土壤类别：详见地勘报告 2. 挖土深度：/ 3. 含水率：详见地勘报告	m^3	514.283	
133	BT3001A18001	回填方	1. 回填要求：夯填（碾压） 2. 回填材质及来源：原土	m^3	216.55	

续表

序号	项目编码	项 目 名 称	项 目 特 征	计量单位	工程量	备 注
134	BT3001A19001	余方弃置	1. 废弃料品种：余土场内倒运 2. 运距：投标人自行考虑	m^3	297.73	
135	BT3001M23001	室外混凝土沟道、隧道	1. 名称：钢筋混凝土沟道 2. 断面尺寸：1.2m×1.8m 3. 垫层材质、厚度：C15 混凝土 4. 底板混凝土强度等级：C30 防水混凝土，抗渗等级 P6 5. 侧壁混凝土强度等级：C30 防水混凝土，抗渗等级 P6	m	47.3	1.2m×1.8m
136	BT3001M40001	室外沟道、隧道盖板	1. 盖板材质：预制复合板 2. 规格：厚 20mm C20	m^2	80.41	
137	BT3001M31001	防水	1. 材料材质、厚度、做法：厚 4mm SBS 改性沥青防水卷材，厚 20mm 1：2.5 水泥砂浆找平层 2. 保护层材质、厚度、做法：厚 50mm C20 混凝土	m^2	343.96	上返，防水卷材包边做法
138	BT3001M23002	室外混凝土沟道、隧道	1. 名称：钢筋混凝土沟道 2. 断面尺寸：1.2m×1.5m 3. 垫层材质、厚度：C15 混凝土 4. 底板混凝土强度等级：C30 5. 侧壁混凝土强度等级：C30	m	46.4	
139	BT3001M40002	室外沟道、隧道盖板	1. 预制复合板 2. 规格：厚 50mm C20	m^2	78.88	
140	BT3001M31002	防水	1. 材料材质、厚度、做法：厚 4mm SBS 改性沥青防水卷材，厚 20mm 1：2.5 水泥砂浆找平层 2. 保护层材质、厚度、做法：厚 50mm C20 混凝土	m^2	290.56	
141	BT3001M23003	室外混凝土沟道、隧道	1. 名称：钢筋混凝土沟道 2. 断面尺寸：0.8m×0.8m 3. 垫层材质、厚度：C15 混凝土 4. 底板混凝土强度等级：C30 5. 侧壁混凝土强度等级：C30	m	34.89	
142	BT3001M40003	室外沟道、隧道盖板	1. 预制复合板 2. 规格：厚 50mm C20	m^2	45.357	

续表

序号	项目编码	项 目 名 称	项 目 特 征	计量单位	工程量	备 注
143	BT3001M31003	防水	1. 材料材质、厚度、做法：厚 4mm SBS 改性沥青防水卷材，厚 20mm 1：2.5 水泥砂浆找平层 2. 保护层材质、厚度、做法：厚 50mm C20 混凝土	m^2	139.988	
144	BT3001G22001	普通钢筋	1. 种类：螺纹钢 HRB400 级 2. 规格：/	t	19.648	
145	BT3001G24001	预埋铁件	1. 种类、规格：型钢	t	0.626	2.542t 电缆支架放安装
		3　供水系统建筑				
	BT4101	3.1　站区供水管道				
146	BT4101A13001	挖坑槽土方	1. 土壤类别：详见地勘报告 2. 挖土深度：/ 3. 含水率：详见地勘报告	m^3	53.618	
147	BT4101A18001	回填方	1. 回填要求：夯填（碾压） 2. 回填材质及来源：原土	m^3	43.2	
148	BT4101A19001	余方弃置	1. 废弃料品种：余土场内倒运 2. 运距：投标人自行考虑	m^3	10.418	
149	BT4101M28001	室外生活给水管道	1. 管道材质、型号、规格：PE 给水管 DE40	m	10	
150	BT4101M28002	室外生活给水管道	1. 管道材质、型号、规格：PE 给水管 DE110	m	35	
151	BT4101M29001	室外消防水管道	1. 管道材质、型号、规格：无缝钢管 DN110	m	3	
152	BT4101M33001	井、池	1. 井池名称、材质：钢筋混凝土水表井 长 2.15m、宽 1.10m、深 1.5m，参见图集 05S502 137 页	m^3	7.095	图 2 座材料表 1 座
		4　消防系统				
	BT5101	4.1　消防水泵房				
153	BT5101A13001	挖坑槽土方	1. 土壤类别：详见地勘报告 2. 挖土深度：/ 3. 含水率：详见地勘报告	m^3	736.75	含水池挖方
154	BT5101A18001	回填方	1. 回填要求：夯填（碾压） 2. 回填材质及来源：原土	m^3	165.98	

续表

序号	项目编码	项 目 名 称	项 目 特 征	计量单位	工程量	备 注
155	BT5101A19001	余方弃置	1. 废弃料品种：余土场内倒运 2. 运距：投标人自行考虑	m^3	570.77	
156	BT5101B20001	地角螺栓	1. 钢材品种、规格：Q355B钢材	t	0.12	
157	BT5101H13001	钢柱	1. 品种：钢柱；Q355B钢材	t	2.281	
158	BT5101H14001	钢梁	1. 品种：钢梁；Q355B钢材	t	4.094	
159	BT5101H16001	钢支撑桁梁	1. 品种：钢檩条；Q355B钢材	t	2.145	
160	BT5101H21001	钢结构防火	1. 防火要求：2级，耐火极限2.5h 2. 涂料种类、涂刷遍数：防火漆 厚涂	t	2.281	柱
161	BT5101H21002	钢结构防火	1. 防火要求：2级，耐火极限1.5h 2. 涂料种类、涂刷遍数：防火漆，薄涂	t	4.094	梁
162	BT5101H21003	钢结构防火	1. 防火要求：2级，耐火极限1.0h 2. 涂料种类、涂刷遍数：防火漆，薄涂	t	0.503	板檩条
163	BT5101H22001	钢结构防腐	1. 防腐要求：表面净化处理，抛丸砂除锈，水性无机富锌底漆，环氧云母中间漆，可覆涂聚氨酯面漆	t	6.998	
164	BT5101E11001	金属墙板	1. 墙板材质、规格、厚度：纤维水泥复合墙板，外侧采用钢龙骨外挂26mm纤维水泥饰面板 2. 复合板夹芯材料种类、层数、型号、规格：内侧墙体采用轻钢龙骨12mm纤维增强硅酸钙板+厚100mm岩棉+12mm纤维增强硅酸钙板+厚6mm纤维水泥饰面板，岩棉容重120kg/m^3 3. 其他：墙板龙骨及相关连接件等，考虑包梁包柱，含外墙门窗、女儿墙等外墙洞口收边；雨篷包裹	m^2	185.817	
165	BT5101D12001	压型钢板底模	1. 板材料种类、板厚度：厚0.5mm镀锌钢板底模 2. 油漆防腐、防火要求、品种、刷漆遍数：/	m^2	66.241	
166	BT5101G19001	钢筋混凝土板	1. 混凝土强度等级：C30 2. 结构形式：现浇 3. 混凝土种类：钢模板自承式楼板	m^3	7.949	屋面板
167	BT5101D17001	屋面排水	1. 排水方式：有组织外排水 2. 排水管道材质、规格：UPVC塑料	m^2	72	

续表

序号	项目编码	项 目 名 称	项 目 特 征	计量单位	工程量	备 注
168	BT5101G18001	女儿墙	1. 墙类型：女儿墙（含伸缩缝） 2. 墙厚度：150mm 3. 混凝土强度等级：C30 4. 混凝土种类：钢筋混凝土	m^3	5.279	
169	BT5101D19001	屋面防水	1. 防水材料材质、品种、规格：两道3mm SBS防水卷材及一道1.5mm聚氨酯涂膜防水层，卷材防水上设厚50mm C30刚性防水混凝土，内配双向Φ6@100钢筋网	m^2	72	
170	BT5101D18001	屋面保温	1. 保温隔热面层材料品种、规格：厚80mm挤塑聚苯乙烯泡沫塑料板 2. 找平层材质、厚度、配合比：厚20mm，DS M15砂浆（1∶3水泥砂浆）找平层 3. 防护材料种类：厚20mm，DS M15砂浆（1∶3水泥砂浆）找平层	m^2	72	
171	BT5101C11001	地面整体面层	1. 面层材质、厚度、强度等级：厚35mm C15细石混凝土，水泥踢脚，厚80mm C20混凝土垫层，内配双向Φ6@200钢筋	m^2	60.678	综合泵房
172	BT5101C17001	室内混凝土沟道、隧道	1. 名称：消防泵房排水沟 2. 侧壁混凝土强度等级：沟壁-C30泵送，成品铸铁篦子-0.4m宽	m	15.35	
173	BT5101F12001	窗	1. 窗类型：70系列断桥铝合金窗（内平开）（含五金及油漆） 2. 材质及厚度：石材窗台板 3. 有无纱扇：有金刚网纱窗 4. 玻璃品种、厚度，五金特殊要求：6+12A+6中空玻璃 5. 有无防盗窗：有防盗	m^2	2.25	
174	BT5101F12002	窗	1. 窗类型：70系列断桥铝合金窗（内平开）消防救援窗（含五金及油漆） 2. 材质及厚度：石材窗台板 3. 有无纱扇：有金刚网纱窗 4. 玻璃品种、厚度，五金特殊要求：厚8mm易击碎钢化玻璃 5. 有无防盗窗：有防盗	m^2	2.25	
175	BT5101F11001	门	1. 门类型：乙级防火门（含五金及油漆）无玻璃上亮 2. 材质及厚度：钢质 3. 有无纱扇：无纱扇	m^2	7.92	
176	BT5101B17001	设备基础	1. 垫层种类、混凝土强度等级、厚度：厚10mm C20素混凝土 2. 设备基础类型：稳压罐等 3. 基础混凝土种类、混凝土强度等级：C30钢筋混凝土	m^3	13.56	参考其他项目

续表

序号	项目编码	项 目 名 称	项 目 特 征	计量单位	工程量	备 注
177	BT5101G20001	楼梯	1. 楼梯类型：钢梯	t	0.214	室外爬梯
178	BT5101C15001	室外坡散水	1. 散水、坡道材质、厚度：宽 800mm 预制混凝土散水，厚 100mm C25 混凝土（内掺防裂纤维量为 1kg/m）；厚 15mm M15 水泥砂浆找平层 2. 垫层材质、厚度、强度等级：厚 150mm C20 细石混凝土垫层	m^2	26.514	
179	BT5101C15002	室外坡道	1. 散水、坡道材质、厚度：厚 100mm 细石混凝土 2. 垫层材质、厚度、强度等级：厚 300mm C25 混凝土，内配Φ14@200 双向钢筋，厚 100mm 沥青混凝土垫层	m^2	7.854	
180	BT5101H18001	雨篷	1. 品种、规格：玻璃雨篷，钢支架	m^2	3.6	按面积
181	BT5101E13001	砌体外墙	1. 砌体材质、规格、强度等级：砖 2. 砂浆强度等级：MU20 非黏土烧结实心砖 3. 墙体类型：实心墙 4. 墙体厚度：370mm	m^3	3.361	外围护墙下砌体
182	BT5101G22001	普通钢筋	1. 种类：螺纹钢 HRB400 级 2. 规格：/	t	3.872	
183	BT5101M31001	防水	1. 材料材质、厚度、做法：地面设厚 1.5mm 聚氨酯防水层两道，墙面设厚 1.5mm 聚氨酯防水层两道，由室内地面上返 300mm	m^2	91.74	
184	BT5101N14001	照明及接地	1. 照明部位：消防泵房主要材料：配电箱，配管配线，电力电缆，灯具，开关，插座等 2. 建筑物高度：5.7m	m^2	72	
185	BT5101N12001	采暖	1. 采暖部位：消防泵房 2. 建筑物高度：5.7m 3. 主要材料要求：电暖器	m^2	72	
186	BT5101N13001	通风及空调	1. 通风及空调部位：壁式低噪声玻璃钢轴流风机（屋面梁梁底安装）	m^2	72	
187	BT5101E18001	外墙面装饰	1. 面层材料品种、规格：厚 10mm 仿石砖，厚 50mm 憎水性岩棉保温层 2. 墙体类型：砖墙	m^2	20.204	外墙勒脚
	BT5301	4.3 站区消防管道				
188	BT5301A13001	挖坑槽土方	1. 土壤类别：详见地勘报告 2. 挖土深度：1.5m 3. 挖土宽度：管道两侧各考虑 300mm 工作面 4. 含水率：详见地勘报告	m^3	383.873	

续表

序号	项目编码	项　目　名　称	项　目　特　征	计量单位	工程量	备　注
189	BT5301A18001	回填方	1. 回填要求：夯填（碾压） 2. 回填材质及来源：原土	m^3	330.901	
190	BT5301A19001	余方弃置	1. 废弃料品种：余土场内倒运 2. 运距：投标人自行考虑	m^3	52.97	
191	BT5301M29001	室外消防水管道	1. 管道材质、型号、规格：内外热镀锌钢管 DN150 2. 砂垫层：厚 100mm	m	202	
192	BT5301M29002	室外消防水管道	1. 管道材质、型号、规格：内外热镀锌钢管 DN100 2. 砂垫层：厚 100mm	m	4	
193	BT5301M29003	室外消防水管道	1. 管道材质、型号、规格：内外热镀锌钢管 DN65 2. 砂垫层：厚 100mm	m	36	
194	BT5301M29004	室外消防水管道	1. 管道材质、型号、规格：内外热镀锌钢管 DN65 2. 带电伴热	m	35	
195	BT5301M33001	井、池	1. 井池名称、材质：砖砌阀门井（直径 1200mm） 2. 底板材质、厚度、混凝土强度等级：厚 200mm 钢筋混凝土 3. 壁板材质、厚度、混凝土强度等级：厚 240mm 砖砌井壁 4. 顶板材质、厚度、混凝土强度等级：厚 150mm 钢筋混凝土	m^3	6.104	参考国家建筑标准设计图集 05S502《室外给水管道附属构筑物》第 26 页
196	BT5301M33002	井、池	1. 井池名称、材质：砖砌阀门井（直径 1500mm） 2. 底板材质、厚度、混凝土强度等级：厚 200mm 钢筋混凝土 3. 壁板材质、厚度、混凝土强度等级：厚 240mm 砖砌井壁 4. 顶板材质、厚度、混凝土强度等级：厚 200mm 钢筋混凝土	m^3	21.195	参考国家建筑标准设计图集 05S502《室外给水管道附属构筑物》第 26 页
	BT5401	4.4　消防器材				
197	BT5401P15001	移动灭火装置	1. 名称：推车式干粉灭火器 50kg，2 辆装	个	2	
198	BT5401P15002	移动灭火装置	1. 名称：手提式干粉灭火器 4kg，2 具装	个	18	
199	BT5401P15003	移动灭火装置	1. 名称：推车式干粉灭火器 MFTZ/ABC50 型	个	4	
200	BT5401P15004	移动灭火装置	1. 名称：手提式干粉灭火器 MFZ/ABC4 型	个	38	
201	BT5401P15005	移动灭火装置	1. 名称：消防沙箱	个	2	
202	BT5401P15006	移动灭火装置	1. 名称：消防铲	把	5	

续表

序号	项目编码	项　目　名　称	项　目　特　征	计量单位	工程量	备　注
203	BT5401P15007	移动灭火装置	1. 名称：消防斧	把	2	
204	BT5401P12001	消火栓	1. 安装部位（室内外、地上、地下）：室内 2. 型号、规格：800mm×650mm×240mm（高×宽×厚），箱内配置 DN65 消火栓一个，直流水枪一支 3. 单栓、双栓：单栓	套	9	
205	BT5401P12002	消火栓	1. 安装部位（室内外、地上、地下）：室外 2. 型号、规格：DN65 衬胶消防水龙带 120m，配 QZ19 型直流、水雾水枪一支 3. 单栓、双栓：单栓	套	2	
206	BT5401P12003	消火栓	1. 安装部位（室内外、地上、地下）：室外地下式 2. 型号、规格：SA100/65－1.6 型	套	4	
207	BT5401P14001	水泵	1. 名称：轴流深井电动消防泵 2. 型号、电机功率：$Q=30L/s$，$H=55m$，$N=30kW$	台	2	
208	BT5401P14002	消防稳压装置	1. 名称：消防稳压机组 2. 型号、电机功率：$Q=1L/s$，$H=65m$，$S=3.0kW$，50Hz，交流 380V，Y 系列鼠笼电机，防护等级 IP55，绝缘等级 F 3. 包括立式电动消防稳压泵 2 台和 ϕ1000－1.0 型消防隔膜气压罐 1 套	套	1	
209	BT5401P14003	控制柜	1. 名称：控制柜 2. 型号、电机功率：控制柜至设备之间控制电缆及动力电缆、配套进出口法兰、螺栓、螺母、垫片；配套地肢螺栓、螺母、垫片	套	1	参考其他项目描述
	BT5601	4.6　消防水池				
210	BT5601M33001	井、池	1. 井池名称、材质：消防水池 2. 底板材质、厚度、混凝土强度等级：C30 钢筋混凝土，抗渗标号 P8，垫层厚 100mm C15 3. 壁板材质、厚度、混凝土强度等级：C30 钢筋混凝土，抗渗标号 P8 4. 顶板材质、厚度、混凝土强度等级：C30 钢筋混凝土，抗渗标号 P8 5. 盖板材质：穿墙套管：镀锌钢套管，数量、规格详见图纸设计；通气管：DN200 镀锌钢管，附防虫网	m^3	460	净空体积
211	BT5601M31001	防水	1. 保护层材质、厚度、做法：地面设厚 1.5mm 聚氨酯防水层两道，墙面设厚 1.5mm 聚氨酯防水层两道，由室内地面上返 300mm	m^2	438.464	
212	BT5601H18001	其他钢结构	1. 种类：爬梯、通气管等	t	0.098	

续表

序号	项目编码	项 目 名 称	项 目 特 征	计量单位	工程量	备 注
213	BT5601G22001	普通钢筋	1. 种类：螺纹钢 HRB400 级 2. 规格：/	t	34.696	
214	BT5601C19001	人孔盖板	1. 盖板材质：承重铸铁，参见国家建筑标准设计图集 05S804《矩形钢筋混凝土蓄水池》第 174 页 2. 规格：直径 1000mm，带井圈	套	2	
215	BT5601C19002	检修孔盖板	1. 盖板材质：-60×6 钢板 2. 规格：700mm×1100mm	套	2	
216	BT5601G21001	钢筋混凝土上人孔	1. 结构形式：C30 钢筋混凝土，抗渗标号 P8，参见国家建筑标准设计图集 05S804《矩形钢筋混凝土蓄水池》第 174 页	m^3	0.9	
217	BT5601P14001	水泵	1. 名称：潜水排污泵 2. 型号、电机功率：流量 $Q=43m^3/h$，扬程 $H\geqslant13m$，$S=3kW$，50Hz	台	2	
		二、辅助生产工程				
		1 辅助生产建筑				
	BT5801	1.2 警卫室				
218	BT5801A13001	挖坑槽土方	1. 土壤类别：详见地勘报告 2. 挖土深度：/ 3. 含水率：详见地勘报告	m^3	184.9	
219	BT5801A18001	回填方	1. 回填要求：夯填（碾压） 2. 回填材质及来源：原土	m^3	156.828	
220	BT5801A19001	余方弃置	1. 废弃料品种：余土场内倒运 2. 运距：投标人自行考虑	m^3	28.07	
221	BT5801B12001	独立基础	1. 垫层种类、混凝土强度等级、厚度：厚 100mm C15 混凝土 2. 基础混凝土种类、混凝土强度等级：C30 现浇混凝土	m^3	10.144	
222	BT5801G24001	地脚螺栓	1. 种类、规格：螺栓，Q355B 钢材	t	0.044	
223	BT5801B11001	条形基础	1. 基础混凝土种类、混凝土强度等级：C15 现浇混凝土	m^3	4.741	外围护墙下
224	BT5801B11002	条形基础	1. 基础混凝土种类、混凝土强度等级：C20 现浇混凝土	m^3	2.712	室内隔断墙下＋混凝土翻边
225	BT5801E13001	砌体外墙	1. 砌体材质、规格、强度等级：砖 2. 砂浆强度等级：MU20 非黏土烧结实心砖 3. 墙体类型：实心墙 4. 墙体厚度：370mm	m^3	11.72	外围护墙下砌体

续表

序号	项目编码	项目名称	项目特征	计量单位	工程量	备注
226	BT5801G15001	钢筋混凝土梁	1. 混凝土强度等级：C30 2. 混凝土种类：现浇混凝土	m^3	2.317	地圈梁
227	BT5801G13001	钢筋混凝土柱	1. 混凝土强度等级：C30 2. 混凝土种类：钢筋混凝土 3. 结构形式：现浇	m^3	3.202	含柱帽部分
228	BT5801B11003	条形基础	1. 基础混凝土种类、混凝土强度等级：C20 混凝土	m^3	2.2	室内隔断墙下
229	BT5801E18001	外墙面装饰	1. 面层材料品种、规格：厚 10mm 仿石砖，厚 50mm 憎水性岩棉保温层 2. 墙体类型：砖墙	m^2	16.195	勒脚
230	BT5801C14001	台阶	1. 台阶材质、混凝土强度等级：厚 80mm C20 混凝土 2. 面层材质、厚度、标号、配合比：厚 30mm 花岗岩石板铺面 3. 垫层材质、厚度、强度等级：厚 300mm 碎（砾）石	m^2	7.435	
231	BT5801C15001	室外坡散水	1. 散水、坡道材质、厚度：800mm 宽预制混凝土散水，厚 100mm C25 混凝土（内掺防裂纤维量为 1kg/m）；厚 15mm M15 水泥砂浆找平 2. 垫层材质、厚度、强度等级：厚 150mm C20 细石混凝土垫层	m^2	17.88	
232	BT5801H18001	雨篷	1. 品种、规格：玻璃雨篷	t	0.492	
233	BT5801F12001	窗	1. 窗类型：70 系列断桥铝合金窗（内平开）（含五金及油漆） 2. 材质及厚度：石材窗台板 3. 有无纱扇：有金刚网纱窗 4. 玻璃品种、厚度，五金特殊要求：6＋12A＋6 中空玻璃 5. 有无防盗窗：有防盗	m^2	3.6	
234	BT5801F12002	窗	1. 窗类型：70 系列断桥铝合金窗（内平开）消防救援窗（含五金及油漆） 2. 材质及厚度：石材窗台板 3. 有无纱扇：有金刚网纱窗 4. 玻璃品种、厚度，五金特殊要求：厚 8mm 易击碎钢化玻璃 5. 有无防盗窗：有防盗	m^2	2.88	
235	BT5801F11001	门	1. 门类型：断桥铝（含五金及油漆），参见国家建筑标准设计图集 12J609《防火门窗》 2. 材质及厚度：钢质 3. 有无纱扇：无纱扇	m^2	6.72	
236	BT5801F11002	门	1. 门类型：断桥铝（含五金及油漆）门联窗，参见国家建筑标准设计图集 12J609《防火门窗》 2. 材质及厚度：钢质 3. 有无纱扇：无纱扇	m^2	5.94	门联窗

续表

序号	项目编码	项目名称	项目特征	计量单位	工程量	备注
237	BT5801E15001	隔（断）墙	1. 骨架、边框材料种类、规格：轻钢龙骨 2. 隔板材料品种、规格、品牌、颜色：中填厚150mm岩棉 3. 面层装饰：两侧采用厚6mm纤维水泥成品饰面板	m^2	58.217	
238	BT5801H13001	钢柱	1. 品种：钢柱；Q355B钢材	t	3.732	
239	BT5801H14001	钢梁	1. 品种：钢梁；Q355B钢材	t	3.756	
240	BT5801H16001	钢支撑桁梁	1. 品种：钢檩条；Q355B钢材	t	0.856	
241	BT5801H21001	钢结构防火	1. 防火要求：2级，耐火极限2.5h 2. 涂料种类、涂刷遍数：防火漆，厚涂	t	3.732	柱
242	BT5801H21002	钢结构防火	1. 防火要求：2级，耐火极限1.5h 2. 涂料种类、涂刷遍数：防火漆，薄涂	t	3.756	梁
243	BT5801H21003	钢结构防火	1. 防火要求：2级，耐火极限1.0h 2. 涂料种类、涂刷遍数：防火漆，薄涂	t	0.856	板
244	BT5801H22001	钢结构防腐	1. 防腐要求：表面净化处理，抛丸砂除锈，环氧富锌底漆，环氧云铁中间漆，氟碳金属面漆	t	8.344	
245	BT5801E11001	金属墙板	1. 墙板材质、规格、厚度：纤维水泥复合墙板，外侧采用钢龙骨外挂26mm纤维水泥饰面板 2. 复合板夹芯材料种类、层数、型号、规格：内侧墙体采用轻钢龙骨12mm纤维增强硅酸钙板＋厚100mm岩棉＋12mm纤维增强硅酸钙板＋厚6mm纤维水泥饰面板，岩棉容重$120kg/m^3$ 3. 其他：墙板龙骨及相关连接件等，考虑包梁包柱，含外墙门窗、女儿墙等外墙洞口收边；雨篷包裹	m^2	115.92	
246	BT5801D12001	压型钢板底模	1. 板材料种类、板厚度：0.5mm厚镀锌钢板底模 2. 油漆防腐、防火要求、品种、刷漆遍数：/	m^2	46.233	
247	BT5801G19001	钢筋混凝土板	1. 混凝土强度等级：C30 2. 结构形式：现浇 3. 混凝土种类：钢模板自承式楼板	m^3	6.01	
248	BT5801D17001	屋面排水	1. 排水方式：有组织外排水 2. 排水管道材质、规格：UPVC塑料	m^2	45	

续表

序号	项目编码	项 目 名 称	项 目 特 征	计量单位	工程量	备 注
249	BT5801G18001	女儿墙	1. 墙类型：女儿墙（含伸缩缝） 2. 墙厚度：120mm 3. 混凝土强度等级：C30 4. 混凝土种类：钢筋混凝土	m^3	1.95	
250	BT5801D19001	屋面防水	1. 防水材料材质、品种、规格：两道3mm SBS防水卷材及一道1.5mm聚氨酯涂膜防水层，卷材防水上设厚50mm C30刚性防水混凝土，内配双向Φ6@100钢筋网	m^2	45	
251	BT5801D18001	屋面保温	1. 保温隔热面层材料品种、规格：厚80mm挤塑聚苯乙烯泡沫塑料板 2. 找平层材质、厚度、配合比：厚20mm，DS M15砂浆（1∶3水泥砂浆）找平层 3. 防护材料种类：厚20mm，DS M15砂浆（1∶3水泥砂浆）找平层	m^2	45	
252	BT5801C11001	地面整体面层	1. 面层材质、厚度、强度等级：地砖 2. 垫层材质、厚度、强度等级：厚80mm C20混凝土，内配双向Φ6@200钢筋网 3. 踢脚板材质：面砖踢脚	m^2	20.793	
253	BT5801C11002	地面整体面层	1. 面层材质、厚度、强度等级：防滑地砖 2. 垫层材质、厚度、强度等级：厚80mm C20混凝土，内配双向Φ6@200钢筋网	m^2	16.533	
254	BT5801D19002	地面防水	1. 防水材料材质、品种、规格：2道1.5mm聚氨酯涂膜防水层	m^2	16.533	
255	BT5801E19001	内墙面装饰	1. 面层材料品种、规格：5～7mm厚内墙瓷砖 2. 墙体类型：纤维水泥成品饰面板	m^2	100.58	
256	BT5801D19003	墙面防水	1. 防水材料材质、品种、规格：1.5mm厚聚合物水泥基复合防水涂料	m^2	100.58	
257	BT5801D23001	天棚吊顶	1. 面层材质、规格：铝合金板，参考棚35A 2. 龙骨类型、材料：轻钢龙骨	m^2	14.921	
258	BT5801G22001	普通钢筋	1. 种类：螺纹钢HRB400级 2. 规格：/	t	3.199	
259	BT5801N11001	给排水	1. 给排水部位：辅助用房 2. 建筑物高度：4.2m 3. 主要材料要求：给水管PPR、排水管UPVC等	m^2	45	
260	BT5801N12001	采暖	1. 采暖部位：辅助用房 2. 建筑物高度：4.2m 3. 主要材料要求：电暖器	m^2	45	

续表

序号	项目编码	项 目 名 称	项 目 特 征	计量单位	工程量	备 注
261	BT5801N13001	通风及空调	1. 通风及空调部位：辅助用房 2. 建筑物高度：4.2m	m^2	45	
262	BT5801N14001	照明及接地	1. 照明部位：辅助用房 2. 建筑物高度：4.2m	m^2	45	
		2　站区性建筑				
	BT6001	2.1　场地平整				
263	BT6001A11001	场地平整	1. 土壤类别：详见地勘报告	m^2	3526.684	
	BT6101	2.2　站区道路及广场				
264	BT6101M11001	道路	1. 面层材质、厚度、强度等级：厚 220mm C30 混凝土面层，内掺防裂纤维 2. 垫层材质、厚度、强度等级：厚 150mm C25 混凝土稳定层 3. 基层材质、厚度、强度等级：厚 300mm 碎石基层	m^2	859	
265	BT6101M39001	路缘石	1. 垫层材质、厚度：石灰砂浆 2. 路缘石材质：C25 混凝土预制路缘石	m	522	
266	BT6101M12001	整体地坪	1. 面层材质、厚度、强度等级：厚 180mm 混凝土面层（压光 4 遍） 2. 垫层材质、厚度、强度等级：厚 150mm C20 混凝土垫层 3. 基层材质、厚度、强度等级：厚 300mm 级配碎石	m^2	232	
267	BT6101M13001	块料地坪	1. 面层材质、厚度、强度等级：透水砖 200mm×100mm×50mm 2. 垫层材质、厚度、强度等级：厚 150mm 透水级配碎石，压实≥0.95 3. 基层材质、厚度、强度等级：厚 150mm 透水级配碎石，压实≥0.93	m^2	1073	
		2.3　站区排水				
	BT6201	2.3.1　排水管道				
268	BT6201A13001	挖坑槽土方	1. 土壤类别：详见地勘报告 2. 挖土深度：1.5m 3. 含水率：详见地勘报告	m^3	296.55	深 1.5m
269	BT6201A18001	回填方	1. 回填要求：夯填（碾压） 2. 回填材质及来源：原土	m^3	198	
270	BT6201A19001	余方弃置	1. 废弃料品种：余土场内倒运 2. 运距：投标人自行考虑	m^3	98.55	

续表

序号	项目编码	项目名称	项目特征	计量单位	工程量	备注
271	BT6201M30001	室外排水管道	1. 管道材质、型号、规格：HDPE双壁波纹管De315，UPVC 2. 基础混凝土强度等级：厚100mm砂垫层	m	180	
272	BT6201M30002	室外排水管道	1. 管道材质、型号、规格：HDPE双壁波纹管De225，UPVC 2. 基础混凝土强度等级：厚100mm砂垫层	m	40	
273	BT6201P14001	水泵	1. 名称：活动排水泵 2. 型号、电机功率：$Q=10m^3/h$，$H=10m$，$P=0.75kW$	台	1	
	BT6202	2.3.2 窨井				
274	BT6202A13001	挖坑槽土方	1. 土壤类别：详见地勘报告 2. 挖土深度：1.5m 3. 含水率：详见地勘报告	m^3	325.524	
275	BT6202A18001	回填方	1. 回填要求：夯填（碾压） 2. 回填材质及来源：原土	m^3	45.702	
276	BT6202A19001	余方弃置	1. 废弃料品种：余土场内倒运 2. 运距：投标人自行考虑	m^3	279.824	
277	BT6202M33001	井、池	1. 井池名称、材质：玻璃钢成品化粪池 2. 底板材质、厚度、混凝土强度等级：尺寸1.5m×1.5m×1.6m，覆土1.05m。底部需做厚200mm C15素混凝土垫层	m^3	3.6	
278	BT6202M33002	井、池	1. 井池名称、材质：水落管雨水井 2. 底板材质、厚度、混凝土强度等级：厚150mm C30 3. 壁板材质、厚度、混凝土强度等级：厚150mm C30 4. 盖板材质：厚50mm C30	m^3	1.728	
279	BT6202M33003	井、池	1. 井池名称、材质：预制污水检查井ϕ1000（02S515页21）	m^3	108.801	
280	BT6202M33004	井、池	1. 井池名称、材质：预制雨水口0.38m×0.68m	座	19	
281	BT6202M33005	井、池	1. 井池名称、材质：一体化雨水泵池 2. 型号、电机功率：流量$150m^3/h$，扬程15m，功率15kW，含潜水泵及相关配套及电气设备 3. 底板材质、厚度、混凝土强度等级：厚500mm C30钢筋混凝土	座	1	
	BT6301	2.4 围墙及大门				

续表

序号	项目编码	项 目 名 称	项 目 特 征	计量单位	工程量	备 注
282	BT6301A13001	挖坑槽土方	1. 土壤类别：详见地勘报告 2. 挖土深度：/ 3. 含水率：详见地勘报告	m^3	622.234	
283	BT6301A18001	回填方	1. 回填要求：夯填（碾压） 2. 回填材质及来源：原土	m^3	397.975	
284	BT6301A19001	余方弃置	1. 废弃料品种：余土场内倒运 2. 运距：投标人自行考虑	m^3	224.25	
285	BT6301B11001	条型基础	1. 垫层种类、混凝土强度等级、厚度：厚100mm C15混凝土垫层 2. 基础混凝土种类、混凝土强度等级：C30现浇钢筋混凝土	m^3	46.337	
286	BT6301B12001	独立基础	1. 垫层种类、混凝土强度等级、厚度：厚100mm C15素混凝土 2. 基础混凝土种类、混凝土强度等级：C30钢筋混凝土	m^3	75.73	
287	BT6301B11002	条型基础	1. 砌体种类、规格：MU15烧结非黏土实心砖 2. 砂浆强度等级：M7.5水泥砂浆砌筑	m^3	64.021	
288	BT6301G22001	普通钢筋	1. 种类：螺纹钢HRB400级 2. 规格：/	t	18.353	
289	BT6301M15001	围墙	1. 围墙类型：预制装配式围墙 2. 围墙材质、厚度：60mm	m^3	27.357	
290	BT6301G19001	预制压顶	1. 混凝土强度等级：预制压顶（柱压顶385mm×420mm×60mm、板压顶2800mm×180mm×60mm）	m^3	8.163	
291	BT6301G18001	勒脚	1. 墙类型：预制勒脚920mm×220mm×240mm	m^3	11.776	
292	BT6301M18001	围墙大门	1. 门材质、框外围尺寸：不锈钢电动推拉门	m^2	23.75	
293	BT6301M18002	钢板门	1. 门材质、框外围尺寸：不锈钢钢板门带门禁	m^2	2.5	
294	BT6301G13001	钢筋混凝土柱	1. 混凝土强度等级：门柱 2. 混凝土种类：C30混凝土	m^3	2.37	
295	BT6301E20001	梁柱面装饰	1. 面层材料品种、规格：门柱银色复合铝塑板，带标示牌	m^2	13.2	
296	BT6301G14001	预制柱	1. 混凝土强度等级：C30钢筋混凝土	m^3	10.843	
297	BT6301G15001	钢筋混凝土梁	1. 混凝土强度等级：C30 2. 混凝土种类：现浇混凝土	m^3	15.732	地圈梁
298	BT6301G24001	预埋铁件	1. 种类、规格：型钢	t	0.98	

清单封-2

安装分部分项工程量清单

工程名称：冀北110kV智能变电站新建工程

序号	项目编码	项目名称	项目特征	计量单位	工程量	备注
		变电站安装工程				
		一　主要生产工程				
		1　主变压器系统				
	BA1601	1.5　110kV主变压器				
1	BA1601A11001	变压器	1. 电压等级：110kV 2. 名称：三相双绕组有载调压变压器 3. 型号规格、容量：一体式三相双绕组油浸自冷式有载调压SZ20-50000/110，含油温、油位远传表计 4. 安装方式：户外 5. 防腐要求：/	台	2	
2	BA1601B27001	中性点接地成套设备	1. 电压等级：110kV 2. 型号规格：110kV交流中性点成套装置，72.5kV，有避雷器 3. 安装方式：户外	套	2	
3	BA1601B18001	避雷器	1. 电压等级：10kV 2. 型号规格：HY5W-17/45 3. 安装方式：/	组	2	
4	BA1601C15001	引下线、跳线及设备连引线	1. 电压等级：110kV 2. 单导线型号规格：JL/G1A-300/40 3. 导线分裂数：无	组/三相	2	110kV高压侧引线
5	BA1601C15002	引下线、跳线及设备连引线	1. 电压等级：110kV 2. 单导线型号规格：JL/G1A-300/40 3. 导线分裂数：无	组/三相	2	110kV中性点设备引线
6	BA1601C16001	带形母线	1. 电压等级：10kV 2. 单片母线型号规格：$1250mm^2$ 3. 每相片数：每相三片 4. 绝缘热缩材料类型、规格：/	m	180	

续表

序号	项目编码	项目名称	项目特征	计量单位	工程量	备注
7	BA1601C16002	带形母线	1. 电压等级：10kV 2. 单片母线型号规格：120mm^2 3. 每相片数：每相一片 4. 绝缘热缩材料类型、规格：/	m	6	
8	BA1601H13001	电缆接地箱	1. 名称：电缆接地箱 2. 型号规格：三线直接接地，JDX-3	台	2	
9	BA1601H13002	电缆接地箱	1. 名称：电缆接地箱 2. 型号规格：带护层保护器，JDXB-3	台	2	
10	BA1601H15001	全站接地引下线	1. 名称：接地电缆 2. 型号规格：ZC-YJV-8.7/10-1×240	m	150	
11	BA1601H15002	全站接地引下线	1. 名称：回流线 2. 型号规格：ZC-YJV-8.7/10-1×240	m	150	
		2 配电装置				
		2.1 屋内配电装置				
	BA2104	2.1.4 110kV屋内配电装置				
12	BA2104B12001	组合电器	1. 电压等级：110kV 2. 名称：电缆出线间隔 3. 型号规格：GIS带断路器 4. 安装方式：户内 5. 防腐要求：/	个	2	
13	BA2104B12002	组合电器	1. 电压等级：110kV 2. 名称：主变进线间隔 3. 型号规格：GIS不带断路器 4. 安装方式：户内 5. 防腐要求：/	个	2	
14	BA2104B12003	组合电器	1. 电压等级：110kV 2. 名称：母线设备间隔 3. 型号规格：GIS不带断路器 4. 安装方式：户内 5. 防腐要求：/	个	2	

续表

序号	项目编码	项目名称	项目特征	计量单位	工程量	备注
15	BA2104B12004	组合电器	1. 电压等级：110kV 2. 名称：GIS 内桥间隔 3. 型号规格：GIS 带断路器 4. 安装方式：户内 5. 防腐要求：/	个	1	
16	BA2104B12005	组合电器	1. 电压等级：110kV 2. 名称：备用桥间隔 3. 型号规格：GIS 不带断路器，110kV 电缆终端，1×400，GIS 终端，预制，铜 4. 安装方式：户内 5. 防腐要求：/	个	1	
17	BA2104D25001	铁构件	1. 名称：支架 2. 型号规格：综合 3. 防腐要求：镀锌	t	0.535	
	BA2108	2.1.8 10kV 屋内配电装置				
18	BA2108B26001	成套高压配电柜	1. 电压等级：10kV 2. 型号规格：主变进线断路器柜	台	3	
19	BA2108B26002	成套高压配电柜	1. 电压等级：10kV 2. 型号规格：进线隔离柜	台	2	
20	BA2108B26003	成套高压配电柜	1. 电压等级：10kV 2. 型号规格：分段断路器柜	台	1	
21	BA2108B26004	成套高压配电柜	1. 电压等级：10kV 2. 型号规格：分段隔离柜	台	2	
22	BA2108B26005	成套高压配电柜	1. 电压等级：10kV 2. 型号规格：出线柜断路器柜	台	24	
23	BA2108B26006	成套高压配电柜	1. 电压等级：10kV 2. 型号规格：母线设备柜	台	3	
24	BA2108B26007	成套高压配电柜	1. 电压等级：10kV 2. 型号规格：电容器柜	台	4	
25	BA2108B26008	成套高压配电柜	1. 电压等级：10kV 2. 型号规格：接地变柜断路器柜	台	2	

续表

序号	项目编码	项目名称	项目特征	计量单位	工程量	备注
26	BA2108C19001	共箱母线	1. 电压等级：12kV 2. 型号规格：12kV，4000A	m	25	
27	BA2108C13001	穿墙套管	1. 电压等级：20kV 2. 型号规格：CWW-24/4000	个	6	
28	BA2108D25001	铁构件	1. 名称：支架 2. 型号规格：综合 3. 防腐要求：镀锌	t	2.903	
		3　无功补偿				
		3.3　低压电容器				
	BA3305	3.3.5　10kV电容器				
29	BA3305B19001	电容器	1. 电压等级：10kV 2. 名称：框架式并联电容器组成套装置 3. 型号规格：TBB10-6000/334-AC（5%） 4. 安装方式：户内	组	2	
30	BA3305B19002	电容器	1. 电压等级：10kV 2. 名称：框架式并联电容器组成套装置 3. 型号规格：TBB10-6000/334-AC（12%） 4. 安装方式：户内	组	2	
31	BA3305D25001	铁构件	1. 名称：支架 2. 型号规格：综合 3. 防腐要求：镀锌	t	0.566	
		4　控制及直流系统				
		4.1　计算机监控系统				
	BA4101	4.1.1　计算机监控系统				
32	BA4101D13001	控制及保护盘台柜	1. 名称：监控主机柜 2. 规格型号：110kV含监控主机兼一键顺控主机2台	块	1	
33	BA4101D13002	控制及保护盘台柜	1. 名称：智能防误主机柜 2. 规格型号：110kV含智能防误主机1台	块	1	

续表

序号	项目编码	项目名称	项目特征	计量单位	工程量	备注
34	BA4101D13003	控制及保护盘台柜	1. 名称：数据通信网关机柜 2. 规格型号：110kV含Ⅰ区远动网关机（兼图形网关机）2台	块	1	
35	BA4101D13004	控制及保护盘台柜	1. 名称：数据通信网关机柜 2. 规格型号：110kV含Ⅱ区远动网关机2台、Ⅲ/Ⅳ区远动网关机1台及硬件防火墙2台	块	1	
36	BA4101D13005	控制及保护盘台柜	1. 名称：公用测控柜 2. 规格型号：110kV	块	1	
37	BA4101D24001	辅助设备与设施	1. 名称：打印机	台	1	
38	BA4101D24002	辅助设备与设施	1. 名称：站控层Ⅰ区交换机 2. 型号规格：百兆、24电口、2光口	台	4	
39	BA4101D24003	辅助设备与设施	1. 名称：站控层Ⅱ区交换机 2. 型号规格：百兆、24电口、2光口	台	2	
40	BA4101D13006	控制及保护盘台柜	1. 名称：主变测控柜 2. 规格型号：110kV 1号主变测控柜含主变测控装置3台，2号主变测控柜含主变测控装置4台	块	2	
41	BA4101D13007	控制及保护盘台柜	1. 名称：公用测控柜 2. 规格型号：含公用测控装置1台，110kV母线测控装置2台，110kV间隔层交换机2台	块	1	
42	BA4101D13008	控制及保护盘台柜	1. 名称：公用测控柜 2. 规格型号：10kV公用测控3台	块	1	
43	BA4101D24004	辅助设备与设施	1. 名称：10kV间隔层交换机	台	6	
44	BA4101D13009	控制及保护盘台柜	1. 名称：综合应用服务器柜 2. 规格型号：110kV含综合应用服务器1台	块	1	
45	BA4101D13010	控制及保护盘台柜	1. 名称：智能巡视主机柜 2. 规格型号：110kV智能巡视主机1台	块	1	
46	BA4101D13011	控制及保护盘台柜	1. 名称：调度数据网设备柜 2. 规格型号：110kV每面含路由器1台、交换机2台，套纵向加密装置2台，防火墙1台，隔离装置1台，网络安全监测装置1套	块	2	

续表

序号	项目编码	项目名称	项目特征	计量单位	工程量	备注
47	BA4101D24005	辅助设备与设施	1. 名称：表盘附件安装及二次配线保护测控装置 2. 型号规格：110kV	个	2	
48	BA4101D24006	辅助设备与设施	1. 名称：表盘附件安装及二次配线保护测控装置 2. 型号规格：10kV	个	36	
49	BA4101D13012	控制及保护盘台柜	1. 名称：10kV消弧线圈控制柜 2. 规格型号：含控制器2台	块	1	
50	BA4101D24007	辅助设备与设施	1. 名称：电力监控系统安全加固	台	1	
	BA4102	4.1.2 智能设备				
51	BA4102D24001	辅助设备与设施	1. 名称：主变本体智能控制柜 2. 型号规格：每面含主变中性点合并单元2台，主变本体智能终端1台，相应预制电缆及附件	个	2	
52	BA4102D24002	辅助设备与设施	1. 名称：110kV GIS智能控制柜 2. 型号规格：1号、2号主变进线间隔智能控制柜2面，每面含主变110kV侧合并单元智能终端集成装置1台、相应预制电缆及附件；母线间隔智能控制柜2面，每面含母线智能终端1台、母线合并单元1台、相应预制电缆及附件；线路智能控制柜2面、每面含110kV智能终端合并单元集成装置2台、相应预制电缆及附件；桥间隔智能控制柜1面，每面含110kV智能终端合并单元集成装置2台、2台过程层交换机，相应预制电缆及附件	个	5	
53	BA4102D24003	辅助设备与设施	1. 名称：10kV智能终端合并单元集成装置 2. 型号规格：10kV	个	6	
	BA4103	4.1.3 同步时钟				
54	BA4103D13001	控制及保护盘台柜	1. 名称：时间同步系统柜 2. 规格型号：含GPS/北斗互备主时钟及高精度守时主机单元，且输出口数量满足站内设备远景使用需求	块	1	
	BA4201	4.2 继电保护				
55	BA4201D13001	控制及保护盘台柜	1. 名称：110kV桥保护测控装置 2. 型号规格：安装于110kV桥路智能控制柜上	块	1	
56	BA4201D13002	控制及保护盘台柜	1. 名称：110kV备自投装置 2. 型号规格：安装于110kV桥路智能控制柜上	块	1	

续表

序号	项目编码	项目名称	项目特征	计量单位	工程量	备注
57	BA4201D13003	控制及保护盘台柜	1. 名称：10kV 备自投装置 2. 型号规格：安装在 10kV 分段开关柜上	块	1	
58	BA4201D13004	控制及保护盘台柜	1. 名称：故障录波柜 2. 型号规格：110kV，含 1 台故障录波器	块	1	
59	BA4201D13005	控制及保护盘台柜	1. 名称：网络分析记录柜 2. 型号规格：110kV，含 1 台网络记录仪，2 台网络分析仪，1 台过程层中心交换机	块	1	
60	BA4201D13006	控制及保护盘台柜	1. 名称：主变保护柜 2. 型号规格：110kV，每面含主变保护装置 2 台，过程层交换机 1 台	块	2	
	BA4301	4.3　直流系统及不间断电源				
61	BA4301E12001	交直流配电盘台柜	1. 名称：交流电源柜	台	3	
62	BA4301E12002	交直流配电盘台柜	1. 名称：第一组并联直流电源柜 2. 共 17 个模块，每个模块输出电流 2A 电压 12V 3. 用于除 UPS 及事故照明的二次负荷	台	3	
63	BA4301E12003	交直流配电盘台柜	1. 名称：第二组并联直流电源柜 2. 共 21 个模块，每个模块输出电流 2A 电压 12V 3. 用于 UPS 及事故照明屏	台	3	
64	BA4301E12004	交直流配电盘台柜	1. 名称：第三组并列直流电源柜 2. 共 6 个模块，每个模块输出电流 10A 电压 12V 3. 本期 1 面，预留远期 1 面柜安装位置	台	1	
65	BA4301E12005	交直流配电盘台柜	1. 名称：直流馈电柜 1、2 2. 每面含 40A 空开 8 个，32A 空开 8 个，25A 空开 8 个，16A 空开 24 个	台	2	
66	BA4301E12006	交直流配电盘台柜	1. 名称：通信电源馈出屏	台	1	
67	BA4301E14001	三相不间断电源装置	1. 型号规格、容量：UPS 电源柜、含 UPS 装置 1 套：10kVA	套	1	
68	BA4301E13001	事故保安电源装置	1. 型号规格：事故照明电源屏	套	1	
	BA4401	4.4　智能辅助控制系统				
69	BA4401D18001	智能辅助控制系统	1. 变电站电压等级：110kV 含后台主机、视频监控服务器、机架式液晶显示器、交换机、横向隔离装置等，组屏 1 面	站	1	

续表

序号	项目编码	项目名称	项目特征	计量单位	工程量	备注
70	BA4401D24001	辅助设备与设施	1. 名称：动环子系统 2. 包括环监控终端、空调控制器、照明控制器、除湿机控制箱、风机控制器、水泵控制器、温湿度传感器、微气象传感器、水浸传感器、水位传感器、绝缘气体监测传感器等设备	套	1	
71	BA4401D24002	辅助设备与设施	1. 名称：安全防卫子系统 2. 配置安防监控终端、防盗报警控制器、门禁控制器、电子围栏、红外双鉴探测器、红外对射探测器、声光报警器、紧急报警按钮等设备	套	1	
72	BA4401D24003	辅助设备与设施	1. 名称：火灾消防子系统 2. 型号规格：包括消防信息传输控制单元含柜体一面、模拟量变送器等设备，配合火灾自动报警系统，实现站内火灾报警信息的采集、传输和联动控制	套	1	
73	BA4401D24004	辅助设备与设施	1. 名称：智能锁控子系统 2. 型号规格：由锁控监控终端、电子钥匙、锁具等配套设备组成。1台锁控控制器、2把电子钥匙集中部署，并配置1把备用机械紧急解锁钥匙	套	1	
74	BA4401D24005	辅助设备与设施	1. 名称：一次设备在线监测子系统 2. 型号规格：变压器在线监测系统包含油温油位数字化远传表计、铁芯夹件接地电流、中性点成套设备避雷器泄漏电流数字化远传表计；GIS在线监测系统包含绝缘气体密度远传表计、GIS内置避雷器泄漏电流数字化远传表计；开关柜在线监测包含安全接入网关、监测终端等；独立避雷器监测包含避雷器数字化远传表计、集线器、数字化远传表计监测终端等	套	1	
75	BA4401D24006	辅助设备与设施	1. 名称：智能标签生成及解析系统	套	1	
		5 站用电系统				
	BA5101	5.1 站用变压器				
76	BA5101A13001	10kV接地变、消弧线圈成套装置	1. 电压等级：10kV 2. 型号规格、容量：AC 10kV，630kVA，干式，有外壳，户内箱壳式，接地变容量：800/200kVA	台	2	
	BA5202	5.3 站区照明				
77	BA5202H13001	配电箱	1. 名称：户外检修电源箱XW1（改）	台	1	
78	BA5202G12001	1kV及以下电力电缆	1. 型号规格：ZR-YJV22-0.6/1.0kV-4×6+1×4	m	500	
79	BA5202G12002	1kV及以下电力电缆	1. 型号规格：ZR-YJV22-0.6/1.0kV-3×6	m	450	

续表

序号	项目编码	项目名称	项目特征	计量单位	工程量	备注
80	BA5202G12003	1kV 及以下电力电缆	1. 型号规格：ZR－YJV22－0.6/1.0kV－2×4	m	450	
81	BA5202G12004	1kV 及以下电力电缆	1. 型号规格：NH－YJV22－0.6/1.0kV－2×10	m	200	
82	BA5202G12005	1kV 及以下电力电缆	1. 型号规格：ZR－YJV22－0.6/1.0kV－4×16+1×10	m	150	
83	BA5202G12006	1kV 及以下电力电缆	1. 型号规格：ZR－YJV22－0.6/1.0kV－4×25+1×16	m	500	
84	BA5202G12007	1kV 及以下电力电缆	1. 型号规格：ZR－VV22 1kV 3×35+1×16	m	150	
85	BA5202G12008	1kV 及以下电力电缆	1. 型号规格：ZR－YJV22－0.6/1.0kV－4×50+1×25	m	180	
86	BA5202G12009	1kV 及以下电力电缆	1. 型号规格：NH－YJV22－0.6/1.0kV－4×150+1×75（B2 级耐火）	m	200	
87	BA5202G12010	1kV 及以下电力电缆	1. 型号规格：ZR－YJV22－0.6/1.0kV－4×240+1×120	m	200	
		6　电缆及接地				
		6.1　全站电缆				
	BA6101	6.1.1　电力电缆				
88	BA6101G11001	电力电缆	1. 型号规格：ZC－YJLW03－64/110kV－1×400 2. 终端型号规格：110kV 电缆终端，1×400mm²，变压器，预制，铜	m	300	
89	BA6101G11002	电力电缆	1. 型号规格：ZC－YJV22－8.7/10－3×300 2. 终端型号规格：10kV 电缆终端，3×300mm²，户内终端，冷缩，铜	m	240	
90	BA6101G11003	电力电缆	1. 型号规格：ZC－YJV22－8.7/10－3×240 2. 终端型号规格：10kV 电缆终端，3×240mm²，户内终端，冷缩，铜	m	80	
91	BA6101G12001	1kV 及以下电力电缆	1. 型号规格：ZC－YJV22－0.6/1－4×240 2. 终端型号规格：1kV 电缆终端，4×240mm²，户内终端，冷缩，铜	m	80	
92	BA6101G11004	电力电缆	1. 型号规格：ZR－VV22－2×10	m	360	
93	BA6101G11005	电力电缆	1. 型号规格：ZR－VV22－2×16	m	180	
94	BA6101G11006	电力电缆	1. 型号规格：ZR－VV22－4×16	m	420	
95	BA6101G11007	电力电缆	1. 型号规格：ZR－VV22－4×25	m	120	
	BA6102	6.1.2　控制电缆				

续表

序号	项目编码	项目名称	项目特征	计量单位	工程量	备注
96	BA6102G13001	控制电缆	1. 名称：全站控制电缆敷设 2. 型号规格：ZR－KVVP2－22－4×1.5	m	1100	
97	BA6102G13002	控制电缆	1. 名称：全站控制电缆敷设 2. 型号规格：ZR－KVVP2－22－7×1.5	m	2280	
98	BA6102G13003	控制电缆	1. 名称：全站控制电缆敷设 2. 型号规格：ZR－KVVP2－22－10×1.5	m	280	
99	BA6102G13004	控制电缆	1. 名称：全站控制电缆敷设 2. 型号规格：ZR－KVVP2－22－14×1.5	m	100	
100	BA6102G13005	控制电缆	1. 名称：全站控制电缆敷设 2. 型号规格：ZR－KVVP2－22－7×2.5	m	300	
101	BA6102G13006	控制电缆	1. 名称：全站控制电缆敷设 2. 型号规格：ZR－KVVP2－22－4×4	m	3700	
102	BA6102G13007	控制电缆	1. 名称：全站控制电缆敷设 2. 型号规格：ZR－KVVP2－22－7×4	m	580	
103	BA6102G13008	控制电缆	1. 名称：全站控制电缆敷设 2. 型号规格：WDZB2N－KYJY－P2－23－4×4	m	100	
104	BA6102N14001	室内光缆	1. 型号规格：铠装多模预制光缆	m	1300	
105	BA6102N20001	光缆测试	1. 名称：光缆全程测试 2. 型号规格：12芯以下	段	1	
106	BA6102R13001	放绑软光纤	1. 名称：铠装多模尾缆，监控厂家提供	m	1100	
107	BA6102P12001	机架、分配架、敞开式音频配线架	1. 名称：ODF配线架	架	1	
108	BA6102N19001	光缆接续	1. 名称：免熔接光配箱 2. 型号规格：MR－3S/12ST 3. 接续方式：/	个	5	
109	BA6102N19002	光缆接续	1. 名称：免熔接光配箱 2. 型号规格：MR－2S/24ST 3. 接续方式：/	个	29	

续表

序号	项目编码	项目名称	项目特征	计量单位	工程量	备注
110	BA6102N19003	光缆接续	1. 名称：光缆连接器	台	60	
111	BA6102R11001	布放线缆	1. 名称：铠装超五类屏蔽双绞线 2. 型号规格：综合	m	2000	
	BA6103	6.1.3　电缆辅助设施				
112	BA6103G17001	电缆保护管	1. 材质：镀锌钢管 2. 型号规格：ϕ32	m	3100	
113	BA6103G17002	电缆保护管	1. 材质：镀锌钢管 2. 型号规格：ϕ25	m	450	
114	BA6103G17003	电缆保护管	1. 材质：镀锌钢管 2. 型号规格：ϕ100	m	150	
115	BA6103G17004	电缆保护管	1. 材质：镀锌钢管 2. 型号规格：ϕ50	m	140	
116	BA6103H14001	接地母线	1. 材质：接地铜缆 2. 型号规格：≥100mm^2	m	200	
117	BA6103P11001	电缆槽道、走线架	1. 名称：光缆槽盒 2. 型号规格：150mm×200mm，要求防火	m	300	
118	BA6103P11002	电缆槽道、走线架	1. 名称：水平电缆（光缆）槽盒（带盖） 2. 型号规格：250mm×100mm	m	600	
119	BA6103D25001	铁构件	1. 名称：支架 2. 型号规格：综合 3. 防腐要求：镀锌	t	2.542	
	BA6104	6.1.4　电缆防火				
120	BA6104G18001	电缆防火设施	1. 材料名称：防火堵料 2. 型号规格：WSZD	t	2	
121	BA6104G18002	电缆防火设施	1. 材料名称：防火堵料 2. 型号规格：RZD	t	2	
122	BA6104G18003	电缆防火设施	1. 材料名称：阻火模块 2. 型号规格：240mm×120mm×60mm	m^3	10	

续表

序号	项目编码	项目名称	项目特征	计量单位	工程量	备注
123	BA6104G18004	电缆防火设施	1. 材料名称：防火涂料 2. 型号规格：/	t	1	
124	BA6104G18005	电缆防火设施	1. 材料名称：L型防火隔板 2. 型号规格：300mm×80mm×10mm（宽×翻边高度×厚）	m	1000	
125	BA6104G18006	电缆防火设施	1. 材料名称：L型防火隔板 2. 型号规格：300mm×50mm×10mm（宽×翻边高度×厚）	m	1000	
126	BA6104G18007	电缆防火设施	1. 材料名称：防火隔板	m^2	100	
127	BA6104G18008	电缆防火设施	1. 材料名称：防火网 2. 型号规格：/	m^2	10	
		6.2 全站接地				
128	H14001	接地母线	扁紫铜排 －40×5	m	1800	
129	H14002	接地母线	ϕ25×2500	根	60	
130	H14003	接地母线	铜排 －30×4	m	250	
131	H14004	接地母线	扁钢 －60×8，热镀锌	m	1000	
132	H15001	全站接地引下线	1. 名称：多股铜芯电缆 2. 型号规格：120mm^2，配铜鼻子	m	30	
133	H15002	全站接地引下线	1. 名称：多股铜芯电缆 2. 型号规格：100mm^2，配铜鼻子	m	300	
134	H15003	全站接地引下线	1. 名称：多股铜芯电缆 2. 型号规格：50mm^2，配铜鼻子	m	8	
135	H15004	全站接地引下线	1. 名称：多股铜芯电缆 2. 型号规格：4mm^2，配铜鼻子	m	300	
136	C12001	热熔焊接	1. 名称：放热焊点	个	800	

续表

序号	项目编码	项目名称	项目特征	计量单位	工程量	备注
137	B28001	接地电阻柜	1. 名称：临时接地端子箱 2. 型号规格：附专用保护箱，建议尺寸 300mm×210mm×120mm（高×宽×深）	台	25	
138	D25001	铁构件	1. 名称：支架 2. 型号规格：综合	t	2.582	
		7　通信及远动系统				
	BA7101	7.1　通信系统				
139	BA7101A11001	光纤数字传输设备	1. 名称：SDH 设备 2. 型号规格：A 子平面，2.5G，含公务板、业务板、光路板	端	1	
140	BA7101A11002	光纤数字传输设备	1. 名称：SDH 设备 2. 型号规格：B 子平面，2.5G，含公务板、业务板、光路板	端	1	
141	BA7101G11001	网络设备	1. 名称：数据通信网路由器	台	1	
142	BA7101G11002	网络设备	1. 名称：数据通信网交换机	台	1	
143	BA7101E16001	软交换设备	1. 名称：IAD 接入设备 32 线用于调度电话	台	2	
144	BA7101E16002	软交换设备	1. 名称：IAD 接入设备 32 线用于行政电话	台	1	
145	BA7101P12001	机架、分配架、敞开式音频配线架	1. 名称：ODF 配线架 144 线	架	1	
146	BA7101P12002	机架、分配架、敞开式音频配线架	1. 名称：VDF 配线架 50 回	架	1	
147	BA7101P12003	机架、分配架、敞开式音频配线架	1. 名称：ODF 配线架 128 线	架	1	
148	BA7101A13001	基本子架及公共单元盘	1. 名称：网络配模块 2. 型号规格：24 线	套	2	
149	BA7101P12004	机柜安装	1. 名称：通用机柜 2. 型号规格：2260mm×600mm×600mm/2260mm×600mm×800mm（高×宽×深）	台	10	
150	BA7101N14001	室内光缆	1. 型号规格：普通光缆非金属阻燃，48 芯	m	600	
151	BA7101N18001	光缆单盘测试	1. 型号规格：48 芯以下	盘	2	

续表

序号	项目编码	项 目 名 称	项 目 特 征	计量单位	工程量	备 注
152	BA7101N19001	光缆接续	1. 型号规格：48芯以下	头	2	
153	BA7101P11001	电缆槽道、走线架	1. 名称：防火槽盒 2. 型号规格：50mm×50mm	m	600	
154	BA7101P12005	机架、分配架、敞开式音频配线架	1. 名称：余缆架 2. 型号规格：内盘式	个	2	
155	BA7101N22001	保护管	1. 名称：PVC管 ϕ32	m	1500	
156	BA7101N22002	保护管	1. 名称：镀锌钢管 ϕ50	m	200	
157	BA7101P13001	分线设备	1. 名称：并沟线夹	个	10	
158	BA7101P13002	分线设备	1. 名称：绝缘线夹	个	20	
159	BA7101H14001	接地母线	1. 材质：接地镀锌扁钢 2. 型号规格：4mm×40mm	m	30	
160	BA7101R11001	布放线缆	1. 名称：接地线	m	50	
161	BA7101G11003	网络设备	1. 名称：信息面板 2. 型号规格：双孔，含电话出线盒、网络出线盒	台	10	
162	BA7101R11002	布放线缆	1. 名称：电话线 BPV-2×0.5	m	300	
163	BA7101R11003	布放线缆	1. 名称：网线超五类屏蔽双绞线	m	500	
164	BA7101X11001	公共设备	1. 名称：模拟话机	台	10	
165	BA7101G11004	网络设备	1. 名称：电话分线箱	台	1	
166	BA7101R11004	布放线缆	1. 名称：音频电缆 2. 型号规格：HYA-10×2×0.5	m	200	
167	BA7101R12001	配线架布放跳线	1. 名称：跳纤单模，30m	条	40	
168	BA7101R11005	布放线缆	1. 名称：地线 2. 型号规格：TRJ-1×50，黄绿	m	300	
169	BA7101P11002	设备电缆	1. 型号规格：ZR-ZVV-2×10	m	200	
170	BA7101P11003	设备电缆	1. 型号规格：ZR-ZVV-2×16	m	300	
171	BA7101A13002	基本子架及公共单元盘	1. 型号规格：2.5G	套	2	

续表

序号	项目编码	项目名称	项目特征	计量单位	工程量	备注
	BA7201	7.2 远动及计费系统				
172	BA7201D13001	控制及保护盘台柜	1. 名称：变压器电能表及电量采集柜 2. 含主变考核关口表5只，电能数据采集终端1台	块	1	
173	BA7201D24001	辅助设备与设施	1. 名称：10kV多功能电能表 2. 型号规格：0.2S级三相三线制电子式	块	34	
174	BA7201D24002	辅助设备与设施	1. 名称：110kV线路多功能电能表 2. 型号规格：0.2S级三相四线制数字式	块	2	
		8 全站调试				
	BA8101	8.1 分系统调试				
175	BA8101R11001	变压器系统调试	1. 变压器型号规格、容量：50MVA/110kV	系统	2	
176	BA8101R12001	交流供电系统调试	1. 间隔电压等级：110kV	系统	3	
177	BA8101R12002	交流供电系统调试	1. 间隔电压等级：10kV	系统	34	
178	BA8101R13001	母线系统调试	1. 母线电压等级：110kV	段	2	
179	BA8101R13002	母线系统调试	1. 母线电压等级：10kV	段	3	
180	BA8101R14001	故障录波系统调试	1. 变电站电压等级：110kV	站	1	
181	BA8101R20001	微机监控、五防系统调试	1. 变电站电压等级：110kV	站	1	
182	BA8101R27001	网络报文监视系统调试	1. 变电站电压等级：110kV	站	1	
183	BA8101R31001	信息一体化平台调试	1. 变电站电压等级：110kV	站	1	
184	BA8101S21001	远动分系统调试	1. 电压等级：110kV	站	1	
185	BA8101R16001	时钟同步分系统调试	1. 变电站电压等级：110kV	站	1	
186	BA8101R22001	电网调度自动化系统调试	1. 变电站电压等级：110kV	站	1	
187	BA8101R24001	二次系统安全防护系统接入变电站调试	1. 变电站电压等级：110kV 2. 变电站接入的相应调度端名称：接入110kV等级站	站	1	
188	BA8101R25001	信息安全测评系统（等级保护测评）调试	1. 变电站电压等级：110kV	站	1	
189	BA8101R28001	智能辅助系统调试	1. 变电站电压等级：110kV	站	1	

续表

序号	项目编码	项目名称	项目特征	计量单位	工程量	备注
190	BA8101R29001	状态检测系统调试	1. 变电站电压等级：110kV	站	1	
191	BA8101R30001	交直流电源一体化系统调试	1. 变电站电压等级：110kV	站	1	
192	BA8101R18001	事故照明及不间断电源系统调试	1. 变电站电压等级：110kV	站	1	
193	BA8101R21001	保护故障信息系统调试	1. 变电站电压等级：110kV	站	1	
194	BA8101R16002	同期系统调试	1. 变电站电压等级：110kV	站	1	
	BA8201	8.2 特殊项目调试				
195	BA8201T13001	变压器局部放电试验	1. 变压器型号规格：50MVA/110kV 50/50MVA	台（三相）	2	
196	BA8201T14001	变压器交流耐压试验	1. 变压器型号规格：50MVA/110kV 50/50MVA	台（三相）	2	
197	BA8201T15001	变压器绕组变形试验	1. 变压器型号规格：50MVA/110kV 50/50MVA	台（三相）	2	
198	BA8201T29001	GIS（HGIS）交流耐压试验	1. GIS（HGIS）型号规格：110kV	间隔	3	
199	BA8201T30001	GIS（HGIS）局部放电带电检测	1. GIS（HGIS）型号规格：110kV	间隔	3	
200	BA8201T31001	接地网阻抗测试	1. 变电站电压等级：110kV	站	1	
201	BA8201T33001	接地引下线及接地网导通测试	1. 变电站电压等级：110kV	站	1	
202	BA8201T35001	电容器在额定电压下冲击合闸试验	1. 电容器组型号规格：TBB10-6000/334-AC（5%）	组	4	
203	BA8201T40001	绝缘油综合试验		台	2	
204	BA8201T41001	SF_6 气体试验	1. 充气设备名称：GIS 2. 试验项目名称：GIS（HGIS、PASS）SF_6 气体试验，带断路器	间隔	3	
205	BA8201T41002	SF_6 气体试验	1. 充气设备名称：GIS 2. 试验项目名称：GIS（HGIS、PASS）SF_6 气体试验，不带断路器	间隔	5	
206	BA8201T41003	SF_6 气体试验	1. 充气设备名称：GIS母线	段	2	
207	BA8201T41004	SF_6 气体试验	1. 试验项目名称：SF_6 气体全分析	站	1	
208	BA8201T43001	互感器误差测试	1. 互感器名称：电流互感器	组	5	

续表

序号	项 目 编 码	项 目 名 称	项 目 特 征	计量单位	工程量	备 注
209	BA8201T43002	互感器误差测试	1. 互感器名称：电压互感器	组	4	
210	BA8201T44001	电压互感器二次回路压降测试	1. 电压互感器电压等级：110kV	组	2	
211	BA8201T45001	计量二次回路阻抗（负载）测试	1. 相应一次回路电压等级：110kV	组	6	
212	BA8201T42001	表计校验	1. 表计名称：SF_6 气体密度继电器	块	30	
213	BA8201T42002	表计校验	1. 表计名称：数字化关口电能表误差校验	块	7	
214	BA8201T32001	独立避雷针接地阻抗测试		基	2	
	BA8301	8.3　整套启动调试				
215	BA8301U12001	监控调试	1. 变电站电压等级：110kV	站	1	
216	BA8301U11001	试运行	1. 变电站电压等级：110kV	站	1	
217	BA8301U13001	电网调度自动化系统调试	1. 变电站电压等级：110kV	站	1	
218	BA8301U14001	二次系统安全防护调试	1. 变电站电压等级：110kV	站	1	

清单封-3.1

措施项目清单（一）

工程名称：冀北110kV智能变电站新建工程

序号	项目名称	备 注
	建筑措施项目	
1	冬雨季施工增加费	
2	夜间施工增加费	
3	施工工具用具使用费	
4	特殊地区施工增加费	
5	临时设施费	2.05
6	施工机构迁移费	
7	安全文明施工费	3.55
	安装措施项目	
1	冬雨季施工增加费	
2	夜间施工增加费	
3	施工工具用具使用费	
4	特殊地区施工增加费	
5	临时设施费	5.67
6	施工机构迁移费	
7	安全文明施工费	3.55

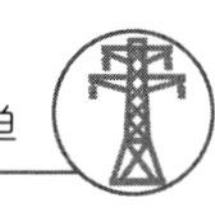

清单封-3.2

措施项目清单（二）

工程名称：冀北110kV智能变电站新建工程

序号	项目编码	项 目 名 称	项 目 特 征	计量单位	工程量	备 注

清单封－4

其他项目清单

工程名称：冀北 110kV 智能变电站新建工程　　　　金额单位：元

序号	项　目　名　称	金　额	备　注
1	暂列金额		
2	暂估价		
2.1	材料、工程设备暂估单价		
2.2	专业工程暂估价		
3	计日工		
4	施工总承包服务项目		
5	其他		
5.1	拆除工程项目清单		
5.2	招标人供应设备、材料卸车保管费		
5.2.1	设备保管费		
5.2.2	材料保管费		
5.3	施工企业配合调试费		
5.4	建设场地征占用及清理费		
5.4.1	余物清理费		
5.5	招标代理服务费		

清单封-4.1

暂列金额明细表

工程名称：冀北110kV智能变电站新建工程

金额单位：元

序号	项目名称	计量单位	暂列金额	备注

清单封－4.2

材料、工程设备暂估单价表

工程名称：冀北 110kV 智能变电站新建工程　　　　金额单位：元

序号	材料、工程设备名称	规格、型号	计量单位	单价	备　注

清单封-4.3

专业工程暂估价表

工程名称：冀北110kV智能变电站新建工程　　　　金额单位：元

序号	工 程 名 称	工程内容	金额	备　注
1	暂估价			
1.1	专业工程暂估价			

清单封－4.4

计日工表

工程名称：冀北110kV智能变电站新建工程

编　号	项　目　名　称	计量单位	暂定数量	备　　注
1	人工			
2	材料			
3	施工机械			

清单封-4.5

施工总承包服务项目内容表

工程名称：冀北110kV智能变电站新建工程

金额单位：元

序　号	工　程　名　称	项目价值	服务内容	备　　注
一	招标人发包专业工程			
1	施工总承包服务项目			

清单封-4.6

拆除工程项目清单

工程名称：冀北110kV智能变电站新建工程

序号	项目名称	项目特征	计量单位	工程量	备注

余物清理项目清单

工程名称：冀北110kV智能变电站新建工程

序号	项 目 名 称	项目特征	计量单位	工程量	备 注

清单封－4.7

建设场地征用及清理项目表

工程名称：冀北 110kV 智能变电站新建工程

序　号	项　目　名　称	备　注
1	其他	
1.1	建设场地征占用及清理费	
1.1.1	余物清理费	

清单封－5

规费、税金项目清单

工程名称：冀北 110kV 智能变电站新建工程

序　　号	项　目　名　称	备　　注
一	规费	
	建筑规费项目	
1	社会保险费	
1.1	养老保险费	16%
1.2	失业保险费	0.7%
1.3	医疗保险费	7%
1.4	生育保险费	0.8%
1.5	工伤保险费	1.2%
2	住房公积金	12%
二	安装规费项目	
1	社会保险费	
1.1	养老保险费	16%
1.2	失业保险费	0.7%
1.3	医疗保险费	7%
1.4	生育保险费	0.8%
1.5	工伤保险费	1.2%
2	住房公积金	12%
三	税金	

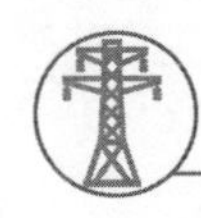

清单封－6

投标人采购材料（设备）表（样表）

工程名称：冀北 110kV 智能变电站新建工程

序号	材料（设备）名称	型号规格	计量单位	数量	备注
一	投标人采购材料				
	主材				
	电力电缆	ZR－ZVV－2×10	m	200.000	
	电力电缆	ZR－ZVV－2×16	m	300.000	
	地线	TRJ－1×50，黄绿	m	300.000	
	跳纤	单模，30m	条	40.000	
	音频电缆	HYA－10×2×0.5	m	200.000	
	电话分线箱		个	1.000	
	模拟话机		部	10.000	
	网线	超五类屏蔽双绞线	m	500.000	
	电话软线	BPV－2×0.5	m	300.000	
	信息面板	双孔，含电话出线盒、网络出线盒	个	10.000	
	接地线		m	50.000	
	接地镀锌扁钢	4mm×40mm	m	30.000	
	绝缘线夹		个	20.000	
	并沟线夹		个	10.000	
	镀锌钢管	ϕ50	m	200.000	
	PVC 管	ϕ32	m	1500.000	
	防火槽盒	50×50	m	600.000	
	余缆架	内盘式	个	2.000	
	光缆接头盒	48 芯	个	2.000	

续表

序号	材料（设备）名称	型　号　规　格	计量单位	数量	备　注
	普通光缆	非金属阻燃，48 芯	m	600.000	
	防火网		m^2	10.000	
	防火隔板		m^2	100.000	
	防火涂料		t	1.000	
	阻火模块	240mm×120mm×60mm	m^3	10.000	
	有机可塑性软质防火堵料	RZD	t	2.000	
	无机速固防火堵料	WSZD	t	2.000	
	L 型防火隔板	300mm×50mm×10mm（宽×翻边高度×厚）	m^2	300.000	
	L 型防火隔板	300mm×80mm×10mm（宽×翻边高度×厚）	m^2	300.000	
	水平电缆（光缆）槽盒（带盖）	250mm×100mm	m	600.000	
	镀锌钢管	DN25	m	450.000	
	镀锌钢管	DN32	m	300.000	
	镀锌钢管	DN50	m	140.000	
	镀锌钢管	DN100	m	150.000	
	多股软铜芯电缆	$4mm^2$ 配铜鼻子	m	300.000	
	多股软铜芯电缆	$50mm^2$ 配铜鼻子	m	8.000	
	多股软铜芯电缆	$100mm^2$ 配铜鼻子	m	300.000	
	多股软铜芯电缆	$120mm^2$ 配铜鼻子	m	30.000	
	扁钢	－60×8，热镀锌	m	1000.000	
	放热焊点		个	800.000	
	绝缘子	WX－01	个	315.000	
	铜排	－30×4	m	250.000	
	紫铜棒	ϕ25×2500	根	60.000	
	扁紫铜排	－40×5	m	1800.000	
	1kV 电力电缆终端	1kV 电缆终端，4×240，户内终端，冷缩，铜	套	4.000	

续表

序号	材料（设备）名称	型 号 规 格	计量单位	数量	备 注
	钢板	δ=10，1800×400	块	2.000	
	20kV 穿墙套管	CWW－24/4000	只	6.000	
	成套电缆抱箍	铝合金，与电缆外径匹配	套	18.000	
	1kV 绝缘线	YJY－1×120	m	20.000	
	铜排	TMY－30×4	m	6.000	
	母线伸缩节	MST－125×10	套	36.000	
	母线间隔垫	MJG－04	套	120.000	
	矩形母线固定金具	MWP－204T/ϕ140（4－M12）	套	36.000	
	10kV 母排	3×(TMY－125×10)	m	180.000	
	电缆固定金具	工厂化成套（非导磁材料）	套	12.000	
	抱箍（含螺母垫圈等）		套	12.000	
	铝设备线夹	SY－300/40	套	2.000	
	铜铝过渡设备线夹	SYG－300/40	套	6.000	
	铜铝过渡设备线夹	SYG－300/40	套	8.000	
	钢芯铝绞线	JL/G1A－300/40	m	20.000	
	钢芯铝绞线	JL/G1A－300/40	m	60.000	
	接地铜缆	≥100mm^2	m	200.000	
	辅助系统及火灾报警用埋管	镀锌钢管 ϕ32	m	2800.000	
	光缆槽盒	150×200，要求防火	km	0.300	
L02100101	控制电缆	WDZB2N－KYJY－P2－23－4×4	km	0.580	
二	投标人采购设备				
	壁挂式电暖器（防水型）	P=2.0kW	台	4.000	
	壁式低噪声玻璃钢轴流风机	No.4.5 型	台	1.000	
	分体壁挂式冷暖空调		台	2.000	
	壁挂式电暖器（防水型）	电功率 1500W	台	4.000	
	卫生间通风器		台	3.000	

续表

序号	材料（设备）名称	型　号　规　格	计量单位	数量	备　注
	电暖器	P＝2.5kW	台	11.000	
	分体柜式冷暖空调	制冷量 12kW	台	2.000	
	分体柜式冷暖空调	制冷量 26.5kW	台	2.000	
	防腐壁式低噪声玻璃钢轴流风机	No.4.0 型	台	3.000	
	壁式低噪声玻璃钢轴流风机	No.5 型	台	5.000	
	通用机柜	2260mm×600mm×600mm/2260mm×600mm×800mm	面	10.000	
	网络配模块	24 线	块	2.000	
	DDF 配线架	128 线	套	1.000	
	VDF 配线架	50 回	套	1.000	
	ODF 配线架	144 线	套	1.000	
	IAD	32 线	套	1.000	
	IAD	32 线	套	2.000	
	数据通信网交换机		台	1.000	
	数据通信网路由器		台	1.000	
	SDH 设备	B 子平面，2.5G，含公务板、业务板、光路板	套	1.000	
	SDH 设备	A 子平面，2.5G，含公务板、业务板、光路板	套	1.000	
	户外检修电源箱	XW1（改）	个	1.000	
	户内检修电源箱		个	6.000	
	应急疏散照明电源箱		个	1.000	
	动力配电箱	PXT（R）	个	1.000	
	照明配电箱	PXT（R）	个	3.000	
	临时接地端子箱	附专用保护箱 建议尺寸 300mm×210mm×120mm（高×宽×深）	套	25.000	
	电力监控系统安全加固	第三方机构安全加固	套	1.000	
	等保测评		项	1.000	

清单封-7

招标人采购材料（设备）表

工程名称：冀北110kV智能变电站新建工程　　　　金额单位：元

序号	材料（设备）名称	型　号　规　格	计量单位	数量	单价	交货地点及方式	备注
一	招标人采购材料						
	主材						
	耐火电力电缆	NH-YJV22-0.6/1.0kV-4×150+1×75（B2级耐火）	km	0.200	630608.93		
	构支架		t	6.546	9040.00		
	光缆连接器		台	60.000	1191.42		
500006874	10kV支柱绝缘子	ZSW-24/12.5	只	36.000	802.30		
500021060	10kV电力电缆终端	10kV电缆终端，3×240，户内终端，冷缩，铜	套	4.000	240.57		
500021079	10kV电力电缆终端	10kV电缆终端，3×300，户内终端，冷缩，铜	套	8.000	342.54		
500021468	110kV电缆接地箱，带护层保护器	JDXB-3	个	2.000	3480.40		
500021470	110kV电缆接地箱，三线直接接地	JDX-3	个	2.000	2825.00		
500037149	110kV电缆终端	110kV电缆终端，1×400，变压器，预制，铜	个	6.000	16046.00		
500107869	10kV电力电缆	ZC-YJV22-8.7/10-3×300	m	240.000	795.05		
500108302	10kV电力电缆	ZC-YJV22-8.7/10-3×240	m	80.000	633.60		
500109215	电力电缆	ZR-YJV22-0.6/1.0kV-4×240+1×120	km	0.200	630608.93		
500109534	电力电缆	ZR-YJV22-0.6/1.0kV-4×6+1×4	km	0.500	25954.97		
500109538	电力电缆	ZR-YJV22-0.6/1.0kV-4×16+1×10	km	0.150	41391.90		
500109569	电力电缆	ZR-YJV22-0.6/1.0kV-4×50+1×25	km	0.180	132586.29		
500109671	电力电缆	ZR-YJV22-0.6/1.0kV-4×25+1×16	km	0.500	98490.80		
500109752	电力电缆	ZR-YJV22-0.6/1.0kV-3×6	km	0.450	19416.79		
500109790	电力电缆	ZR-YJV22-0.6/1.0kV-2×4	km	0.450	10177.91		
500109922	110kV电力电缆	ZC-YJLW03-64/110kV-1×400	m	300.000	434.15		
500122208	回流线	ZC-YJV-8.7/10-1×240	km	0.150	107802.00		

续表

序号	材料（设备）名称	型　号　规　格	计量单位	数量	单价	交货地点及方式	备注
500122208	接地电缆	ZC－YJV－8.7/10－1×240	km	0.150	107802.00		
500127056	1kV 电力电缆	ZC－YJV22－0.6/1－4×240	m	80.000	626.47		
500142814	耐火电力电缆	NH－YJV22－0.6/1.0kV－2×10	km	0.200	25954.97		
L01210203	电力电缆	ZR－VV22－4×25	km	0.120	109822.44		
L01210203	电力电缆	ZR－VV22－4×16	km	0.420	33626.54		
L01210203	电力电缆	ZR－VV22－2×16	km	0.180	25730.10		
L01210203	电力电缆	ZR－VV22－2×10	km	0.360	25954.97		
L02100101	铠装多模预制光缆		km	1.300	13865.10		
L02100101	控制电缆	ZR－KVVP2－22－7×4	km	0.580	17899.20		
L02100101	控制电缆	ZR－KVVP2－22－4×4	km	3.700	10598.56		
L02100101	控制电缆	ZR－KVVP2－22－7×2.5	km	0.300	11074.00		
L02100101	控制电缆	ZR－KVVP2－22－14×1.5	km	0.100	13424.40		
L02100101	控制电缆	ZR－KVVP2－22－10×1.5	km	0.280	11164.40		
L02100101	控制电缆	ZR－KVVP2－22－7×1.5	km	2.280	7830.90		
L02100101	控制电缆	ZR－KVVP2－22－4×1.5	km	1.100	5593.50		
二	招标人采购设备						
	智能锁控子系统	由锁控监控终端、电子钥匙、锁具等配套设备组成。1 台锁控控制器、2 把电子钥匙集中部署，并配置 1 把备用机械紧急解锁钥匙	套	1.000			
	动环子系统	包括环监控终端、空调控制器、照明控制器、除湿机控制箱、风机控制器、水泵控制器、温湿度传感器、微气象传感器、水浸传感器、水位传感器、绝缘气体监测传感器等设备	套	1.000			
	安全防卫子系统	配置安防监控终端、防盗报警控制器、门禁控制器、电子围栏、红外双鉴探测器、红外对射探测器、声光报警器、紧急报警按钮等设备	套	1.000			
	火灾消防子系统	包括消防信息传输控制单元含柜体 1 面、模拟量变送器等设备，配合火灾自动报警系统，实现站内火灾报警信息的采集、传输和联动控制	套	1.000			
	打印机		台	1.000			

续表

序号	材料（设备）名称	型　号　规　格	计量单位	数量	单价	交货地点及方式	备注
	Ⅱ区及Ⅲ/Ⅳ区数据通信网关机	含Ⅱ区远动网关机 2 台、Ⅲ/Ⅳ区远动网关机 1 台及硬件防火墙 2 台	面	1.000			
	Ⅰ区数据通信网关机柜	含Ⅰ区远动网关机（兼图形网关机）2 台	面	1.000			
	智能防误主机柜	含智能防误主机 1 台	面	1.000			
	网络分析柜	含 1 台网络记录仪，2 台网络分析仪，1 台过程层中心交换机	面	1.000			
	故障录波器柜	含 1 台故障录波器	面	1.000			
	独立避雷器监测	避雷器数字化远传表计、集线器、数字化远传表计监测终端等	套	1.000			
	开关柜在线监测	安全接入网关、监测终端等	套	1.000			
	GIS 在线监测系统	绝缘气体密度远传表计、GIS 内置避雷器泄漏电流数字化远传表计	套	1.000			
	变压器在线监测系统	包含油温油位数字化远传表计、铁芯夹件接地电流、中性点成套设备避雷器泄漏电流数字化远传表计	套	1.000			
	一次设备在线监测子系统		套	1.000			
	辅助设备智能监控系统	含后台主机、视频监控服务器、机架式液晶显示器、交换机、横向隔离装置等，组屏 1 面	套	1.000			
	时间同步系统柜	含 GPS/北斗互备主时钟及高精度守时主机单元，且输出口数量满足站内设备远景使用需求	面	1.000			
	事故照明电源屏		面	1.000			
	UPS 电源柜	含 UPS 装置 1 套，10kVA	面	1.000			
	通信电源馈出屏		面	1.000			
	第三组并列直流电源柜	共 6 个模块，每个模块输出电流 10A，电压 12V	面	1.000			
	第二组并联直流电源柜	共 21 个模块，每个模块输出电流 2A，电压 12V	面	3.000			
	直流馈电柜 1、2	每面含 40A 空开 8 个，32A 空开 8 个，25A 空开 8 个，16A 空开 24 个	面	2.000			
	第一组并联直流电源柜	共 17 个模块，每个模块输出电流 2A，电压 12V	面	3.000			
	交流电源柜		面	3.000			
	10kV 多功能电能表	0.2S 级三相三线制电子式	只	34.000			

续表

序号	材料（设备）名称	型　号　规　格	计量单位	数量	单价	交货地点及方式	备注
	110kV 线路多功能电能表	0.2S 级三相四线制数字式	只	2.000			
	主变电能表及电量采集柜	含主变考核关口表 5 只，电能数据采集终端 1 台	面	1.000			
	主变保护柜	每面含主变保护装置 2 台，过程层交换机 1 台	面	2.000	85494.30		
	10kV 备自投装置		台	1.000			
	110kV 桥保护测控装置		台	1.000			
	110kV 备自投装置		台	1.000			
	调度数据网设备柜	每面含路由器 1 台、交换机 2 台，套纵向加密装置 2 台，防火墙 1 台，隔离装置 1 台，网络安全监测装置 1 套	面				
	数据网接入设备						
	智能巡视主机柜	智能巡视主机 1 台	面	1.000			
	综合应用服务器	含综合应用服务器 1 台	面	1.000			
	10kV 间隔层交换机		台	6.000			
	10kV 公用测控柜	10kV 公用测控 3 台	面	1.000			
	10kV 分段保护测控装置		台	1.000			
	10kV 电压并列装置		台	2.000			
	10kV 站用变保护测控装置		台	2.000			
	10kV 电容器保护测控装置		台	4.000			
	10kV 母线测控装置		台	3.000			
	10kV 线路保护测控装置		台	24.000			
	110kV 线路测控装置		台	2.000			
	主变测控柜	1 号主变测控柜含主变测控装置 3 台，2 号主变测控柜含主变测控装置 4 台	面	2.000			
	公用测控柜	含公用测控装置 1 台，110kV 母线测控装置 2 台，110kV 间隔层交换机 2 台	面	1.000			
	站控层Ⅱ区交换机	百兆、24 电口、2 光口	台	2.000			
	站控层Ⅰ区交换机	百兆、24 电口、2 光口	台	4.000			
	监控主机柜	含监控主机兼一键顺控主机 2 台	面	1.000			

续表

序号	材料（设备）名称	型号规格	计量单位	数量	单价	交货地点及方式	备注
	智能标签生成及解析系统		套	1.000	91032.80		
	免熔接光配箱	MR-2S/24ST	台	29.000	2316.10		
	免熔接光配箱	MR-3S/12ST	台	5.000	2844.78		
500001164	110kV三相双绕组有载调压变压器	一体式三相双绕组油浸自冷式有载调压SZ20-50000/110含油温、油位远传表计；电压比：110±8×1.25%/10.5kV；接线组别：Ynd11；冷却方式：ONAN；$U_{k\%}=17$	台	2.000	3120766.20		
500002581	10kV电容器柜	断路器柜，金属铠装移开式高压开关柜，12kV，1250A，31.5kA/3s	面	4.000	73622.78		
500002584	10kV电缆出线柜	断路器柜，金属铠装移开式高压开关柜，12kV，1250A，31.5kA/3s	面	24.000	58033.41		
500002869	10kV主变进线柜	断路器柜，金属铠装移开式高压开关柜，12kV，4000A，40kA/3s	面	3.000	232588.80		
500002875	10kV分段断路器柜	断路器柜，金属铠装移开式高压开关柜，12kV，4000A，40kA/3s	面	1.000	149180.00		
500004650	10kV氧化锌避雷器	HY5WZ-17/45外绝缘应不低于20kV	支	6.000	502.96		
500037268	10kV框架式并联电容器组成套装置	TBB10-6000/334-AC（12%）容量6Mvar，额定电压：10kV	套	2.000	159079.82		
500037268	10kV框架式并联电容器组成套装置	TBB10-6000/334-AC（5%）容量6Mvar，额定电压：10kV	套	2.000	159079.82		
500061728	10kV接地变柜	断路器柜，金属铠装移开式高压开关柜，12kV，1250A，31.5kA/3s	面	2.000	66340.15		
500070598	中性点成套装置	应满足一键顺控功能，加微动开关。成套采购，每套含：中性点单极隔离开关GW13-72.5/630（W）	套	2.000	59171.32		
500089405	接地变、消弧线圈成套装置	10kV，干式，有外壳，户内箱壳式，阻抗电压：$U_{k\%}=6$	套	2.000	269912.25		
500099478	10kV母线设备柜	母线设备柜，金属铠装移开式高压开关柜，12kV，1250A，31.5kA/3s	面	3.000	67022.90		
500102889	10kV分段隔离柜	隔离柜，金属铠装移开式高压开关柜，12kV，4000A，40kA/3s	面	2.000	103777.39		
500118116	10kV封闭母线桥箱	12kV，4000A，40kA	m	25.000	14337.67		